中国铸造协会压铸培训系列教材

压铸工程师实用教程

主　　编　姜永正

执行主编　卢宏远

中国建材工业出版社

北　京

图书在版编目（CIP）数据

压铸工程师实用教程 / 姜永正主编；卢宏远执行主编 . -- 北京：中国建材工业出版社，2024.7. --（中国铸造协会压铸培训系列教材）. -- ISBN 978-7-5160-4234-2

Ⅰ . TG249.9

中国国家版本馆 CIP 数据核字第 2024UU0479 号

压铸工程师实用教程

YAZHU GONGCHENGSHI SHIYONG JIAOCHENG

姜永正　主　　编

卢宏远　执行主编

出版发行：中国建材工业出版社

地　　址：北京市西城区白纸坊东街 2 号院 6 号楼

邮政编码：100054

经　　销：全国各地新华书店

印　　刷：北京印刷集团有限责任公司

开　　本：787mm×1092mm　1/16

印　　张：16.5

字　　数：340 千字

版　　次：2024 年 7 月第 1 版

印　　次：2024 年 7 月第 1 次

定　　价：58.00 元

姜永正，1951 年 5 月出生，汉族，祖籍山东省威海市，博士。1979 年毕业于英国伯明翰大学，获机械工程博士学位。曾任香港生产力促进局副总裁及署理总裁，依利安达国际集团有限公司总裁。曾任香港主板上市公司嘉瑞国际控股有限公司副主席兼行政总裁。姜永正兼任香港压铸及铸造业总会永远名誉主席、香港关键性零部件制造业协会荣誉主席等多项社会职务。

卢宏远，博士，研究员。从事多年压铸工艺、压铸材料、压铸模具 CAD 及压铸过程模拟等方面的研究与开发工作。曾承担或参加多项国家科研项目，获得国家科技进步三等奖 1 项，省部级科技进步二等奖 1 项、三等奖 1 项，中国机械工业联合会、中国机械工程学会、沈阳市科技进步一等奖 1 项。编写出版《压铸生产与技术》专业书籍 1 部，编写《铸造手册》第六卷特种铸造（第四版）压铸部分，在国内外期刊和会议上发表学术论文 50 余篇。近年未从事现代压铸机及先进压铸技术的交流及推广工作，致力于推动国内压铸技术进步。

策划委员会

香港铸造业总会会长　梁诗雅

中国铸造协会会长　张立波

力劲集团总裁　刘卓铭

广东文灿压铸股份有限公司
董事长　唐杰雄

嘉瑞国际董事会主席　李远发

香港海兴集团有限公司
董事长　梁焕操

珠海市润星泰电器有限公司
董事长　张莹

苏州亚德琳股份有限公司
董事长　沈林根

晋拓科技股份有限公司
总经理　张东

苏州春兴精工股份有限公司
董事长　孙洁晓

四会市辉煌金属制品有限公司
董事长　邓晓蔚

东莞万大精密压铸有限公司
董事长　黄震

东莞叁师科技有限公司
董事长　王平

中国铸造协会执行
副会长　范琦

东莞庆生合成精密压铸有限公司
董事长　陈庆生

压铸于 20 世纪 40 年代进入我国，经过 80 多年的发展，我国已经成为压铸产业链完整、产量雄踞世界首位的压铸大国，在超大型压铸机研发等领域处于全球领跑地位。

"十三五"期间，高真空压铸、半固态压铸等先进压铸技术成熟并普及应用，高性能合金材料研发取得突破性进展，高强度铝合金汽车结构件，5G 通信基站大型薄壁散热壳体等高端产品实现了批量生产。进入"十四五"，伴随一体化压铸浪潮，创新成果层出不穷，压铸进入蓬勃发展的繁荣期。与产业快速扩张形成鲜明对比的是压铸工程师和压铸技术工人严重匮乏，已经成为制约行业发展的痛点。应广大压铸企业家要求，中国铸造协会 2021 年起组织编写《中国铸造协会压铸培训系列教材》，本次出版的《压铸工程师实用教程》是该系列教材的第一本。中国铸造协会将采用此套教材在全国开展压铸行业的教育培训工作的试点，以期尽快缓解我国压铸行业人才匮乏问题。

中国铸造协会长期致力于铸造行业培训及教材编写工作，2006 年以来已经组织编写出版的教材有 4 套，分别是《铸造工程师资格认证培训用书》《铸造工人学技术必读丛书》《铸造技术应用手册》《铸造原辅材料实用手册》，合计 22 册。此次组织编写《中国铸造协会压铸培训系列教材》是对我国有色铸造领域教材的重要补充，中国铸造协会组织编写的实用教材体系将因此更加完整。

在此谨对支持本书编写工作的企业家、积极参加编写工作的专家和积极配合调研的广大压铸企业表示由衷的感谢！

中国机械工业联合会副会长 / 中国铸造协会会长

2024 年 4 月 6 日

编写一套实用的压铸培训教材，一直是我们工作在一线的压铸人的夙愿。应中国铸造协会邀请，我和卢宏远博士、邢敏儒高工、吴新陆高工、陈庆生高工等 17 位专家组成了编写委员会，承担了编写《中国铸造协会压铸培训系列教材》的任务。

本书是《中国铸造协会压铸培训系列教材》第一部，适用于压铸工程师培训，可供日常生产参考。全书共分为九章，分别是：

1. 压铸概述，编写组长为邢敏儒；

2. 压铸机，编写组长为卢宏远；

3. 压铸合金，编写组长为邢敏儒；

4. 压铸模具，编写组长为陈庆生、刘遵建；

5. 压铸过程与工艺参数，编写组长为吴新陆；

6. 压铸模具的使用与操作，编写组长为陈庆生、刘遵建；

7. 压铸件设计，编写组长为陈庆生、刘遵建；

8. 第压铸件缺陷与解决办法，编写组长为郭长胜、刘遵建；

9. 安全生产，编写组长为陈庆生、万里。

本书从压铸概述入手，系统讲述压铸合金特性及熔炼工艺、压铸机结构及操作方法、压铸模具设计和维护保养方法、压铸工艺分析及压铸件设计、压铸生产管理等内容。全书由卢宏远博士统稿。本书将作为"中国铸造协会大学堂"压铸工程师培训的配套教材，也可作为大专院校相关专业的教学参考书。

本书编写历时两年多时间，虽然经过多次审核、修改，但难免还有不妥之处，恳请广大读者批评指正。在此，谨对支持和参与本书编写工作的企业家们、教授、专家和参加行业调研的同行表示由衷的感谢！

主编

姜永正

2024 年 4 月 6 日

目 录
CONTENTS

1 压铸概述

1.1 压铸基本原理 ……………………………………………… 001

1.2 压铸的发展 ……………………………………………… 001

1.3 压铸工艺特点 ……………………………………………… 004

1.4 压铸全流程及工艺因素 ……………………………………… 005

1.5 压铸工艺的拓展 …………………………………………… 005

2 压铸机

2.1 压铸机概述 ……………………………………………… 007

2.2 压铸机的系统与机构 ………………………………………… 012

2.3 压铸机的操作与维修保养 …………………………………… 017

2.4 压铸机的技术参数及意义 …………………………………… 026

2.5 压铸机的选用 …………………………………………… 035

2.6 现代压铸机先进功能及发展趋势 ……………………………… 045

3 压铸合金

3.1 压铸铝合金 ……………………………………………… 049

3.2 压铸锌合金 ……………………………………………… 064

3.3 压铸镁合金 ……………………………………………… 071

4 压铸模具

4.1 压铸模具基本结构 ·· 085

4.2 压铸模具浇注和排溢系统设计 ······························ 087

4.3 压铸模具成型零件设计 ·· 098

4.4 成型零件尺寸 ··· 103

4.5 压铸模具结构零件 ·· 119

4.6 斜导柱抽芯机构 ·· 131

4.7 液压抽芯机构 ··· 141

4.8 铸件顶出机构 ··· 143

4.9 模具温度控制管路设计 ·· 146

5 压铸过程与工艺参数

5.1 压射过程与压射过程曲线 ···································· 151

5.2 压铸工艺参数 ··· 155

6 压铸模具的使用及操作

6.1 压铸模具安装与拆卸 ··· 166

6.2 模具的检查 ··· 172

6.3 生产中的模具管理与保养 ···································· 173

6.4 压铸模具的温度控制 ··· 177

6.5 模具温度控制作用 ·· 180

7 压铸件设计

7.1 压铸件结构及设计要求 ······································· 181

7.2 压铸件基本结构元素的设计 ·································· 184

7.3 压铸件的尺寸精度及加工余量 ······························ 202

7.4 压铸件的质量要求 ·· 206

8 压铸件缺陷与解决方法

8.1 压铸件表面缺陷 ·· 212

8.2 压铸件内部缺陷 ·· 220

8.3 压铸件尺寸缺陷 ·· 227

8.4 压铸件缺陷、原因与对策 ································ 230

9 安全生产

9.1 压铸工厂环境保护的知识 ································ 233

9.2 压铸生产安全要求 ······································· 234

9.3 安全事故案例 ·· 236

9.4 安全生产法律法规 ······································· 237

9.5 职业安全卫生 ·· 239

参考文献 ·· 241

后　　记 ·· 243

1 压铸概述

1.1 压铸基本原理

铸造工艺方法多种多样，但基本原理大致相同，都是将金属液浇入一个用其他材料预制的铸型型腔中，并使其在型腔中冷却凝固，最终形成铸件，型腔的形状就是铸件的形状。用于铸造的金属材料包括铁、钢、铜、铝等金属或合金，而用于制作铸型的材料包括砂、陶瓷、石膏及金属等。

压力铸造（简称压铸）的基本原理也是如此，但金属液是在压力作用下以极高的速度充入一精密制造的金属模具（铸型）型腔内，并在高压作用下冷却凝固形成铸件。用于压铸的材料包括铝、镁、铜、锌等金属或合金，而用于制造模具的材料包括耐热钢及结构钢等，模具可以反复使用。压铸过程或压铸生产是在专门的压铸机上进行，可完全自动化生产，是目前效率最高的铸造工艺之一。

1.2 压铸的发展

1.2.1 压铸的起源

铸造是人类掌握比较早的一种金属热加工工艺，至今已有 5000 余年的历史。相比之下，压铸则是一种年轻的铸造工艺，至今只有约 200 年的历史。

19 世纪初，印刷业兴盛，对铅字需求量大。1822 年，日产 1.2 万铅字的铸字机问世。这台铸字机被认为是压铸机的原始机型。1849 年，手动活塞式热室压铸机问世，并获得美国专利。19 世纪 60 年代，压铸件被逐步应用于点钞机、留声机及自行车等领域。1904 年，英国开始用压铸方法生产汽车连杆，开创了压铸件在汽车工业中应用的先河。1905 年设计出鹅颈式压铸机，并使用气动方法驱动，可以生产锌、锡、铜等合金的压铸件。1927 年，冷室压铸机在捷克诞生，由于压室与坩埚分离，克服了热室压铸机许多不足，压铸合金扩展至铝、镁、铜等合金，压铸技术取得重大进步。此后，压铸工艺的高效及精密性生产，开始在工业尤其是汽车工业逐步扩大应用，成为一种不可或缺的铸造工艺。

1.2.2　中国压铸的发展

压铸于 20 世纪 40 年代进入我国，之后逐步发展壮大。目前我国已成为压铸大国，其发展过程大致可分为五个阶段。

第一阶段：压铸起步

20 世纪 40 年代至 60 年代，压铸技术在我国逐渐发展。这一阶段建立了初始的压铸体系。1947 年，贯一模铸厂在上海成立，成为中国第一家压铸厂，主要生产锌合金锁具。50 年代初期，在昆明、重庆、上海等城市陆续建成了几家压铸厂，生产锌、铝日用器具用的小零件，产量很少。之后，随着国家工业化进程加快，长春、沈阳、广州、上海等地陆续建成了一批专业压铸厂或车间，可以为汽车、拖拉机、电工电器、仪表、航空等行业提供铸件。

第二阶段：拓展市场，稳步发展

这一阶段大约从 20 世纪 70 年代至 80 年代。由于国防建设的需要，一批压铸厂（车间）在中西部地区建成投产，为主机厂提供压铸件，主要包括二汽、川汽、陕汽，以及航空工厂、仪表工厂等。与此同时，在上海、北京、重庆等工业城市建成了一批专业化压铸厂。

其间，国内先后建立了一批专业压铸机生产厂，如上海压铸机厂、阜新压铸机厂、蚌埠压铸机厂、承德压铸机厂等，先后设计制造了不同规格的压铸机供国内压铸厂家使用。1986 年，济南铸锻所研制出国内首台 630t 冷室压铸机；1990 年，第一台 400t 柔性压铸单元研发成功。

1980 年颁布第一个压铸机参数国家标准，1990 年颁布第一个压铸机精度及技术条件标准，此后陆续制定了压铸合金、压铸件、压铸模零件等行业标准和国家标准，对促进我国压铸机规范生产起到积极作用。

第三阶段：初具规模，发展壮大

进入 20 世纪 90 年代，我国汽车、摩托车、通信、家电等工业的快速发展以及我国台湾、香港企业在国内大量建立压铸厂，直接拉动了压铸业的产量提升和技术进步。我国压铸件产量和企业数量实现了 10 年持续增长。1991 年，全国压铸企业数为 752 家，压铸件产量为 16.5 万 t；2000 年，企业数量为 2906 家，压铸件产量为 49.86 万 t。这一时期，最低年增长率为 7.5%，最高年增长率为 27.05%，平均达 13.18%。

其间，专业模具厂、合金厂、辅料厂等压铸配套行业也初具规模。20 世纪 90 年代末引进 CAD/CAM/CAE 等软件，提高工艺设计水平，通过充型顺序、温度场、铸件凝固分析优化浇注系统、排溢系统和工艺参数设计。2000 年年初，力劲集团研制成功国内第一台镁合金热室压铸机和 1600t 的大型卧式冷室压铸机,用于镁压铸件生产和偏大型压铸件生产。

第四阶段:加速规模化和集中度,压铸件产量大幅提升

21 世纪最初 10 年,我国压铸业的发展走上了快车道。压铸技术水平及压铸件的质量大幅提升,规模化或大规模化的压铸生产初步形成,逐步出现了拥有几十台甚至超百台压铸机的大型压铸企业,参与国际市场的竞争能力显著增强。生产的集中度显著提高,企业数量增长放缓。

2001 年,我国压铸件年产量为 55.8 万 t,2006 年突破 100 万 t,到 2010 年,压铸件年产量已上升到 183 万 t。2001—2010 年,压铸件最低年增长率为 9.65%,最高为 23.65%,平均达 14%。汽车行业是压铸件应用最多的行业,占 65% 以上的份额。

第五阶段:提质增效,转型升级

经过 21 世纪最初 10 年的规模化发展,压铸行业持续优化产业布局,形成了珠江三角洲(珠三角)、长江三角洲(长三角)、成渝西"新西三角"(西三角)三大压铸产业集聚区。其中珠三角压铸件的产量约占全国总产量的 30%,产业集中在高要、顺德、东莞、佛山等地。长三角的铸件产量约占 40%,产业集中在江苏南通、苏州、浙江北仑等地区。西三角产量约占 15%,主要集中在重庆地区。另外,安徽、天津、吉林、湖北、辽宁、山东、内蒙古等地压铸件产量呈上升趋势,产量约占 15%。2016—2020 年我国压铸件年产量及增速见表 1.1。

表 1.1 2016—2020 年我国压铸年度产量及增速

年份 / 年	2016	2017	2018	2019	2020
产量 / 万 t	451	479	472	449	462
增速 /%	22.7	6.2	−1.5	−4.9	2.9

与此同时,压铸装备制造稳健发展。我国拥有压铸机生产企业 100 余家,其中规模以上企业 26 家,国产压铸机在国内市场占有率已经超过 80%。2019 年力劲集团首发 6000t 压铸机,创世界最大吨位压铸机记录。2020—2023 年,力劲集团连续全球首发 9000t 压铸机、12000t 压铸机和 16000t 压铸机,数次刷新全球最大压铸机纪录。与压铸机蓬勃发展相呼应,我国压铸模具、压铸机周边设备和压铸件专用清理设备都在快速进步。

在汽车轻量化和新能源迅速发展的今天,压铸专业又找到了新的发展点。压铸厂在攻克发动机缸体、变速箱壳体等关键性能铸件以后,又进军结构件。在普通压铸基础上研发出真空压铸、挤压压铸、半固态压铸等先进技术。一体化压铸已经成为行业热点,发展态势如火如荼,为汽车行业及各个领域降成本、提高性能不断地发挥积极作用。

1.3 压铸工艺特点

1.3.1 铸件质量好

由于金属液是在高速、高压作用下充型、凝固，铸件表层组织致密，从而可以获得优良的力学性能，强度一般比砂型铸件提高 25% 左右。铸件表面轮廓清晰，尺寸精度可达 CT4~CT8 级，表面粗糙度一般为 $Ra0.8~6.3\mu m$，最低可达 $Ra0.4\mu m$。大部分压铸件可以不进行机械加工便直接使用，减少机加工工序。

1.3.2 适应性广

压铸能够生产出铝合金、锌合金、镁合金、铜合金等各种复杂形状的压铸件，适用范围广泛，在汽车、家电、通信、仪表、机械等各个行业都有应用。以汽车业为例，压铸既可以生产发动机罩盖等覆盖件，又可以生产副车架等结构件，既可以生产装饰件，又可以生产发动机缸体、变速箱壳体等功能件。铸件质量从几克到百余千克，尺寸从几毫米到 2m 左右。

1.3.3 生产效率高

压铸是所有铸造方法中生产效率最高的一种。以压铸汽车四缸发动机缸体为例，生产循环时间仅为 100s 左右。而小型热室压铸机循环时间最快可在 10s 以内。压铸生产过程可以实现全自动化模式，可以实现无人生产单元或无人生产车间，特别适用于大批量零件的生产。

1.3.4 绿色环保

相对于砂型铸造工艺，压铸工艺过程能够无灰尘操作，相对改善工作环境。在应用相应的环保设施后，几乎可以实现零排放。

1.3.5 不能生产黑色金属和高温合金铸件

目前压铸工艺只能生产铝、镁、锌、铜等有色金属铸件，不能生产钢、铁铸件和其他高温合金铸件。在黑色金属压铸方面虽然做过一些研究和尝试，但均未达到生产应用要求。

1.3.6 铸件最大尺寸受限

通常壁厚过大的铸件不适合用压铸工艺生产，同时受压铸机吨位限制，压铸件的最大尺寸目前只能在 2m 左右。

1.4 压铸全流程及工艺因素

与其他铸造工艺一样,压铸是一个非常复杂的热成型工艺。压铸涉及的过程及因素众多,包括铸件设计、压铸机、压铸工艺、压铸合金、压铸模具等过程或因素,如图1.1所示。本书内容基本与这些内容一致,保证知识的完整性。

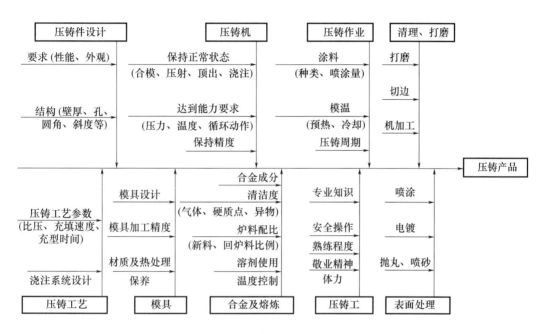

图1.1 压铸全流程及工艺因素

1.5 压铸工艺的拓展

压铸发展进程表明,压铸工艺能力并非一成不变。为提升压铸件的质量,扩大压铸件的应用范围,除自身的技术进步外,压铸中引用了很多辅助工艺,拓展了压铸工艺方法,取得了显著效果,对压铸技术进步发挥了重要作用。压铸中常用的辅助工艺或技术包括真空压铸、挤压、半固态压铸以及模拟及设计软件等。

真空压铸是在合金充型前采用抽真空装置把模具型腔及压室内的气体抽出,以减小充型期间金属液卷入气体的可能性。采用真空压铸工艺可生产低气孔率铸件,提高铸件的机械性能,同时铸件可以进行焊接及热处理。真空压铸技术使压铸件的应用有了极大扩展,取代了汽车制造中很多冲焊接构件,实现减重减排。

采取整体挤压、局部挤压、直接挤压、间接挤压等措施,在铸件上施加更大压力,提高铸件局部或整体机械性能,减少铸件缺陷。

合金半固态工艺是通过将合金液处理为半凝固状态再进行压铸,得到高性能、少缺陷的铸件。在特殊制备的合金浆料中，即使固态颗粒状态占一半，也能保持一定的流动性，而气体无法侵入。铸件具有更好的金相组织，机械性能提高。合金浆料温度低，可延长模具使用寿命。

计算机技术的不断发展，也对压铸工艺进步提供了巨大促进作用。计算机辅助设计和快速原型制造，大幅度缩短新产品开发周期。

计算机模拟软件逐步成熟，已被快速应用于压铸行业。模拟软件可以预测金属液进入型腔的流动状态、凝固过程、铸件应力与变形，铸件缺陷等，可以优化浇注系统及压铸工艺参数设计，缩短模具设计和工艺开发流程，使整体工艺更加完善。

面向制造业的生产信息管理系统也正在为压铸业所采用，管理系统可以应用到车间管理与生产计划、客户数据库管理、信息管理、电子商务、压铸生产过程实时监控等，有利于实现数字化压铸工厂的建设。

2 压铸机

2.1 压铸机概述

2.1.1 压铸机的作用

压铸机是生产压铸件的机器，从金属液浇入压室至形成铸件的整个工艺过程都在压铸机上完成。在压铸机上，附有多种机构，实现不同的功能。压铸机的工作过程由其控制系统控制，可实现全自动运转。还可通过数据接口与周边设备进行通信，按照设定流程完成压铸件的后续流转和处理。作为压铸生产的基本设备，压铸机有不同的规格和技术参数，能够完成铝合金、锌合金、镁合金和铜合金的压铸生产任务。

2.1.2 压铸机的类型

通常，压铸机根据压室与保温炉的相对位置，可分为热室压铸机及冷室压铸机两大类。又因为压射机构与合模机构布置不同，冷室压铸机又分为卧式、立式及全立式三种。冷室压铸机与热室压铸机的合模端大致相同，主要差异在于压射端。

热室压铸机：压室直接置于保温炉的坩埚内金属液中，金属液能够自动进入压室。合模系统水平放置，压室垂直放置，压射冲头垂直运动。

冷室压铸机：压室与保温炉或定量炉分离，金属液需要浇注装置或定量装置浇入压室。卧式压铸机合模系统水平放置，压室水平放置，压射冲头水平运动；立式压铸机合模系统水平放置，压室垂直放置，压射冲头垂直运动；全立式压铸机的压室和合模机构均垂直放置，压射冲头垂直运动。

2.1.3 压铸机的结构形式

冷室压铸机与热室压铸机基本结构如图 2.1 所示，卧式冷室和热室压铸机外观如图 2.2 所示。

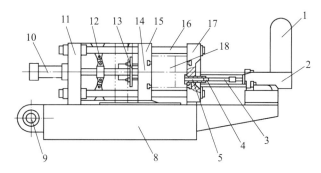

(a) 卧式冷室压铸机

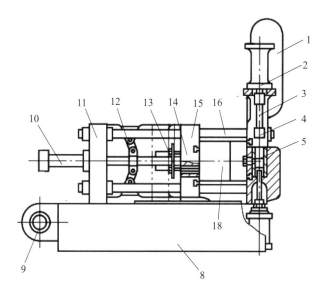

(b) 立式冷室压铸机

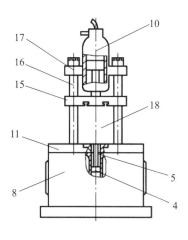

(c) 全立式冷室压铸机

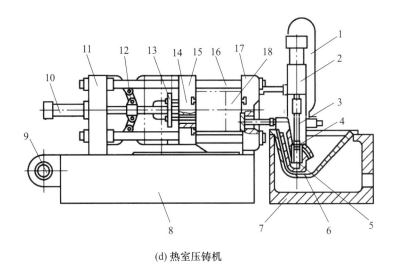

(d) 热室压铸机

图2.1 各类压铸机基本结构

1—蓄能器；2—压射系统；3—压射杆；4—压射冲头；5—压室/鹅颈管；6—坩埚；7—炉体；

8—机座；9—泵系统；10—开合模油缸；11—后座板；12—曲肘系统；13—顶出机构；

14—抽芯阀块；15—动模板；16—大扛；17—定模板；18—模具

(a) 卧式冷室压铸机外观

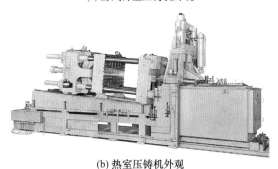

(b) 热室压铸机外观

图2.2 压铸机外观

　　立式及全立式冷室压铸机使用范围较小，故对这两种压铸机不做详细介绍。本章后续部分如不特别说明，均为卧式冷室压铸机或热室压铸机。

2.1.4 压铸机工作过程

压铸机依靠液压压力推动压射冲头移动，压射冲头推动金属液经过模具的浇注系统高速填充模具型腔，并施加压力至金属液凝固形成铸件。

冷室压铸机的压射过程（图2.3）主要包括以下三个阶段。

（1）模具合模锁紧后，浇注装置通过浇料口将金属液浇入压室内。

（2）浇注结束后，液压系统推动压射冲头快速前进，将压室内的金属液压入模具的型腔中，之后进行增压，金属液在压力作用下于型腔内冷却凝固形成铸件。

（3）模具打开，取出铸件，压射冲头回退。

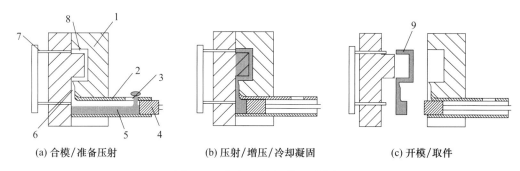

(a) 合模/准备压射　　　(b) 压射/增压/冷却凝固　　　(c) 开模/取件

图2.3　冷室压铸机的压射过程

1—模具；2—压室；3—浇料口；4—冲头；5—金属液；6—浇注系统；7—顶出系统；8—型腔；9—铸件

热室压铸机的压射过程（图2.4）主要包括以下三个阶段。

（1）模具合模锁紧，准备压射。

（2）液压系统推动压射冲头快速下行，将压室内的金属液通过料管压入模具的型腔内，金属液在压力作用下于型腔内冷却凝固形成铸件。

（3）压射冲头回退，料管内的金属液回流至炉内。模具打开，取出铸件。金属液通过进料口进入压室，准备下一次压射。

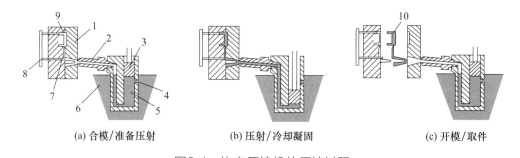

(a) 合模/准备压射　　　(b) 压射/冷却凝固　　　(c) 开模/取件

图2.4　热室压铸机的压铸过程

1—模具；2—料管；3—压射冲头；4—进料口；5—压室；6—金属液/坩埚；

7—浇注系统；8—顶出机构；9—型腔；10—铸件

2.1.5 冷室与热室压铸机的工艺特点与应用

冷室压铸机与热室压铸机压射端不同，也造成了压铸过程及压铸工艺方面的一些差异。

2.1.5.1 冷室压铸机的工艺特点与应用

（1）冷室压铸机的压室与保温炉分开放置，金属液浇入压室后，压室不能完全充满，压室中有气体存在。压射过程中这些气体易于卷入铸件，在铸件中形成气孔。

（2）冷室压铸机有增压装置（增压蓄能器和增压油缸），充型完成后可以使用更大的压力对凝固中的铸件进行压实。凝固时的增压压实对减小铸件中的气孔及缩孔效果明显，提高铸件质量。

（3）无论是人工还是使用浇铸装置进行浇铸，浇铸过程中金属液会产生扰动，金属液与外部空气接触及反应的机会加大。因此，冷室压铸机操作过程中金属液温度波动大，产生氧化夹杂的机会增多，有时会影响金属液质量。

（4）由于使用高压压实，冷室压铸机生产的压铸件组织致密、机械强度较高，适合各类铸件的生产。

（5）冷室压铸机可以拥有大型压射系统和合模系统，可以进行大容量压射。目前压铸机的锁模力最大已超过万吨，因此冷室压铸机可以生产较大尺寸的压铸件。

（6）金属液与压室及冲头间歇性接触，对压室及冲头热作用及侵蚀作用较小，因此冷室压铸机可用于铝、锌、镁及铜等各类合金压铸件的生产。

2.1.5.2 热室压铸机的工艺特点与应用

（1）热室压铸机的压室沉入熔炉坩埚内的金属液中，压室中不存在空气，压射过程中卷入气体的机会相对较小。

（2）不需额外的金属液浇注操作，金属液在封闭的管道中流动，温度波动小，氧化夹杂机会小，可以使用较低的浇铸温度，金属液质量提高。

（3）热室压铸金属液需要经过鹅颈管、料管、射嘴等，金属液流程长，压力损失较大，多用于薄壁压铸件生产，增压效果不如冷室压铸明显，所以热室压铸机一般不设增压机构。

（4）由于不需额外的浇注操作，热室压铸机节约循环时间，生产效率较冷室压铸机高。

（5）由于压室组件长期沉入金属液中，热作用和热腐蚀比较严重，故热室压铸机一般只用于对压室组件侵蚀性较小的锌及镁合金压铸件的生产。

（6）热室压铸需要对鹅颈、料管等部位进行加热，防止被冷料堵塞，并应定时清理，维护保养比较麻烦。

2.1.5.3 冷室与热室压铸的工艺比较

以镁合金为例，将冷、热室压铸工艺做一粗略对比，可以清楚两者在工艺方面的差别，见表2.1。

表 2.1　镁合金冷、热室压铸机压铸工艺比较

项目	单位	热室机	冷室机
增压压力	MPa	无增压	有增压
生产相同零件机器吨位大小	%	100	120~150
周期时间（吨位相当）	%	100	140
机器占地面积	%	100	125
冲头的压射速度	m/s	1.5~3.0	3.0~8.0
金属液压射量精度		恒定	有误差
压射系统中是否存在空气		少	多
熔炉中液态金属温度（AZ91HP）	℃	630	660
金属液温度波动		低	高
金属液的干净程度		良好	易混入杂质及氧化
气渣（相对量）	%	低	高
易损件成本	%	高	低
模具的寿命	%	100	80
中央浇道口		有	无
模具温度	℃	低	高
合金类型		锌、镁合金	锌、镁、铝、铜合金
铸件表面清洁度		良	普通
铸件尺寸精确度		普通	良
密封性及力学性能		普通	良
薄壁件		良	
厚壁件			良

2.2　压铸机的系统与机构

压铸机具有不同的系统或机构，完成不同的功能，主要包括压射系统、合模系统、顶出机构抽芯机构、液压系统、控制系统、机座、安全装置等部分。

2.2.1　压射系统

压射系统的功能是将金属液以要求的速度压入模具型腔中，并快速增压使金属液

在高压下凝固，形成完整的致密铸件。压射系统位于压铸机的前端，是压铸机的关键部分。压射速度、压射压力、建压时间等重要工艺参数均通过压射机构实现，压射机构的性能在很大程度上体现着整个压铸机的性能。冷室压铸机的压射机构主要包括蓄能器、压射缸、增压缸、压室、压射杆等。除上述组成外，热室压铸机还包括鹅颈、料管、喷嘴等，但一般不包括增压缸。图 2.5 为冷、热室压铸机的压射系统及其原理简图。

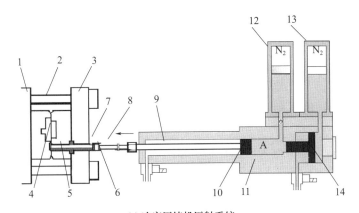

(a) 冷室压铸机压射系统

1—动模板；2—大杠；3—定模板；4—型腔；5—压室；6—压射冲头；
7—浇料口；8—冲头杆；9—活塞杆；10—压射活塞；11—压射缸；
12—压射蓄能器；13—增压蓄能器；14—增压活塞

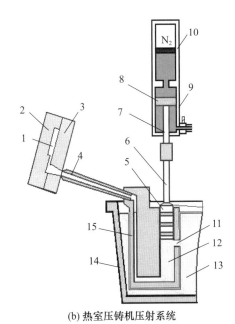

(b) 热室压铸机压射系统

1—型腔；2—动模；3—定模；4—料管；5—压射冲头；6—冲头杆；7—压射杆；8—压射活塞；
9—压射缸；10—蓄能器；11—进料口；12—压室；13—金属液；14—坩埚；15—鹅颈管

图2.5 冷、热压铸机的压射系统及原理简图

冷室压铸机需要人工或自动浇注装置通过浇料口 7 将金属液浇入压室 5 中。金属液

浇入压室后，压射缸 11 前腔 A 中充入液压油，推动压射活塞 10 前移，活塞杆 9 和冲头杆 8 带动压射冲头 6 将金属液推入模具型腔 4 中。为了使压射速度和压射压力瞬间升高，单独依靠液压泵向压射缸供油还不够，所以压铸机用蓄能器来满足瞬间增速增压的要求。蓄能器 12、13 内充有高压氮气，其中的液压油处在氮气的高压下。当系统需要高速压射时，压射蓄能器瞬间释放高压油进入压射缸，达到快速增速的目的。当需要增压时，增压蓄能器 13 释放能量驱动增压油缸 14 动作，使压射缸前腔 A 中的油压大幅提高，一般可以增加 2~3 倍的压力。增压作用通过压射冲头施加于金属液，直至金属液凝固。

热室压铸机中金属液由进料口 11 自动进入垂直压室 12 中，之后压射缸 9 前腔充油，推动压射活塞 8、压射杆 7、冲头杆 6、压射冲头 5 下移，金属液通过鹅颈管 15、料管 4 被压入型腔 1。当需要高速时，蓄能器 10 快速向压射缸释放高压油，提高压射速度。

对压射系统的要求是具有高速压射性能、快速增压性能（冷室压铸机）、高压射灵活性及高稳定性。

2.2.2　合模系统

合模系统也被称为开合模系统，其功能是打开、闭合和锁紧模具。压铸机的合模系统有两种类型，即曲肘式合模系统和两板式合模系统。曲肘式合模系统采用机械式锁紧，两板式合模系统采用液压式锁紧。曲肘式合模系统包括开合模油缸、曲肘、动模板、定模板、后座板等，其结构及原理如图 2.6 所示。开合模油缸驱动曲肘做弯曲及伸直动作，曲肘的弯曲及伸直动作带动动模板 6 前后移动，完成开模和合模。

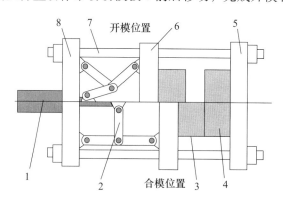

图2.6　曲肘式合模系统结构及原理

1—开合模油缸；2—曲肘；3—动模；4—定模；5—定模板；

6—动模板；7—大杠；8—后座板

两模板合模系统去除了后座板和曲肘机构，只含有动模板和定模板，在四根大杠动模板后侧使用随动锁紧机构。随动锁紧机构包括开合模油缸、对开螺母和锁紧油缸等，两模板锁紧机构及锁紧原理如图 2.7 所示。

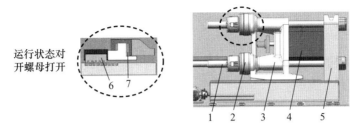

运行状态对开螺母打开

图2.7 两模板锁紧机构及锁紧原理

1—开合模油缸；2—锁紧机构；3—动模板；4—模具；5—定模板；

6—对开螺母；7—锁紧缸

曲肘合模系统主要有以下特点。

（1）经多年优化验证，工作稳定可靠，适合各种吨位的机型。

（2）具有扩力功能，开模力大。

（3）慢速—快速—低速运行模式，符合压铸工艺要求。

（4）更换模具或调整模具厚度，需要精确调节后座板位置，消耗时间。

两模板锁紧系统主要有以下特点。

（1）锁紧位置灵活，在给定范围内的任何位置可直接锁紧模具，模具厚度调整方便快捷。

（2）四根大杠受力均匀，锁模力调节方便。

（3）机构长度缩短。

（4）对模具受热膨胀等类似的模具厚度变化自动补偿，避免大杠过度拉伸。

（5）开模力受开合模油缸限制。

对合模系统的要求是应该具有足够的强度和锁紧力，保证在充型和增压期间模具锁紧可靠，不被胀开。

2.2.3 顶出机构

顶出机构的功能是将压铸件从型腔中顶出，如图 2.8 所示。当铸件在型腔中凝固成型后，模具打开，附于动模型腔内的铸件需要借助顶出机构将其推出型腔，方便取出。顶出机构包括顶出油缸、顶板及顶杆等，顶出油缸直接推动顶板，带动顶杆将铸件推离动模。

顶出机构采用液压控制的双顶出器，带有行程测量系统，顶出器孔可按照用户的说明进行设计。在操作系统中可以编制的内容包括顶出往复行程的次数、顶出压力、顶出速度、顶出延时时间、顶出行程。

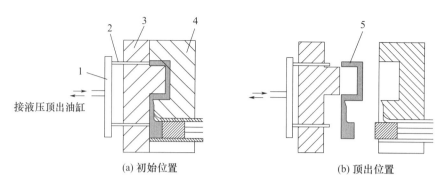

(a) 初始位置　　　　　　　　　(b) 顶出位置

图2.8　顶出机构

1—顶板; 2—顶杆; 3—动模; 4—定模; 5—铸件

2.2.4　抽芯机构

压铸件经常带有侧凹或侧孔结构，需要使用侧向滑块或型芯形成。侧向滑块或型芯需要专门抽芯机构将其从铸件中抽出，以便开模取件。液压抽芯机构包括抽芯油缸及活动型芯组件，抽芯油缸直接带动活动型芯脱离铸件，如图 2.9 所示。

在操作系统中可以编制的内容包括油缸伸出和缩回的动作顺序、油缸伸出和缩回的速度、油缸伸出和缩回的压力、油缸伸出延时、型芯喷雾程序。

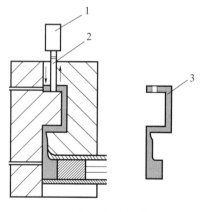

图2.9　抽芯机构

1—抽芯油缸; 2—活动型芯; 3—压铸件

2.2.5　液压系统

液压系统包括液压泵、液压阀、冷却原件及液压管路等。液压泵从油箱泵取液压油后，经过液压管路向整个压铸机系统提供液压油。各类液压阀控制液压油的流量、压力以及流向，供给各功能机构实现要求的动作。系统的最大液压压力一般都在16MPa 以上，最高 21MPa。系统压力越高，对液压及密封件的要求越高。过滤系统过滤掉液压油中的污染物或杂质，保证液压油的纯净，使液压系统不受损坏。液压油在运行过程中温度升高，导致系统不能正常工作。冷却系统利用冷却器，将液压油保持在要求的温度范围内。

2.2.6 控制系统

控制系统控制整个压铸机的动作程序，使各机构按要求顺序动作，完成压铸循环。现代压铸机的控制系统已经相当完善，可以接受和处理大量的工艺信息，实现人机对话、实时控制。但其系统构成相对复杂，包括可编程控制器、工业计算机、各种监测传感器、伺服阀、比例阀、各种工艺软件等。

控制系统还具备对压铸单元内的周边设备通信或控制功能，可优化单元运行，提高运行效率。

2.2.7 机座

机座主要起支撑和连接作用，将各个功能机构形成一个整体。机座承受合模单元的静态载荷，定模板采用螺栓固定在机身上，动模板和后座板坐落在滑轨上。显然，压铸机机身应该坚固，具有良好的刚度和强度，保证各个机构运行平稳、可靠。

一般都将液压油箱集成在机座内，为了方便进入油箱内部进行清洁作业，设置了大的油箱盖。

2.2.8 安全装置

为了保护在机器危险区的工作人员，实现安全生产，压铸机都安装了相应的安全装置。安全装置主要由整体式防护罩、防护门和后位安全围栏组成。整体式护罩在机器运行期间阻止任何人员进入模具区等危险区域，防护门集成在整体式防护罩之中并由此可以进入模具区。在电动防护门上装有机械式后退安全装置。如果在关防护门期间遇到阻力，防护门的驱动将反向，机床将切换到手动运行方式，确保在运行期间没有人能停留在机器和关闭的防护门之间。

2.3 压铸机的操作与维修保养

压铸机的操作与维修保养在压铸机操作手册或使用说明书中会有详细介绍。压铸机的品牌众多，本节所述内容并不能保证适合每种机器，操作者应该按照相应压铸机的手册或说明中的规定开展相应工作，本节内容仅供参考。

2.3.1 压铸机的操作

现代压铸机都能够达到完全自动化运行，控制系统完善，基本操作都可在控制屏上完成。但不同厂家的压铸机控制策略或逻辑可能有所不同，具体操作可能也有不同。

2.3.1.1 开机

（1）打开电源。

（2）启动控制系统。

（3）启动驱动装置。

（4）将机器和周边设备运行到初始位置。

2.3.1.2 急停后开机

（1）排除故障。

（2）将急停按键复位。

（3）启动驱动装置。

（4）将机器和周边设备运行到初始位置。

2.3.1.3 停机

在调整操作方式下：

（1）将机器运行到初始位置。

①压射液压缸复位。

②打开模具。

③伸出型芯。

④顶出机构复位。

（2）将周边设备运行到初始位置。

（3）关闭驱动装置。

（4）关闭控制台上的主开关。

在手动操作方式下：

（1）将机器运行到初始位置。

①压射液压缸复位。

②打开模具。

③伸出型芯。

④顶出机构复位。

（2）将周边设备运行到初始位置。

（3）关闭驱动装置。

（4）关闭控制台上的主开关。

在半自动操作方式下：

（1）循环结束后，等待所有周边设备到达初始位置。

（2）关闭驱动装置。

（3）关闭控制台上的主开关。

在自动操作方式下：

（1）将操作方式调整到半自动。

循环结束时，机器停留在初始位置。

（2）等待所有周边设备到达初始位置。

（3）关闭驱动装置。

（4）关闭控制台上的主开关。

2.3.1.4　压铸机的操作方式

（1）调整操作方式

在调整操作方式下，机器的所有运动过程均减速进行。只要松开控制台上的开关或按键，运动过程就立即停止。

保护门打开时，也能执行所有运动过程，但无法启动压射过程。

（2）手动操作方式

在手动操作方式下，机器的所有运动过程均以设置的速度进行。只要松开控制台上的开关或按键，运动过程就立即停止。

模具和型芯只在保护门关闭时才能关闭，可以启动一个压射过程。

（3）半自动操作方式

在半自动操作方式下，机器的运动过程按照设定的顺序进行。每个循环过程都需要手动启动。循环结束时，机器处于初始位置。

（4）自动操作方式

在自动操作方式下，机器的运动过程按照设定的顺序进行。第一个循环必须手动启动。

（5）急停

按下急停按键后，主电机、液压泵的工作停止。

2.3.2　维护保养制度

压铸机在运行过程中，需要定期进行保养和维护，出现故障应及时排除，使设备保持良好的生产状态。压铸机的维护保养是一项非常重要的工作，应由具有资质、经过培训和授权的专业人员进行。

定期和正确的维护可提高机床和人员的安全性、机床的开机率、机床的使用寿命。

压铸机必须在一定运行时间后进行必要的维护保养作业。目前压铸机都有维护保养提示功能，如果维护作业到期，将在屏幕上显示相应的警示文字说明，提醒操作员进行相应的作业。压铸机周期性的维护作业基本有以下几个节点。

（1）24h（1天）

主要维护作业是清洁滑动表面，包括清洁导柱和滑移带的滑动表面（石油混合物）。

（2）120h（1周）

主要维护内容包括以下几项。

①清洁机床，清洁所有的滑动表面和光亮表面（石油混合物）。

②检查液压系统，包括：检查液压系统的密封性（目视检查）；检查液压软管是否存在磨损和裂纹（特别是在软管和接头的过渡部位）；确保始终正确关闭液压油箱的所有开口。

③压射冲头润滑，向润滑剂存贮箱中加注润滑剂。

④检查锁模装置，检查机械式锁模装置齿条的磨损。

⑤排空泄漏油，依次排空液压蓄能器和增压蓄能器的氮气瓶。当有大量泄漏油时检查活塞蓄能器及增压器的密封。

（3）500h（1月）

主要维护内容包括以下几项（括号内为两板机维护项目）。

①检查导柱螺母（润滑导柱轴承）。检查导柱螺母刻度环的位置。

②润滑导柱轴承。对定模板的四个润滑油脂嘴加油脂（对开合螺母上油脂）。

③检查冷却水污染物过滤器，清洁或更换过滤器滤网。

（4）1500h（3月）

检查换气过滤器，更换滤芯。

（5）3000h（6月）

①检查防护门。检查防护门的齿形传送带的张紧力。

②检查液压液体。采集液压液体的样品并在实验室进行分析，必要时更换液压液体或者过滤处理。

③检查滑块。滑块必须在整个滑动表面上均匀接触。检查滑动表面是否存在划痕及是否有异物积聚等。

（6）6000h（1年）

①检查压铸机状态。检查机器的状态，制定一份缺陷表格，并排除缺陷。

②检查防护门。检查防护门的齿形传送带的张紧力。

③检查集中式润滑：清洁加油滤网和集中式润滑油箱；检查管道、固定和润滑油分配器，并替换损坏的零部件。

④检查板式热交换器。使用微酸性溶液逆着水流方向多次循环。对此使用5%浓度的磷酸、在经常性清洁时使用5%浓度的草酸或者类似的弱有机酸。每次酸洗处理之后用足够的水冲洗板式热交换器。

⑤检查隔膜式蓄能器，确保功能完好。

⑥检查导柱。润滑导柱的螺纹。

⑦检查液压模具夹紧系统。检查夹紧托架和所有夹紧元件的活塞杆是否磨损。

⑧检查液压软管。检查液压软管是否存在磨损和裂纹（特别是在软管和接头的过渡

部位）。

（7）周期性检查

周期性检查压力容器、活塞式蓄能器和增压器。

每个品牌的压铸机都会在使用手册中详细规定压铸机的使用及维护规则，上述内容仅提供简要的一般性维护参考，具体操作需根据手册规定进行。

压铸机维护保养或维修期间，首要问题是安全作业。在每次维修保养作业时应停机，始终用挂锁将主开关锁住，并将钥匙拔出妥善保存。在氮气系统作业时，务必将氮气系统排空。对维修保养的具体安全要求，可参阅相关压铸机操作手册。

2.3.3　压铸机常见故障及诊断排除

目前压铸机故障诊断系统相当完善，可以对大部分故障进行报警、原因分析、提示故障排除方法和步骤，使压铸机故障诊断和排除更加快速和方便，但人工判断和及时处置也具有重要意义。压铸机在工作过程中一旦出现故障先兆，操作者就应引起高度的重视，并冷静观察，判断故障所发生的部位及可能的原因，确定可行的检修方法。根据《压铸机常见故障及排除》（中铸科技，2016）一文及相关压铸机使用手册，摘录以下常见故障原因及处理步骤供参考。

2.3.3.1　油泵不能启动

按油泵启动按钮，观察马达继电器是否吸合。若继电器无吸合则检查以下几项。

（1）马达继电器是否动作或损坏。

（2）电源电路是否正常（用万用表检查）。

（3）启动和停止按钮触点是否正常，控制线路是否为断路。

（4）继电器线圈是否损坏（用万用表检查）。

若油泵启动后继电器有吸合则检查以下几项。

（1）继电器至马达的线路是否正常。

（2）油泵是否损坏卡死。

（3）油泵是否损坏或装配过紧。

2.3.3.2　按油泵启动按钮，热继电器跳闸

按油泵启动按钮，热继电器跳闸，这与电流、负载及三相阻值是否对称等有关。应检查以下几项。

（1）马达继电器是否损坏或额定电流过小。

（2）电压是否过低致使电流增大或三相电压不平衡。

（3）马达三相绕组阻值是否不平衡。

（4）总压或双泵压力调节是否过高而致使机器超负荷运转而跳闸。

（5）油泵是否损坏或装配过紧，使马达超负荷运转而跳闸。

2.3.3.3 系统无压力

油泵启动后，按起压按钮，首先观察压力和流量指示电流表有无示值，以确定比例压力阀（比例溢流阀）电磁线圈有无电流，区分是电气还是液压故障。

若有电流输出，则检查以下几项。

（1）油泵是否反转（人面对油泵轴方向，顺时针转动为正转）。

（2）检查溢流阀，看是否调节不当或卡死。

（3）检查截止阀是否关闭。

（4）比例溢流阀的节流阀是否丢失或松脱。

若无电流输出，则检查以下几项。

（1）整流板是否正常，压力比例放大板是否调节不当或损坏。

（2）观察电脑是否工作正常，用手按起压按钮，看电脑上相应点有无输入，总压点有无输出。如果无输入，则检查起压按钮至电脑间线路是否正常。若有输入而总压点无输出，则电脑故障或后门未关等条件不满足。

（3）检查电比例板输出至油阀之间线路是否正常，电比例线圈是否正常。

（4）检查压力开关是否正常。

2.3.3.4 无自动运转模式

如果手动动作都正常，而无自动动作，则应检查安全门限位开关是否正常、有关动作是否回到原点（依据机器使用说明书的要求）。

如果手动动作不正常，应先检查并排除手动动作故障。

2.3.3.5 不能调整后座板位置（调模）

选择调整后座板模式进行操作，机器没有后座板调整动作，即没有调模动作，应检查以下几项。

（1）调模动作的条件是否达到。

（2）调模压力值是否设定太低。

（3）手动操作方式是否正确。

以上内容检查如果没有问题，则检查以下几项。

（1）调模液压马达是否卡住或调模电动机是否损坏。

（2）调模液压阀阀芯是否卡住。

（3）调模机构各传动轴之间是否磨损或卡住。

2.3.3.6 不能锁模

调到手动模式，关好安全门，按动锁模按钮（如装有模具则应选择慢速，以免撞坏模具），观察电气箱面板上锁模指示灯是否亮或主电脑有无锁模信号输出。

若无信号输出，则检查以下几项。

（1）是否有信号输入，无信号输入则检查外线路。

（2）顶针是否回位，顶针不回位不能锁模。

（3）锁模到位确认限位开关是否损坏。

（4）若锁模条件均满足而无锁模信号输出，则是电脑损坏。

电脑有信号输出，但是仍然不锁模，则检查以下几项。

（1）锁模压力是否正常（按锁模按钮观察压力表上的压力值）。

（2）相关电路板是否正常（工作时其输入、输出灯同时亮）。

（3）常、慢速阀是否调节适当或损坏，开锁模阀是否调节不当或损坏。

（4）检查电气箱锁模输出至油阀线路连接是否正常，锁模电磁阀线圈是否正常。

（5）锁模油缸是否损坏。

2.3.3.7 无低压锁模

观察电气箱面板上低压锁模指示灯是否亮。

（1）灯不亮，则检查低压锁模感应开关，看能否感应到或已损坏。

（2）如灯亮，则检查低压开关是否调节好或损坏。

2.3.3.8 无高压锁模

如果锁模运动到高压感应开关时无高压，应检查高压感应开关是否损坏或感应到。如果总压设定过低也没有高压锁模。

2.3.3.9 不开模

首先应观察主电气箱面板上开模指示灯是否亮，主电脑是否有输入、输出。无信号输出则检查以下几项。

（1）开模到位感应开关是否正常。

（2）手动时，电脑上开模信号灯应亮，否则应检查开模按钮至电脑间的接线是否正常，如正常则电脑有故障。

（3）自动时，如果自动选择旋钮线路接触不良（压射时振动有可能造成自动信号断路），而不能完成一个动作循环。

若电脑工作正常（有输入、输出），则检查以下几项。

（1）相关电路板是否工作正常。

（2）相关电路板至油阀线路是否正常，油阀线圈是否损坏。

（3）开模阀芯是否被异物卡住。

（4）开模压力是否不正常（观察压力表）。

（5）活塞杆与十字头的固定螺母是否松脱。

（6）锁紧模后突然停电，时间长也有可能打不开模，此时应将总压设为最大，选择快速开模，按住起压按钮，再点动开模按钮做开模运动。

（7）检查锁开模油缸是否有泄漏。

2.3.3.10　无压射动作

手动操作冲头运动正常，但自动时没有压射动作，则检查以下各项（热室压铸机应拆下冲头检查）。

（1）手动、自动选择旋钮是否正常。

（2）锁模终止感应开关与锁模确认限位开关没有配合好，锁模终止感应开关感应到，但锁模终止确认限位开关没有压住或限位开关损坏。

（3）压射终止感应开关损坏。（热室压铸机没有此项）

（4）压射一速、回退油阀是否有电信号，阀芯是否动作。

（5）压射时间过短或一速调节过慢。

（6）压射损坏。

（7）液压系统无压力。

2.3.3.11　无快压射动作

手动操作冲头动作正常，自动模式时无快压射动作。首先应观察电脑有无快压射信号输入，自动时有无快压射信号输出（热室压铸机应拆下冲头检查）。

无信号输入则检查以下几项。

（1）检查快压射感应开关是否正常。

（2）压射时间是否设定合适。

（3）一速运动是否正常。

电脑有信号输入、输出则检查以下几项。

（1）相关电路板是否有输入及输出至油阀。

（2）油阀线圈是否正常。

（3）快压射控制阀是否正常，快压射插装阀是否正常。

（4）慢速行程过长，快压射已没有行程。

2.3.3.12　压射掉压

冲头在压射时压力骤降则检查以下几项。

（1）压射油缸、减压阀、插装阀是否内泄。

（2）截止阀是否拧紧。

（3）是否有氮气，氮气压力是否不足或过高。

（4）蓄能器是否有故障。

（5）压室内筒或冲头密封圈是否磨损。

2.3.3.13　无顶出

顶出油缸不能实现顶出动作，应先观察电气箱面板上顶针工作指示灯是否亮或电脑有无信号输出。若指示灯不亮或电脑无信号输出，则检查以下几项。

（1）是否开模到位。

（2）若装有抽芯，抽芯是否出限到位。

（3）顶针限位开关是否损坏。

若电脑有信号输出，则检查以下几项。

（1）顶杆压力是否正常（观察压力表）。

（2）相关电路板是否正常。

（3）相关电路板至液压阀的线路是否开路，油阀线圈是否正常。

（4）顶针油阀是否正常，顶针油缸是否有内泄现象。

（5）模具顶杆被卡住，顶杆顶不出。

2.3.3.14　液压系统油温过高

机器连续工作一段时间后，液压系统油温过高（正常油温为 15~55℃），应检查以下几项。

（1）冷却水进水量不够，要求进水量符合要求。

（2）冷却器内积垢太多未能按要求清理。

（3）油箱液压油储存量低于最低油位线。

（4）液压系统有内泄现象。

（5）冷却器进出水接反，冷却效果差。

2.3.3.15　油缸泄漏

油缸泄漏是油缸产生各种故障的原因之一。油缸的泄漏包括外泄漏与内泄漏两种情况。外泄漏是指油缸缸筒与缸盖、缸底、油口、排气阀、缓冲调节阀、缸盖与活塞杆处等外部的泄漏，它可以从外部直接观察出来。内泄漏是指油缸内部高压腔的压力油向低压腔渗漏，它发生在活塞与缸内壁、活塞内孔与活塞杆连接处。内泄漏不能被直接观察到，需要从单方面通入压力油，将活塞停在某一点或终端以后，观察另一油口是否漏油，以确定是否有内部泄漏。

无论是外泄漏还是内泄漏，其泄漏原因主要是密封不良，连接处结合不良造成；其次还有缸筒受压膨胀产生内泄漏，有焊接结构的油缸焊接不良产生外泄漏。

2.3.3.16　鹅颈漏料（热室机）

（1）料壶锥度损坏，需维修。

（2）射嘴身锥度不对，应更换符合要求的射嘴身。

（3）安装射嘴身方法不对，清理干净料壶锥孔及射嘴身且按正确方法重新安装。

2.3.3.17　射嘴堵塞（热室机）

射嘴堵塞指合金料凝固在射嘴头或射嘴身内不能连续射料生产，主要因温度不够引起。如遇此类问题，一般需让射嘴温度升高或直接用煤气加温。

2.3.3.18　卡冲头

（1）检查压射活塞杆与压室中心是否对正，装上冲头能否用手转动，能转动即为对正。

（2）熔炉温度是否正常，看熔炉温度表上显示温度是否为 400~430℃（热室机）。

（3）因长时间不清理料渣，致使料渣在熔炉中越积越多或熔炉合金料太少，一般正

常合金液面离坩埚 3cm 左右。（热室机）

（4）模具浇口套与压室法兰筒配合不好。

虽然对故障诊断和处理有压铸机诊断系统提示和成熟的参考经验，但操作者必须按照公司制定的故障处理程序进行作业，不可违章操作，以免造成更大的事故。

2.4　压铸机的技术参数及意义

压铸机的性能与规格，要通过技术参数进行描述。以下所述压铸机的技术参数大部分摘自不同压铸机的技术说明书，也有少部分是说明书以外但压铸界比较关心的内容。

2.4.1　锁模力

如图 2.10 所示，在压射力的作用下，型腔中的金属液承受压力，并将压力向各个方向传递。模具中的金属液在开合模方向上产生的压力试图胀开模具，称为胀型力。锁模力 F（kN）表示压铸机的合模系统在合模锁紧后使两个半模保持闭合的最大锁紧力，或者说能够抵抗的最大胀型力。通常所说的压铸机吨位，指的就是压铸机的锁模力。锁模力是压铸机的首要参数，也是选用压铸机的主要依据。对于给定的压铸件，应根据其特征与要求选定锁模力适当的压铸机。如选择锁模力过大的压铸机，会浪费压铸机资源。如果锁模力不足，型腔内高压金属液会使模具胀开，造成金属液从分型面间溅出而无法进行正常生产。一般情况下，选用压铸机时都必须首先对锁模力进行核算，确保压铸机的锁模力大于模具中产生的胀型力。

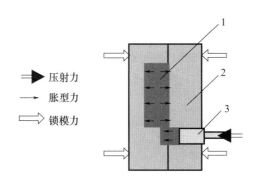

图2.10　胀型力与锁模力

1—金属液；2—模具；3—压射冲头

2.4.2　开合模行程

开合模行程指的是动模板开合模时可移动的最大距离，也可以表示为在最大开模位置时，动模和定模分型面之间的距离 H（mm），如图 2.11 所示。开模位置时动、定模分型面之间的距离必须足够，保证铸件能够顺利取出。开合模行程过小，铸件取出就会受限制。开合模行程与机器吨位或结构相关，通常不同品牌机器会有差别。

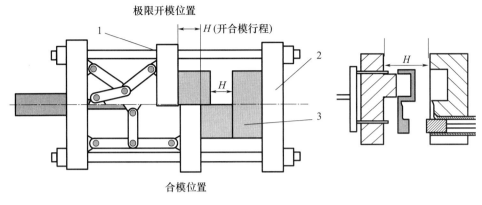

图2.11 开合模行程

1—动模板; 2—定模板; 3—模具

2.4.3 模具厚度范围

压铸件不同，所用的压铸模具厚度大多也会不同。为了适应不同的模具厚度，压铸机（曲肘式合模机构）都将后座板位置设计成前后可调。当后座板调整到最前位置时，合模状态下动模板与定模板之间的距离最小，该距离就是允许的最小模具厚度。当后座板调整到最后位置时，动模板与定模板之间的距离最大，该距离就是允许的最大模具厚度。模具厚度从允许的最小厚度到允许的最大厚度之间的距离就是允许的模具厚度变化范围，一般用最大厚度 H_{max} / 最小厚度 H_{min}（mm）表示，如图 2.12 所示。如果模具厚度小于允许的最小模具厚度，两半模分型面无法接触，模具不能闭合。如果模具厚度大于允许的最大模具厚度，则在曲肘尚未伸直时模具已经闭合，曲肘无法锁紧。在模具厚度范围内的任何压铸模具，通过调整后座板位置，都能够安装于压铸机上进行生产。显然，压铸机的模具厚度范围大，工艺灵活性比较大。模具厚度范围同样与机器吨位密切相关，不同厂家压铸机的模具厚度范围可能有差别。

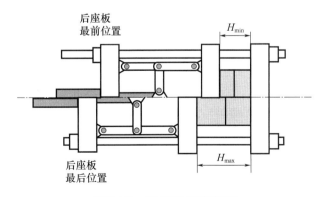

图2.12 模具的厚度范围

H_{min}—最小模具厚度; H_{max}—最大模具厚度

2.4.4 模板尺寸

模板尺寸是指动模板和定模板的外形尺寸 w（mm），即宽度尺寸和高度尺寸，通常取同值，如图 2.13 所示。模具安装于模板上，模具的外形尺寸应与模板的大小和安装尺寸相匹配。此外还应注意模板厚度尺寸，如果厚度不够，有可能造成模板弯曲变形问题。但是模板的强度或刚度不完全取决于厚度，还与模板的设计、材料、制造工艺等有关。

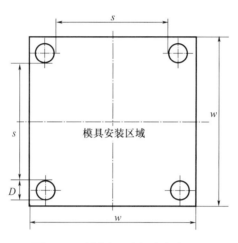

图2.13 模板尺寸与大杠间距

2.4.5 大杠间距

大杠间距指的是相邻两根大杠内侧的距离 s（mm），如图 2.13 所示。一般压铸机大杠都采用等间距布置，即大杠间的水平距离和垂直距离相等。模具从大杠之间进入，之后装于模板之上。大杠间距限制模具的外形尺寸（长和宽度尺寸），所以模具的外形尺寸最少在一个方向上（宽度尺寸）要小于大杠间距，否则无法安装。虽然目前许多压铸机已配置大杠抽出功能，即使模具的尺寸稍大于大杠间距，仍可以装入模板（模具四角内凹），但大杠间距仍是对模具外形尺寸的限制因素。

2.4.6 大杠直径

大杠直径 D（mm）表明大杠的粗细，如图 2.13 所示。关心大杠直径主要是考虑机器的结构稳固性和大杠的强度或刚度，但是大杠的强度和刚度不完全取决于大杠的直径，还与大杠的材料、设计及制造工艺等有关。

2.4.7 顶出力

顶出力是顶出油缸顶出铸件时所能提供的最大推力 f（kN），如图 2.14 所示。顶出力的大小与顶出油缸直径相关，对顶出力的要求是能够完全克服铸件包紧力产生的顶出阻力以及其他摩擦阻力。

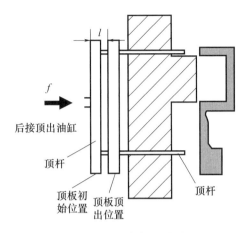

图2.14 顶出力与顶出行程

2.4.8 顶出行程

顶出行程也被称为顶出距离，是指顶出机构可将铸件顶出的最大距离 l（mm）。液压顶出时与顶出油缸的行程有关，顶出行程应该保证将铸件从型腔中顶出一定距离，使其与模具脱离，方便取出，如图 2.14 所示。

2.4.9 压射位置调整范围

压射位置指的是压室在定模板上所处的高度位置，一般由定模板中心向下调整的距离确定。目前大部分压铸机的压射位置可调，可调的高度范围 H（mm）即为压射位置调整范围。为适应不同的压射位置要求，可以将压射机构升高或降低。热室压铸机的压射位置调整一般不是升降压射机构，而是升降合模机构。压射位置可调范围大，可使模具设计与安装灵活，方便调整铸件偏心位置，有时还可弥补大杠间距的限制。因此，压射位置调整范围也是一个重要的技术参数，图 2.15 为压射位置及其调整范围。

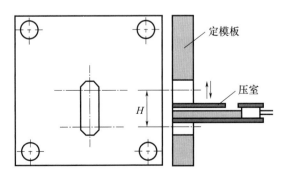

图2.15 压射位置及其调整范围

2.4.10 压射行程

压射行程表示压射冲头从起始位置至终点位置经过的距离 L_s（mm），如图 2.16 所示。压射行程由压射活塞的行程确定，与压射缸结构相关，影响压射体积、充满度或冲头的推出距离。

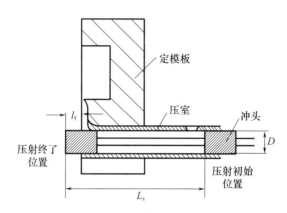

图2.16 压射行程、推出距离及冲头直径

2.4.11 压射冲头推出（跟踪）距离

模具打开时，压射冲头（卧式冷室压铸机）会继续跟踪向前移动，将浇注系统料饼推离压室，防止料饼卡在压室使浇注系统折断掉落，增加操作麻烦。压射冲头推出距离指的是压射冲头跟踪推出的距离 l_f（mm），其值等于推出终止时，压射冲头端面至定模压室处分型面之间的距离，如图 2.16 所示。压射冲头要有足够的推出距离，否则开模时容易造成料饼卡滞在压室端部。如果模具厚度过大，无法保证推出距离，应将浇口杯的脱出斜度适当加大。推出距离的大小由压射行程和定模厚度确定，如果定模板过厚，则无法保证推出距离。

2.4.12 压射冲头/压室直径

压射冲头/压室直径指的是压室的内径或冲头的外径 D（mm），不同吨位的压铸机配置不同的冲头/压室直径范围。压室/压射冲头直径影响压室容量以及压射比压，当金属液浇注量一定时，如希望较高的充满度或要求较高的压射比压，应选择较小的冲头/压室直径。

2.4.13 动态压射力

压铸机的动态压射力指的是压射系统在压射充型阶段（快压射）中能够形成的压射力，也可以称为充型压射力，如图 2.17 所示。动态压射力反映压射系统充型阶段的动态压射能力，足够和稳定的动态压射力可以使压射速度平稳，充型过程平稳，对保证铸件

质量有利。动态压射力在压射过程中是变化的,所以用最大值表示:

$$P_s = p_s \times A_s$$

式中 P_s——动态压射力,kN;

A_s——压射活塞前侧面积,mm²;

p_s——压射活塞前侧油压比压,MPa。

动态压射力的大小也可以通过压射活塞背压 p_{sb} 进行调节。如果存在背压,动态压射力应减去背压 p_{sb} 在背侧环形面积 A_{sb} 上产生的力 $p_{sb} \times A_{sb}$。当背压 p_{sb} 等于零时,动态压射力达到最大。动态压射力并不能全部转化为金属液的动能,一部分要克服各种摩擦阻力,另一部分要用于推动压射活塞等运动部件加速运动。在充型阶段,增压蓄能器不启动,增压机构不工作。

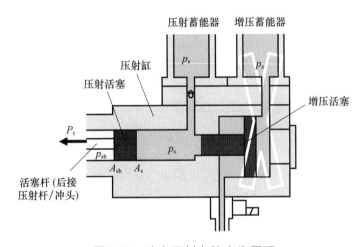

图2.17　动态压射力的产生原理

2.4.14　增压压力

冷室压铸机设有增压机构,目的是在充型结束后金属液凝固期间实现增压压实,使铸件致密。增压原理是利用增压活塞大端和小端的面积差,使输出的油压高于输入的油压,如图2.18所示。增压活塞的大端面积 A_z 显著大于小端面积 A_{zb},因此,增压活塞小端所产生的液压比压 p_z 将显著大于大端侧的液压比压 p_a。增压油压 p_z 的大小取决于增压活塞两端面积的比值,比值越大,增压倍数越大。增压压力就是指在增压油压 p_z 的作用下压射活塞产生的推力,增压油压直接作用于压射活塞。压射活塞推动压射杆及冲头对金属液进行压实。压射蓄能器在增压启动时由单向阀关闭,在增压阶段不工作。最大增压压力 P_z 可用下式计算:

$$P_z = p_z \times A_s$$
$$p_z = p_a \times A_z / A_{zb}$$

式中　P_z——增压压力，kN；

　　　p_z——增压油压比压，MPa；

　　　p_a——增压蓄能器压力，MPa；

　　　A_z——增压活塞大端面积，mm²；

　　　A_{zb}——增压活塞小端面积，mm²。

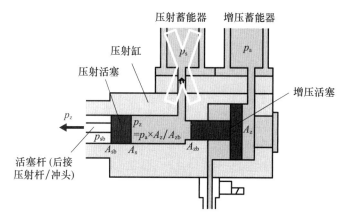

图2.18　增压压力的产生原理

　　压铸机的增压活塞大小端面积比值一般在2~3之间，即增压油压 p_z 会高于蓄能器压力 p_a 的2~3倍。最大动态压射力和最大增压压射力都由压铸机的压射系统或液压系统所决定，不同厂家压铸机会有不同。

2.4.15　压射比压

　　压射比压指的是在增压压力作用下，压射冲头施加在金属液单位面积上的压力，其值大小与增压压力和冲头面积相关，等于增压压力除以冲头面积，如图2.19所示。在不考虑摩擦等阻力的情况下，压射比压可用下式计算：

$$p=P_z/A_p$$

式中　p——压射比压，MPa；

　　　P_z——增压压射力，kN；

　　　A_p——压射冲头面积，mm²。

　　显然，压射比压与增压压力成正比，与压射冲头面积成反比，因此也可以通过使用不同直径的冲头获得不同的压射比压。

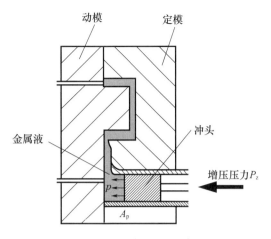

图2.19　压射比压的产生原理

2.4.16　系统压力

系统压力也被称为管道压力或工作压力，由液压泵输出压力确定，目前压铸机采用的系统压力多为 16~21MPa。

2.4.17　蓄能器压力

蓄能器压力指的是蓄能器中的氮气压力。蓄能器压力小于系统压力，一般为系统压力的 80% 左右。在高压油释放过程中，蓄能器中的氮气压力是逐渐减低的。压射完成后，系统再次向蓄能器充油，恢复到原来状态。

2.4.18　最大压射速度（空压射速度）

最大压射速度是压射系统所能达到的最高极限速度，用空压射（压室中无金属液）速度表示。最大压射速度是反映压铸机性能的重要指标，体现了压射系统在克服各种阻力后达到的压射能力和效率。压射能力强，可以缩短充填时间，对于压铸薄壁、复杂、优质铸件以及镁合金压铸件较为重要。目前冷室压铸机空压射速度在 10m/s 左右。

2.4.19　最低压射速度

最低压射速度指压射系统在低速压射阶段达到的无抖动、无顿挫现象的最低速度，是近些年受关注的技术参数之一。使用低压射速度，可以优化慢压射过程的速度模式，减少卷气，提高铸件质量。目前压铸机可达到的最低压射速度在 0.02m/s 左右。

2.4.20　最短建压时间

建压时间是指充型（快压射）结束至增压压力形成所需的时间。传统理念认为，建压时间越短越好。建压时间短，可以在金属液，尤其是内浇口处的金属液凝固之前形成增压高压，保证金属液在高压状态下凝固，可以大大提高增压压实效果，改善铸件质量，所以一般以最短建压时间为评价参数。但目前压铸实践表明并非所有铸件都要求最短的建压时间，而是根据铸件的具体特征尤其是壁厚调整建压时间。不同的铸件特征可以使用不同的建压时间，对厚壁铸件，建压时间可以延长。最佳的建压时间被认为是在金属液的凝固收缩即将发生时或与模具表面接触的外层金属液凝结壳时建压完成。所以目前压铸机的建压时间一般是可以调整和设定的，增压阶段可以达到实时控制，改变了传统的增压模式。最短建压时间只是在特定结构的铸件上使用，但其仍是衡量压铸机性能的一个技术指标，反应压铸机的动态响应特性和适应更多的压铸情况。

建压时间包括三个时间段——t_3、t_4 和 t_5，如图 2.20 所示。目前压铸机的最短建压时间一般为 20~40ms。热室压铸机一般没有增压机构，所以没有这一参数。

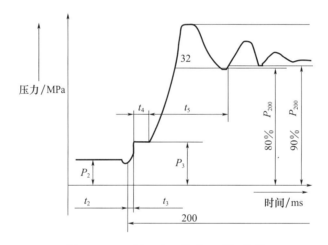

图2.20　压射压力、位移 - 时间曲线

t_3—系统升压时间; t_4—增压延时时间; t_5—增压时间

2.4.21　压室容积

压室容积指的是压射冲头处于原始位置时压室内的空间体积或容积。对于冷室压铸机，工艺上并不推荐金属液充满整个压室，而是采用一个适当的充满度，大约占压室容积的 75%。如果采用压室抽真空，要求的充满度会更低，30% 的充满度也有使用。压铸机参数表会给定适用的压室/冲头直径范围，在选用压铸机或制定压铸工艺时，根据给定的压室/冲头直径范围进行确认，同时考虑压室的容量是否满足压射体积的要求。

2.4.22 最大投影面积

投影面积是铸件在开合模方向上的投影所形成的面积，最大投影面积指的是压铸机所能压铸的投影面积上限。如果铸件的投影面积超过压铸机允许的最大投影面积，表明该铸件超出压铸机的压铸能力，应选用更大锁模力的压铸机。但应注意可压铸的投影面积与采用的压射比压有关，最大投影面积一般是指在使用最低压射比压或最大冲头直径时的可压铸面积，并且投影面积无偏心。最低的压射比压一般取 40MPa 左右，可参考压铸机参数表确认。

2.4.23 压力峰值系数

充型时压射冲头快速运动，型腔充满后冲头瞬间停止。冲头瞬间停止会对金属液造成相当大的冲击作用，形成相当大的压力峰值，水力学上称为水锤现象，如图 2.21 中点划线所示。压力峰值过高会导致瞬间胀型，形成铸件飞边，可能会使增压效果变差，因此压铸业及压铸机制造商都十分关注压力峰值的消除。目前许多压铸机采取一定措施减低压力峰值，如急减速（刹车）功能，并取得良好效果，所以目前对此参数的关注程度有所降低。压力峰值系数是表示压力峰值大小的参数，其值等于峰值压力与设定压力之比。

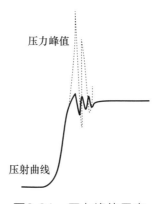

压力峰值

压射曲线

图2.21　压力峰值示意

2.5 压铸机的选用

压铸工业迅速发展，压铸企业经常需要更新或增购压铸设备。由于压铸设备投资大，使用周期长，因此选用压铸机时需要认真论证，以购入合适的压铸机。压铸机选用一般包括三项内容。

（1）压铸机类型（热室压铸机或冷室压铸机）

（2）压铸机档次（压铸机的质量与性能）

（3）压铸机规格（吨位及技术参数）

2.5.1　压铸机类型选择

压铸机的类型一般根据产品状况确定，首先要考虑铸造合金的种类，其次要考虑铸件特征及质量要求等。

热室压铸机仅适于锌合金、镁合金（AZ91，AM60），铝合金及铜合金不能采用热室压铸。薄壁、尺寸不太大、对强度要求不很高的铸件倾向于热室压铸。热室压铸质量较为稳定，生产效率高。

冷室压铸机可压铸铝、锌、镁、铜合金。但锌合金采用热室压铸优势比较大，一般不采用冷室压铸机生产。冷室压铸机具有增压机构，并具有高压压实的效果，所以铸件致密性较好，铸件强度较高。对于厚大铸件及结构件，一般应采用冷室压铸机生产。

2.5.2　压铸机档次选择

压铸机的档次指的是压铸机的整体质量与性能水平，即高、中或低端压铸机。压铸机档次选择主要考虑以下两点。

（1）产品要求

（2）企业目标与经济状况

产品要求主要考虑铸件的复杂性或成型难度以及对铸件的质量要求。压铸工艺基本是在压铸机上完成的，铸件质量与压铸机的性能有较为明显的依赖关系。应该说，目前档次不同的压铸机的质量和性能存在较大差异，价格存在较大差异，生产出的压铸件质量也存在差异。此外，选用的压铸机档次还与企业目标及经济状况密切相关。如果企业具有长远压铸目标，生产持久，追求效率，以生产高端优质压铸件为主，进入国际市场，宜选用高档次压铸机。生产普通铸件、铸件质量要求不高，以及企业投资强度受限，宜选用中低端压铸机。总之，应选择合适档次的压铸机，达到生产质量与生产经济性的兼顾。

2.5.3　压铸机规格选择

当压铸机的类型选定后，即可根据压铸件的投影面积及压射比压确定压铸机的吨位。在压射比压的作用下，型腔中的金属液受到压力作用，在开合模方向产生胀型力。根据胀型力的大小计算压铸机的锁模力，如图2.22所示。

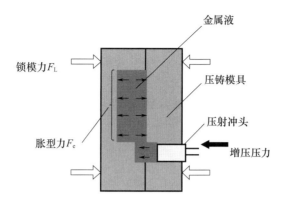

图2.22 铸件投影面积产生的胀型力

2.5.3.1 锁模力的计算

确定压铸机吨位的基本原则是必须保证锁模力大于胀型力。锁模力通常按下式计算：

$$F_L = k \times F_e$$

式中 F_L——锁模力，kN；

　　　F_e——胀型力，kN；

　　　k——安全系数，冷室压铸机一般取 1.1~1.2，热室压铸机应取得更高些，可取 1.2~1.4。

计算步骤如下。

（1）计算投影面积

投影面积可以分为料饼面积（a_1）、浇道面积（a_2）、铸件面积（a_3）、排溢系统面积（a_4）四类，如图 2.23 所示。

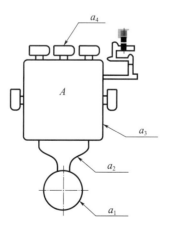

图2.23 投影面积类型

如果铸件复杂，可以将其投影面积分成若干简单形状后分别计算。

（2）确定压射比压

压射比压直接影响胀型力，正确选择压射比压非常重要。压射比压可以根据铸件合金、特征和质量要求进行选取，见表2.2。

表2.2　冷室压铸推荐的压射比压（增压）参考值　　　MPa

合金	一般铸件	耐压铸件	大平面薄壁件/表面质量要求高	受力铸件
锌合金	30	—	30~40	40~60
铝合金	30~40	80~120	40~60	40~80
镁合金	30~40	60~100	40~60	40~80

（3）计算胀型力

胀型力 F_e 分为两个部分，一部分是由铸件投影面积产生的胀型力 F_a，另一部分则是由滑块楔紧块产生的胀型力 F_c，即 $F_e=F_a+F_c$。

①铸件投影面积产生的胀型力如图2.22所示，由铸件投影面积引起的胀型力的大小可用下式计算：

$$F_a=p \times a$$

式中　p——选定的压射比压，MPa；

　　　a——投影面积，mm^2。

金属液在型腔不同部位获得的压力有所不同。在计算胀型力时，采用分块计算，不同部位采用不同的压力系数。压力系数选取主要与内浇口距离有关，也与铸件大小、形状、壁厚、浇注温度、模具温度等因素有关。有资料显示，各部位的压力系数参考值如下：a_1 为1.0，a_2 为0.8~1.0，a_3 为0.75~9.0，a_4 为0.25~0.40。

则：

$$F_a=p \times a_1+（0.8~1.0）p \times a_2+（0.75~0.9）p \times a_3+（0.25~0.40）p \times a_4$$
$$=p \times [a_1+（0.8~1.0）\times a_2+（0.75~0.9）\times a_3+（0.25~0.40）\times a_4]$$

当压射比压选定后，可以按照上式计算由铸件投影面积引起的胀型力。

②滑块楔紧块产生的胀型力

如果铸件存在侧凹区或侧孔，需要利用活动型芯或滑块形成。为防止充型时在金属液压力的作用下活动型芯或滑块后退，需要使用楔紧块楔紧，楔紧块的楔紧斜面与滑块的楔紧斜面之间会产生垂直于分型面的力，称为楔紧块胀型力，如图2.24所示。图中 F_k 是由比压 p 作用于受力面积 a_c 产生的推力，F_c 则是 F_k 在楔紧斜面产生的分力，与分型方向一致，即楔紧块的胀型力，计算式如下：

$$F_k=（0.75~0.9）p \times a_c$$

$$F_c = \tan\alpha \times F_k$$

式中　F_k——金属液对型芯产生的推力；

　　　F_c——锁紧斜滑块上的胀型力；

　　　p——作用于金属液上的压力；

　　　a_c——成型滑块在 F_k 方向上的投影面积。

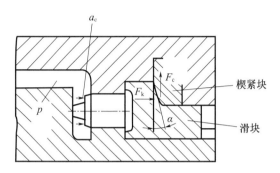

图2.24　铸件投影面积产生的胀型力

当全部胀型力计算以后，可以进行锁模力的计算。

2.5.3.2　无偏心锁模力计算

图 2.25 为一铝合金压铸件，使用卧式冷室压铸机生产。假定投影面积无偏心，选用的压射比压为 50MPa。各部分投影面积、选用的压射比压、压力系数及各部分的胀型力见表 2.3。

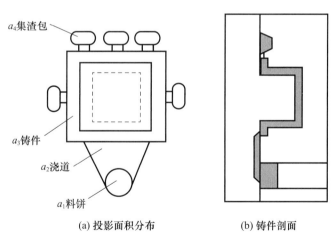

(a) 投影面积分布　　　　(b) 铸件剖面

图2.25　算例铸件

表 2.3 　胀型力计算表

类型	尺寸 /cm	面积 /cm²	压射比压 /bar	压力系数	胀型力 /t
a_1 料饼	直径：10	$10 \times 10 \times 3.14/4=78.5$	500	1.0	$78.5 \times 500/1000=39.25$
a_2 浇道	上侧宽：30 下侧宽：10 高：20	$（30+10）\times 20/2-（10 \times 10 \times 3.14/4）/2 =360.75$	500	0.9	$360.75 \times 500 \times 0.9/1000=162.34$
a_3 铸件	长：40 宽：40	$40 \times 40=1600$	500	0.8	$1600 \times 500 \times 0.8/1000=640$
a_4 集渣包（5 个）	宽：2 长：4	$2 \times 4 \times 5=40$	500	0.4	$40 \times 500 \times 0.4/1000=8$
a_c 滑块	宽：10 高：10	$10 \times 10=100$	500	0.9	$100 \times 500 \times 0.9/1000=45$
总胀型力					894.59
注：1bar=0.1MPa，下同					

根据表 2.3 数据，总胀型力为

$$F_e=F_a+F_c=39.25+162.34+640+8+45=894.59（t）$$

取安全系数为 1.1，则

$$F_L=k \times F_e=1.1 \times 894.59=984.049（t）$$

根据计算，本例铸件大约需要锁模力为 1000t 的压铸机。但应注意本例计算没有考虑胀型力偏心对锁模力的影响。如果胀型力的中心与模板中心（或锁模力中心）不重合，四根大杠承受的胀型力会有不同。如果偏心情况不太严重，适当加大安全系数即可。否则，可能出现某一根大杠受力过大，需要增大压铸机的吨位的情况。在这种情况下，应对偏心胀型力进行计算，以正确确定锁模力。

2.5.3.3　偏心锁模力计算

投影面积无偏心只是少数情况，大部分模具型腔分布并不完全对称。偏心胀型力比投影面积对称分布的胀型力计算烦琐，需要确认偏心距离，需要计算偏心矩，需要计算及累加每根大杠所受的力。之后找出受力最大的大杠，按受力最大的大杠确定胀型力，进而确定压铸机的锁模力。

（1）偏心矩计算法

图 2.26（a）为一投影面积偏心位置图，大杠间距为 L，偏心面积 A，在其上产生的胀型力为 F_{ea}。图 2.26（b）是作用力简图，采用偏心矩法，对大杠受力情况进行计算。

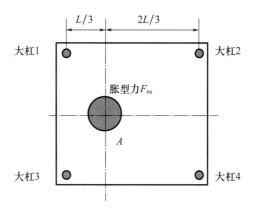

(a) 投影面积A的偏心位置

(b) 作用力简图

图2.26　偏心胀型力计算模型

根据偏心距离，可以分别计算出胀型力 F_{ea} 对大杠 1、3 和大杠 2、4 的作用力 F_{1-3} 和 F_{2-4}，计算式如下：

$$F_{1-3}=F_{ea}×（2L/3）/L=2F_{ea}/3$$
$$F_{2-4}=F_{ea}×（L/3）/L=F_{ea}/3$$

如果投影面积在垂直方向没有偏心，则

$$F_1=F_3=F_{1-3}/2=F_{ea}/3$$
$$F_2=F_4=F_{2-4}/2=F_{ea}/6$$

如果投影面积在垂直方向有偏心，则在垂直方向也应按照偏心矩方法再次对 F_{1-3} 和 F_{2-4} 在垂直方向进行分割，得到每根大杠的受力值。

（2）计算示例

图 2.27 给出带有一对称位置和一偏心位置的投影面积 A_1 和 A_i 的计算示例。这两个面积是铸件投影面积划分后的等效局部面积，实际铸件并不会出现这种形式的结构，此例只是为了计算表达方便。

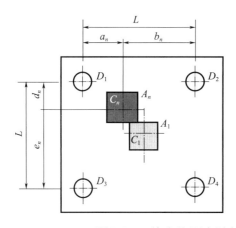

数据

A_1、$A_n=100cm^2$

$C_1(0, 0)$ (cm)

$C_n(-10, 10)$ (cm)

$A_n=10cm$

$b_n=30cm$

$d_n=10cm$

$e_n=30cm$

$p=600bar$

图2.27 偏心胀型力计算示例

偏心胀型力的计算步骤如下。

第一步 划分投影面积，尽量将复杂投影面积划分为规则面积，分别确定各部分投影面积大小，之后计算各部分投影面积上的胀型力。假定划分出 n 块规则投影面积，则

$$F_{ei}=A_i \times p \ (i=1, 2, \cdots, n)$$

第二步 利用第一步得到的各部分胀型力，将其分解到各锁紧点（大杠）。

分别计算对各锁紧点的作用力。

第一个锁紧点 D_1：$F_{ei\text{-}D1}=F_{ei} \times b_i \times e_i/L2 \ (i=1, 2, \cdots, n)$

第二各锁紧点 D_2：$F_{ei\text{-}D2}=F_{ei} \times a_i \times e_i/L2 \ (i=1, 2, \cdots, n)$

……

第三步 使用第二步求出的结果，分别累加各个锁紧点的作用力。

$$F_{e\text{-}Dj}=\sum F_{ei\text{-}Dj} \ (j=1, 2, 3, 4)(i=1, 2, \cdots, n)$$

第四步 确认四个锁紧点中的最大胀型力，并以此计算总体偏心胀型力。

$$F_e=4 \times Max \ (F_{e\text{-}D1}, F_{e\text{-}D2}, F_{e\text{-}D3}, F_{e\text{-}D4})$$

按照上述步骤和方法，计算 A_i 对各个大杠的胀型力。

假定划分后的投影面积只有两块，即 $n=2$，则只需计算 A_1 和 A_n 上的胀型力。

A_1 的胀型力为

$$F_{eA1}=100 \times 600=60 \ (t)$$

由于没有偏心，每根大杠受力相等，则

$$F_{eA1\text{-}D1}=F_{eA1\text{-}D2}=F_{eA1\text{-}D3}=F_{eA1\text{-}D4}=60/4=15 \ (t)$$

A_n 的胀型力

$$F_{eAn}=100 \times 600=60 \ (t)$$

$D_1 \sim D_3$：$F_{eAn\text{-}D13}=F_{zAn} \times b_n/L=60 \times 30/40=45 \ (t)$

D_1：$F_{eAn\text{-}D1}=F_{eAn\text{-}D13} \times e_n/L=45 \times 30/40=33.75 \ (t)$

D_3: $F_{eAn-D3}=F_{eAn-D13} \times d_n/L=45 \times 10/40=11.25$（t）

$D_2 \sim D_4$: $F_{eAn-D24}=F_{eAn} \times a_n/L=60 \times 10/40=15$（t）

D_2: $F_{eAn-D2}=F_{eAn-D24} \times e_n/L=15 \times 30/40=11.25$（t）

D_4: $F_{eAn-D4}=F_{eAn-D24}-F_{eAn-D2}=15-11.25=3.75$（t）

计算出各个投影面积（A_1 和 A_i）对每根大杠产生的胀型力后，分别进行累加并找出最大值。

D_1: $F_{e-D1}=F_{eA1-D1}+F_{eAn-D1}=15+33.75=48.75$（t）

D_2: $F_{e-D2}=F_{eA1-D2}+F_{eAn-D2}=15+11.25=26.25$（t）

D_3: $F_{e-D3}=F_{eA1-D3}+F_{eAn-D3}=15+11.25=26.25$（t）

D_4: $F_{e-D4}=F_{eA1-D4}+F_{eAn-D4}=15+3.75=18.75$（t）

从计算结果看出，第 1 根大杠承受的胀型力 F_{e-D1} 最大，达到 48.75t。在确定锁模力时，应以受力最大的大杠为基准，即按每根大杠承受胀型力 48.75t 计算锁模力。

$$F_L=k \times F_{e-D1}=1.2 \times 4 \times 48.75=234（t）$$

根据计算结果，选用锁模力为 234t 的压铸机为宜。

如果在投影面积没有偏心的情况下，则总的胀型力 F_e（A_1 及 A_i）为 120t，每根大杠承受胀型力 30t，压铸机锁模力为

$$F_L=k \times F_e=1.2 \times 120=144（t）$$

由此可见，投影面积偏心对压铸机锁模力的影响较大。所以投影面积存在偏心时，应进行核算，避免选取的压铸机吨位不足影响使用。

2.5.4 压铸机技术参数核算

压铸机的吨位确定后，如果需要，还应对压铸机的某些技术参数进行核算。核算的内容一般包括压室容量、模具厚度、开合模行程、大杠间距和模板尺寸等。

（1）压室容积核算

对于冷室压铸，金属液浇入压室后，压室的充满度既不能太低，又不能过高。太低导致气体占用压室容积过多，容易造成卷气及金属液氧化，还会导致金属液热损失过多，容易形成铸件冷缺陷。太高则容易导致金属液由浇料口喷溅。工艺上认为，压室的充满度宜为 60%~80%。

压室的充满度用下式校核：

$$V_{压室} \times 60\% \leqslant V_{浇注} \leqslant V_{压室} \times 80\%$$

式中　$V_{浇注}$——金属液的总浇注体积（mm³），包括铸件、浇注系统（含余料）及排溢系统体积；

　　　$V_{压室}$——压室容量，mm³；

$$V_{压室} = \pi \times D^2 \times L/4$$

式中　D——压室直径，mm；

　　　L——压室长度（从复位后的冲头端面至浇口套端面），mm。

D、L 的含义如图 2.28 所示。如果金属液的浇注量与压室充满度要求相差过大，则应考虑更换不同尺寸的压室。如果压室抽真空，要求的充满度比较低，一般为 30%~50%。

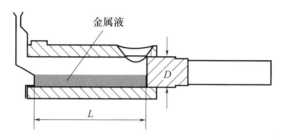

金属液

图2.28　金属液充满度示意

（2）模具厚度校核

模具厚度可用下式进行校核：

$$H_{min} < H < H_{max}$$

式中　H——模具厚度，mm；

　　　H_{min}——压铸机限定的最小模具厚度，mm；

　　　H_{max}——压铸机限定的最大模具厚度，mm。

如果模具厚度不能满足要求，可采用两种方法调整：一是尝试改变模具结构，二是另外寻求合适的压铸机。

（3）开合模行程核算

开合模行程实际上就是压铸机开模后，动、定模分型面之间的距离。如果铸件的高度尺寸（在开合模方向）过大，应该核算压铸机的开合模行程，以便保证压铸件在开模后能够方便取出。

开合模行程可用下式进行校核：

$$H \geqslant H_o + H_c + 2\delta$$

式中　H——开合模行程，mm；

　　　H_c——定模型芯高度，mm；

　　　H_o——铸件及浇注系统的总高度，mm；

　　　δ——取件时铸件与动、定模之间的最小距离，一般不小于 5mm。

上述各尺寸意义如图 2.29 所示。在核算时应注意并不是式中所有尺寸都要出现，或者还有其他因素要考虑，但间距尺寸无论在任何情况下都要保证。

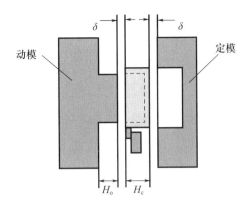

图2.29　开合模行程核算

（4）大杠间距和模板尺寸校核

大杠间距和模板尺寸限制模具外形长度和宽度尺寸，即除厚度尺寸外的另两个方向上的尺寸。如果是板框类铸件，对压铸机的吨位要求较小，但模具外形尺寸较大。在此情况下，应注意校核压铸机的大杠间距和模板尺寸是否符合模具的外形尺寸。目前压铸机已具备大杠抽出功能，方便了稍大尺寸模具的安装使用，但仍不应忽略此问题。

（5）其他校核

压铸件多种多样，对压铸工艺的要求也不尽相同。如薄壁复杂铸件、镁合金铸件等对压铸机的压射速度和建压时间较为关注，厚大铸件对增压压力较为关注，深腔铸件可能要关注顶出力，偏心铸件对压射位置调整范围较为关注等。根据压铸件的工艺要求，可以对任何有特别要求的压铸机参数进行校核，以便保证能够选用满足生产要求的压铸机。

2.5.5　压铸机能量核算

依据流体力学原理，将压力 p 与所能达到的压射流量 Q 建立关系。这种关系是压力 p 与流量 Q 的平方成正比，其图形表示称为 p-Q^2 图。p-Q^2 技术被认为能够表明压铸机的能量特性，因此在选择压铸机时推荐应用 p-Q^2 图对压铸机能量进行校核，或直接根据 p-Q^2 原理进行压铸机选择。p-Q^2 原理将在其他章节介绍。

2.6　现代压铸机先进功能及发展趋势

先进的液压技术、自动化控制技术、电子计算机技术、检测技术、制造技术推动了压铸机技术的发展。随着科学技术及先进的工业成果不断被应用于压铸机中，压铸机在性能、功能及质量可靠性各个方面不断获得提升。20世纪70年代出现电控压铸机，标志着压铸设备机电一体化的新阶段。其后，高速压射单元、实时控制压射系统、高效液压系统逐步出现，压铸机技术更加先进。为加强对现代压铸机的了解，本节将对目前先进压铸机的一些性能、功能及质量可靠性进行简单介绍。

2.6.1 高速、高效及灵活的压射系统

压射系统性能往往反映压铸机的性能水平，所以各压铸机生产厂商都一直对压铸机的压射系统进行不懈的开发与改进，使压射系统性能不断提高，实现高速、高效及灵活的目标。

目前，先进的压铸机空压射速度达到 10m/s 以上，带料压射速度可以达到 8m/s 以上。压射系统油路合理，压力强劲。高压高速可以增加液态金属的充填能力，缩短充填时间，同时可以使液态金属温度在充填结束时保持较高水平，增加了压力传递范围及增压效果，有利于改善铸件质量。高速高压可以达到雾化填充方式，使铸件内部气孔细微化，改善铸件内部质量。高速高压对于生产薄壁、形状复杂、耐压件均有利。

同时，采用各种先进的高速阀和液压装置，系统瞬间响应。压射的加速度可达 40g（$g=9.8m/s^2$）以上，建压时间不大于 30ms，且可调。系统的快速响应，极大提高了压铸机压射灵活性和压射效率。

低速压射速度在 0.03~0.7m/s 范围内可进行多段速度的设定，低速压射实现层流充填，减少铸件内部的气体含量，气体含量在 1000g 金属液中可控制在 8mL 以内。低速压射被认为适于壁厚、需要进行热处理的压铸件生产。但必须注意在此压射模式下，极易出现冷缺陷造成废品，使用该工艺时要采取必要保温及其他工艺措施。

现代的压射系统打破了传统的三级压射概念，可以进行多级速度设定。一般速度设定点可达 10 个以上，有的甚至拥有 20 个速度设定点。除设定压射速度的大小外，也可根据工艺需要，设定匀速、加速、减速压射。除速度设定外，压力也可以多点设定，压力设定点可以达到 10 个或更多。借助这些设置点，可以进行任意的压射模式设定，压射工艺更具灵活性，更能适合各种压铸件的生产需要。

压射系统达到精确控制，压射系统稳定可靠。先进压射系统压射速度的控制误差达到 2% 以内，储能器的压力波动可控制在 ±1% 以内。另外，许多压铸机还具备冲头急停功能，可消除或大幅减低压力峰值，有效避免或减小铸件飞边和对设备及模具的冲击。

2.6.2 先进的实时控制系统

工业计算机在压铸机中得到广泛应用，取代了继电器控制和顺序控制器控制方法。现代压铸机的控制系统在压射充型过程中能够对重要工艺参数进行实时监控。在压射过程中及时纠正工艺偏差，以保持工艺参数始终在规定的范围内。目前在压射过程中从检出偏差数据，并将其纠正后调整系统动作，到返回到原来所设定的最小偏差范围之内，这一纠偏过程最快的可在一个循环内完成。在压铸机上增加传感器、插补器等组成的反

馈单元控制系统，可接收压铸机输出端的输出反馈信息，并能接收插补器的指令。根据对反馈信号的比较，控制单元发出误差修正指令，对输出进行补偿，使闭环控制系统达到高精度输出。采用工业标准处理器，高速动态总线，分散模块化控制，使控制系统的运行速度及可靠性大幅提高。

2.6.3 故障监控、远程诊断及报警功能

故障监控、远程诊断及报警功能也是现代压铸机的典型功能。压铸过程中，当机器出现故障或设定参数出错时，系统会根据故障状态进行报警或者直接停机，并在人机对话框中显示报警原因和处理方法。系统还会通过对设备特殊部位的监测，提供日常的维护保养信息，大大方便设备的维护与管理。除了在生产过程中提供给用户及时的参考信息外，还具有强大的远程诊断功能。远程诊断系统可通过调制解调器和电话线使机器的运行信息传送到压铸机制造公司，进行故障诊断，实现远程系统更新，并可优化压铸过程，更有效地控制压铸件的质量及压铸机的有效运行。

2.6.4 数据收集、分析与处理，生产管理和统计分析

目前压铸机大多具有数据收集、分析与处理，以及生产管理和统计分析等功能。控制系统采用了专用软件，和总线结构设计一起提供给用户，具有如下功能：能够显示机器参数（时间，位移等），并且能够在监视器上用图形的形式表现出来；能够显示压射曲线，顶出和合模过程的速度曲线，能够显示参数设定值和实际值的比较，并可以提供参考曲线和误差范围；能够提供生产过程监控（质量统计表）并附带有偏差监控，自动统计误差次数，提供废品率数据，分析产生废品的原因。系统具有设备运行情况和生产情况记录功能，在计算机内存储各类时间、次数、各种状态的速度及压力、行程数据、调换模具数据、模具名称、功能选择状态、温控状态、故障类型、发生时间、发生次数等。在每次进行压铸生产时，操作人员可以输入本次要生产的件数，当生产产量达到设定值时自动停机，并提示操作者注意。

模具和压铸条件可以自动设定，可以计算工艺参数。可以将模具厚度、冲头直径、产品的投影面积、壁厚、质量等铸造条件和合模、喷涂、浇注、压射等参数输入，并存储在压铸机内。可以随时读取存储的数据，可以进行工艺分析。当更换模具后，可以将压铸模的原设定调出，缩短了设定时间，提高生产效率。

内置生产管理系统，具有多级别的密码保护，使各种设定及数据不被破坏。

2.6.5 压铸机的数字化和智能化

大型压铸车间可实现多机联网监控、通信管理与生产自动调度。每台压铸机的控制系统可通过系统总线、光缆与生产调度中心连接。生产调度中心能够实时监控每台机器

的工作状况、产量、成品率，并根据生产需要调整机器的生产，实现生产过程的实时调度。近些年在数字化和智能化方面取得较大进步，控制系统与生产过程管理系统实现对接，更有效提高生产效率和自动化、智能化水平，节省人力，降低生产成本。

2.6.6　局部加压

挤压作用可以使铸件的致密性增加，消除铸造缺陷。在大部分压铸机中，除正常的增压压实外，还增加了局部挤压功能。在铸件凝固后，可对压铸件易出现缩孔、气孔的部位进行局部加压，使缩孔得到补缩，气孔被压缩，消除铸件局部缺陷。这一功能有助于高品质、高强度、少或无气孔铸件的生产。

2.6.7　超大型压铸机的发展

随着结构件大型一体化、集成化的进步，锁模力在6000t以上的压铸机需求增加。目前已有使用6000t以上的压铸机生产车体后底板等。9000t级及16000t级压铸机也已进入市场，将生产汽车底盘类铸件及电池箱类铸件等。20000t级压铸机目前也在研发中，预计不久的将来即可问世，将用于生产汽车底盘或车身以及大型电池箱等压铸件。为解决超大型压铸件的充型问题，超大型压铸机技术也在快速发展。压射系统将更强、更快，更有效（多压室压射），合模系统或将采用更多大杠锁紧模具，减小模板厚度及质量。

3 压铸合金

压铸常用的材料是铝合金、镁合金、锌合金和铜合金。早期压铸厂需要按铸件要求自行配制所需的合金，目前压铸合金大多由专业厂按照相关标准配制，然后浇注成锭供应给压铸厂，压铸厂再次熔化后进入压铸程序。为节约成本，降低碳排放，近年在大批量生产中，合金厂往往建在压铸厂附近，以液态合金状态直接供给压铸厂使用。合金材料在压铸工艺中占据很重要的位置，合金的质量是压铸件质量的基础保障。

3.1 压铸铝合金

3.1.1 铝合金概述

3.1.1.1 铝合金的特点

铝合金在压铸中具有独特的优势，用量最大，占所有合金材料 70% 以上，主要有以下特点。

（1）密度小，比强度高。

（2）良好的综合力学性能。

（3）良好的导电性、导热性及机械切削性。

（4）铸件表面会产生组织致密的氧化铝膜，耐腐蚀性好。

（5）良好的流动性，熔液温度适当，比较适合压铸。

（6）体积收缩率较大，易在最后凝固处形成缩孔或缩松。

（7）对模具有较强的亲和性，易产生粘模现象。

3.1.1.2 铝合金种类

压铸铝合金可分为铝硅系、铝铜系、铝镁系等，其中铝硅系合金用量最大。铝硅系合金分为含硅量低于共晶点的亚共晶合金、含硅 11.7% 的共晶合金，以及高于共晶点的过共晶合金。

铝硅系合金相图如图3.1所示。共晶铝合金在共晶点577℃时同时凝固，流动性最好，缩松倾向最小，致密性也好，是理想的压铸铝合金。亚共晶范围内，含硅量越低，结晶区间越大，晶粒长大区间越宽，流动性也越差。而过共晶合金凝固过程中有初晶硅析出，产生裂纹倾向大，不利于机加工，在熔炼时需要增加细化变质工序。铝硅合金适合压铸大型、薄壁、复杂及有密封性要求的铸件。但如果铸造条件不合适，容易出现表面质量问题。

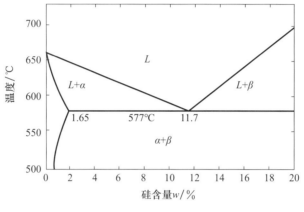

图3.1　铝硅系合金相图

铝硅铜共晶和亚共晶合金强度、硬度高，表面光洁度好，耐高温，压铸工艺性能好，加工性能好，可热处理提高机械性能。这类合金是汽车业用量最大的常用合金，但由于含铜，存在晶间腐蚀问题，不含铜铝硅系合金可解决晶间腐蚀，但加工性能差。

过共晶 Al–Si–Cu 合金耐磨性能好，膨胀系数小，但加工性能很差，必须进行细化处理。

铝镁合金的塑性、耐蚀性和表面质量较好，适合压铸耐腐蚀零件及表面质量要求高的零件。但其凝固收缩及热膨胀系数较大，压铸性能较差。

3.1.1.3　合金牌号及化学成分

中国目前已形成了较为完善的压铸合金标准体系，包括国家标准、行业标准和团体标准等。《压铸铝合金》（GB/T 15115—2024）相关内容见表 3.1，中国铸协发布的《压铸铝合金》（T/CFA 020311.2—2020）见表 3.2。

表 3.1　压铸铝合金的牌号及化学成分（1）

序号	合金牌号	合金[b]代号	化学成分（质量分数）/%[a]												
			Si	Cu	Mn	Mg	Fe	Ni	Ti	Zn	Pb	Sn	其他		Al
													单个	总量	
1	YZAlSi10Mg	YL101	9.00~10.00	0.60	0.35	0.45~0.65	1.00	0.50	—	0.40	0.10	0.15	0.05	0.15	余量

续表

序号	合金牌号	合金代号 b	Si	Cu	Mn	Mg	Fe	Ni	Ti	Zn	Pb	Sn	其他单个	其他总量	Al
2	YZAlSi12	YL102	10.00~13.00	1.00	0.35	0.10	1.00	0.50	—	0.40	0.10	0.15	0.05	0.25	余量
3	YZAlSi10	YL104	8.00~10.50	0.30	0.20~0.50	0.30~0.50	0.50~0.80	0.10		0.30	0.05	0.01	—	0.20	余量
4	YZAlSi9Cu4	YL112	7.50~9.50	3.00~4.00	0.50	0.10	1.00	0.50		2.90	0.10	0.15	0.05	0.25	余量
5	YZAlSi11Cu3	YL113	9.50~11.50	2.00~3.00	0.50	0.10	1.00	0.30		2.90	0.10	0.35	0.05	0.25	余量
6	YZAlSi17Cu5Mg	YL117	16.00~18.00	4.00~5.00	0.50	0.50~0.70	1.00	0.10	0.20	1.40	0.10	—	0.10	0.20	余量
7	YZAlMg5Si1	YL302	0.80~1.30	0.20	0.10~0.40	4.55~5.50	1.00	—	0.20	0.20				0.25	余量
8	YZAlSi12Fe	YL118	10.50~13.50	0.07	0.55	—	0.80		0.15	0.15			0.05	0.25	余量
9	YZAlSi10MnMg	YL19	9.50~11.50	0.03	0.40~0.80	0.15~0.60	0.20		0.20	0.07			0.05	0.15	余量
10	YZAlSi7MnMg	YL120	6.00~7.50	0.03	0.35~0.75	0.15~0.45	0.20		0.20	0.03			0.05	0.15	余量

注1：所列牌号为常用压铸铝合金牌号。
注2：未特殊说明的数值均为最大值。
a 除有范围的元素和铁为必检元素外，其余元素在有要求时抽检。
b YL119、YL120 宜加入 Sr 进行变质处理。

表 3.2　压铸铝合金的牌号及化学成分（2）

序号	合金牌号	合金代号	Si	Cu	Mn	Mg	Fe	Ni	Ti	Zn	Pb	Sn	其他单项	杂质总量	Al
1	YZAlSi10Mg	YL101a	9.0~10.0	≤0.6	≤0.35	0.45~0.65	≤1.0	≤0.50	—	≤0.40	≤0.10	≤0.15	—	—	余量
2	YZAlSi12	YL102a	10.0~13.0	≤1.0	≤0.35	≤0.10	≤1.0	≤0.50	—	≤0.40	≤0.10	≤0.15	—	—	余量
3	YZAlSi10	YL104	8.0~10.5	≤0.3	0.2~0.5	0.30~0.50	0.5~0.8	≤0.10		≤0.30	≤0.05	≤0.10	—	—	余量
4	YZAlSi9Cu4	YL112	7.5~9.5	3.0~4.0	≤0.50	≤0.10	≤1.0	≤0.50		≤2.90	≤0.10	≤0.15	—	—	余量
5	YZAlSi11Cu3	YL113	9.5~11.5	2.0~3.0	≤0.50	≤0.10	≤1.0	≤0.30		≤2.90	≤0.10		—	—	余量
6	YZAlSi11Cu2	YL113a	9.5~12.0	1.5~3.5	≤0.50	≤0.3	≤1.3	≤0.50	≤0.30	≤1.0	≤0.1	≤0.2	—	—	余量
7	YZAlSi17Cu5Mg	YL117	16.0~18.0	4.0~5.0	≤0.50	0.50~0.70	≤1.0	≤0.10	≤0.20	≤1.40	≤0.10		—	—	余量

续表

序号	合金牌号	合金代号	化学成分（质量分数）/%											
			Si	Cu	Mn	Mg	Fe	Ni	Ti	Zn	Pb	Sn	其他单项	杂质总量	Al
8	YZAlMg8Si1	YL302	≤ 0.35	≤ 0.25	≤ 0.35	7.60~8.60	≤ 1.1	≤ 0.15	—	≤ 0.15	≤ 0.10	≤ 0.15	—	—	余量

注 1：表中合金代号后的小写字母 "a" 表示 "区别" 的含义：YL101a、YL102a 分别用于区分 GB/T 15115—2009 中 YL101、YL102；YL103a 用以区分本文件中的 YL103。

注 2：压铸铝合金号与国外标准牌号对照见 T/CFA 020311.2—2020 中附录 C 的表 C.1。

注 3：其他单项元素及杂质总量的规定，宜由供需双方商定。

美国部分压铸铝合金标准见表 3.3。

表 3.3 美国部分压铸铝合金代号及化学成分（ASTM B179-06）

合金代号	化学成分（质量分数）（%）										
	Si	Fe	Cu	Mn	Mg	Ni	Zn	Ti	Sn	其他总量	Al
360.2	9.0~10.0	0.7~1.1	≤ 0.10	≤ 0.10	≤ 0.45	≤ 0.10	≤ 0.10	—	≤ 0.10	≤ 0.20	其余
A360.1	9.0~10.0	≤ 1.0	≤ 0.6	≤ 0.35	0.45~0.6	≤ 0.5	≤ 0.4		≤ 0.15	≤ 0.25	其余
380.2	7.5~9.5	0.7~1.1	3.0~4.0	≤ 0.10	≤ 0.10	≤ 0.10	≤ 0.10		≤ 0.10	≤ 0.20	其余
A380.1	7.5~9.5	≤ 1.0	3.0~4.0	≤ 0.50	≤ 0.10	≤ 0.50	≤ 2.9		≤ 0.35	≤ 0.5	其余
383.1	9.5~11.5	≤ 1.0	2.0~3.0	≤ 0.5	≤ 0.1	≤ 0.3	≤ 2.9		≤ 0.15	≤ 0.50	其余
384.1	10.5~12.0	≤ 1.0	3.0~4.5	≤ 0.5	≤ 0.1	≤ 0.5	≤ 2.9		≤ 0.35	≤ 0.5	其余
413.2	11.0~13.0	0.7~1.1	≤ 0.10	≤ 0.10	≤ 0.07	≤ 0.10	≤ 0.10		—	≤ 0.10	其余
A413.1	11.0~13.0	≤ 1.0	≤ 1.0	≤ 0.35	≤ 0.1	≤ 0.5	≤ 0.4		≤ 0.15	≤ 0.25	其余
C443.1	4.5~6.0	≤ 0.6	≤ 0.6	≤ 0.50	≤ 0.25	≤ 0.50	≤ 0.25		≤ 0.15	≤ 0.35	其余
518.1	≤ 0.35	≤ 1.1	≤ 0.25	≤ 0.35	7.5~8.5	≤ 0.15	≤ 0.15		≤ 0.15	≤ 0.25	其余
B390.1	16.0~18.0	≤ 1.0	4.0~5.0	≤ 0.5	≤ 0.1		≤ 1.4	≤ 0.2	≤ 0.2	≤ 0.1	其余

3.1.1.4 合金牌号对照

中国压铸铝合金金牌号与国外牌号对照见表 3.4。

表 3.4 中国压铸铝合金牌号（GB/T 15115—2024）与国外牌号对照表

合金系列	中国 本文件	美国 ASTM B 179—18	日本 JIS H 2118—2006	欧洲 EN 1676—2020
Al-Si 系	YL102	A413.1	AD1.1	EN AB-47100
	YL118	—	AD AlSi 2（Fe）	EN AB-44300

续表

合金系列	中国 本文件	美国 ASTM B 179—18	日本 JIS H 2118—2006	欧洲 EN 1676—2020
Al-Si-Mg 系	YL101	A360.1	AD3.1	EN AB-43400
	YL104	360.2	—	—
	YL119	—	—	EN AB-43500
	YL120	—	—	—
Al-Si-Cu 系	YL112	A380.1	AD10.1	EN AB-46200
	YL113	383.1	AD12.1	EN AB-46100
	YL117	B390.1	AD14.1	—
Al-Mg 系	YL302	—	—	—

3.1.1.5 铝合金合金元素及作用

铝合金中的合金元素比较多，对合金特性产生不同影响，主要合金元素的作用如下。

（1）硅（Si）：硅是铝硅系合金中最重要的和含量最高的元素，其作用主要有以下几项。

①增加合金的流动性，改善铸件的致密度，提高气密性，防止铸件腐蚀。

②可提高合金的导热、导电性，并且可抑制热胀冷缩现象，使铸件的尺寸稳定性改善。

③可提高合金的强度及硬度，但会降低合金的延伸率，降低加工性能。

（2）铜（Cu）：铜能够作为强化相固溶于铝相中，发挥强化作用。

①可明显地改善合金的力学性能尤其是高温机械性能及可加工性，但降低合金的抗腐蚀性。

②降低铸造流动性能，使热裂及收缩倾向加大。在铝铜系合金中一般控制在 1%~5%。

（3）镁（Mg）：在铝硅系合金中镁含量一般很小，因为易烧损形成夹渣。

①降低延伸率，热裂倾向增大。

②能提高合金的耐蚀性和强度，减小铸造过程的粘模倾向。

③使压铸件表面光亮，改善电镀性。

（4）锰（Mn）：锰可以有效地抑制合金中铁的有害作用，改变针状铁相。

①提高合金强度，改善耐蚀性。

②容易与铝硅铁形成硬质点，这种硬质点是加工时造成刀具损坏的主要原因。

（5）铁（Fe）：铁在铝合金性能中应属于杂质，能够形成片状结晶组织。

①极大降低合金机械性能，还会和锰硅铝形成硬质点，机加工中损害刀具。

②可避免粘模，一般控制在 0.7%~1.2% 之间。

（6）锌（Zn）：锌是低熔点合金，容易形成热裂，降低延伸率，热处理时从铸件表面析出，破坏铸件表面光洁度。

（7）镍（Ni）：镍和铜类似，强度增加，尤其是高温强度，高级乘用车活塞要加入一定量的镍以保证发动机在高温下的运行。但镍对铝合金的耐蚀性有影响，成本增加幅度也很高。

其他元素：锡、铅等低熔点金属为杂质元素，类似锌的影响，应予控制。

3.1.1.6 典型合金应用

根据不同特点，各类压铸铝合金应用领域有所差别，应用场合见表 3.5，典型应用如图 3.2 所示。

表 3.5 各类压铸铝合金应用场合

合金系	牌号	代号	合金特点	应用举例
Al-Si 系	YZAlSi10	YL101	共晶铝硅系合金。具有较好的抗热裂性能和很好的气密性，以及很好的流动性，不能热处理强化，抗拉强度低	用于承受低负荷、形状复杂的薄壁铸件，如各种仪壳体、汽车机匣、牙科设备、活塞等
	YZAlSi12Fc	YL102		
	YZAlSi12	YL103		
Al-Si-Mg 系	YZAlSi10Mg	YL104	亚共晶铝硅系合金。较好的抗腐蚀性能，较高的冲击韧性和屈服强度，但铸造性能稍差	汽车车轮罩、摩托车曲轴箱、自行车车轮、船外机螺旋浆等
Al-Si-Gu 系	YZAlSi12Cu2	YL108	共晶铝硅系合金。中等的耐腐蚀性能和加工性能，塑性较低；较好的铸造性能	常用作齿轮箱、空冷气缸头、发报机机座、割草机罩子、气动刹车、汽车发动机零件、摩托车缓冲器、发动机零件及箱体、农机具用箱体、缸盖和缸体、3C 产品壳体、电动工具、缝纫机零件、渔具、煤气用具、电梯零件等。YL113 的典型用途为带轮、活塞和气缸头等
	YZAlSi9Cu4	YL112	具有好的铸造性能和力学性能。很好的流动性、气密性和抗热裂性，较好的力学性能、切削加工性、抛光性和铸造性能	
	YZAlSi9CuFe	YL113		
	YZAlSi9Cu3	YL114		
Al-Si-Gu 系	YZAlSi11Cu3	YL116	过共晶铝硅系合金。具有特别好的流动性、中等的气密性和好的抗热裂性，特别是具有高的耐腐性和低的热膨胀系数	主要用于发动机机体、刹车块、带轮、泵和其他要求耐聚的零件
	YZAlSi17Cu5Mg	YL117		
Al-Mg 系	YZAlMg5Si1	YL302	耐蚀性能强、冲击韧性高，伸长率差，铸造性能差	汽车变速器的油泵壳体，摩托车的衬垫和车架的联结器，农机具的连杆、船外机螺旋浆、钓鱼杆及其卷线筒等零件

(a) 汽车动力及传动件

(b) 汽车结构件

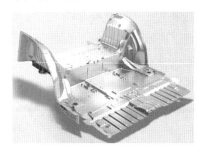

(c) 汽车电池箱力及后底板

图3.2　铝合金压铸件的典型应用

可用作新能源汽车结构件、一体化压铸件。

（1）热处理合金：AlSi$_{10}$MnMg 等。

汽车一体化压铸件不仅要求强度，更要求高韧性（伸长率超过 10%）满足碰撞时的安全需要。

一体化压铸件属于 AlSi 系亚共晶范围，根据延伸率要求降低铁、铜含量，减小脆性；增加 Mn，Mg 提高强度，优化脱模能力；根据耐腐蚀性要求，铜含量不能提高或铜作为杂质，加入 Ti、Sr 等合金元素，细化晶粒；提高延伸率。

该类合金需热处理生成锰的多元相，Mg$_2$Si 强化相。

（2）非热处理合金：Castasil 37 等。

不含镁，没有失效强化效应，增加钼锆强化。含硅量较低，有利于提高延伸率。

Tesla aloy1.2.3. 含硅量低，含铜、铁、钛、钒，有镍、锌、铬、锡、铅，产生 Mg$_2$Cu，AlCuMgSi，加入钒来细化 AiFeSiMn，消除针状铁，使铜、铁既增加强度又不影响韧性，有利于降成本。

目前汽车一体化压铸件非热处理合金还在开发过程中，还有新的铝镁系合金等也有开发，有待进一步完善。

3.1.2　压铸铝合金的熔炼

3.1.2.1　熔化方式与设备

压铸合金的熔化方式主要有两种，一种是独立熔化方式，另一种是集中熔化方式。

（1）独立熔化方式

每台压铸机使用各自的机边炉独立熔化和保温所需的合金液，机边炉既做熔化炉使用，也做保温炉使用。独立熔化方式灵活，更换合金牌号容易。但独立熔化必须频繁配料及加料，合金液温度波动大，合金液处理不方便，合金成分的一致性也会受到影响。所以，这种熔化方式仅适合小型压铸机或规模较小的压铸企业，压铸件产量小或合金牌号多的场合。

（2）集中熔化方式

集中熔化方式采用大型熔炉承担合金的熔化任务，采用输送车或其他输送装置将合金液分配至每台压铸机的机边炉内。此种方式下，压铸机配置的机边炉只作为保温或定量浇注使用，不承担熔化工作。集中熔化方式的好处是采用大型熔炉集中配料，合金成分容易控制，温度波动小，合金液容易处理，合金液质量高。集中熔化方式适合大、中型压铸企业或大批量生产的场合。在生产压铸多种牌号合金时，需要增加熔化炉数量。集中熔化在炉料的管理上要非常严格和小心，绝对不能发生材料混淆情况，否则可能会引起合金液批量报废。

（3）熔化设备

如果使用机边炉作为熔化炉，可选择电阻坩埚炉，其结构如图3.3所示。坩埚置于炉膛内，直接在大气中开放式熔化。其优点是操作方便，温度容易控制，温度控制精度一般在±10℃以内。熔化过程中元素烧损少，金属液吸气少，可以得到质量较好的金属液。由于铸铁坩埚容易使铝合金液增铁，所以大多采用石墨坩埚。电阻式坩埚炉适用于多种合金，即可做熔化炉，也可做保温炉。但这种炉子的缺点是热效率低，通常只有10%左右，熔化速度慢，熔化成本高。大多情况下用来作为合金保温炉，较少用作熔化炉使用。一般在百千克到一两吨之间，主要为中、小型压铸机提供铝液。采用燃气炉作为熔化炉，连续熔化成本会降低，但合金液会产生吸气现象，需要在熔池中长期用惰性气体除气，温度控制比较困难，影响合金液质量。

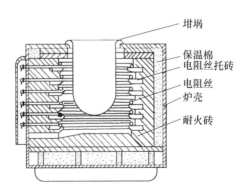

图3.3　电阻式坩埚炉的构造

大型专用集中熔化炉容量范围都在几吨以上，根据车间产量进行配置。大型集中熔化炉具有节能、低损耗及可自动化操作的优点。大型熔炉集中配料，合金成分容易控制，温度波动小，合金液质量高。集中熔炼炉根据发热方式分为燃气加热炉和电阻加热炉，但目前普遍采用的是塔式燃气反射加热炉。

燃气加热反射炉采用的气体燃料一般为煤气或天然气，原理及构造如图 3.4 所示。这种塔式反射炉熔化速度快，熔化容量可从几吨到几十吨。炉料从炉子顶部加入，之后缓慢下落。由于在炉子上部形成塔式结构作为热交换区，在此对加入的炉料进行充分预热。炉料边下降，边熔化，落入炉膛下部的熔池中。这种结构大大提高了热效率，热效率可达 40%~60%。同时吸气、氧化现象比普通反射炉低，是目前在国内外应用最多的大批量集中熔化用炉。

电阻式反射炉利用反射热熔化金属，炉膛密闭，热量损失少，升温快，热效率较高。熔化操作方便，温度控制准确。但加热元件大多采用硅碳棒，易损坏，更换频繁，与油和气加热相比成本较高。电反射炉的结构如图 3.5 所示，中型炉容量为 300~10000kg，属集中熔化炉一类，适合铝合金批量熔化和保温。目前有硅碳棒浸入式保温炉可提高效率，降低成本。

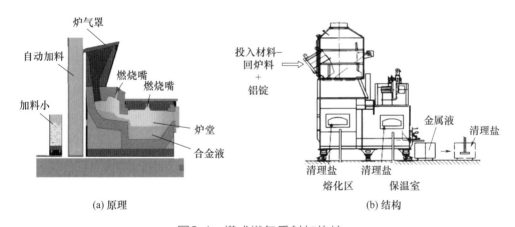

(a) 原理   (b) 结构

图3.4　塔式燃气反射加热炉

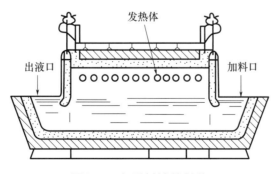

图3.5　电反射炉的结构

在压铸生产中，约50%的能耗都是合金熔化和保温工序产生的。无论是专业合金厂还是压铸厂，熔化炉的选用都是很重要的。无论哪种熔炉或保温炉，熔化效率、热损失、温控精度都是主要指标。此外，还应考虑金属烧损率，合金过热或熔化时间过长，不仅浪费能源，更主要的是合金吸气，形成熔渣，对后期压铸件质量和生产成本造成很大影响。

3.1.2.2 合金材料进厂检验

对压铸合金锭或压铸合金，我国有明确的国家标准或行业标准。为了严格控制合金及合金液的质量，应该严格按照相关标准对采购进厂的合金锭进行检验，也可根据工厂自身特殊质量要求进行特别的检验。表3.6是某厂合金锭进厂检验方法和规范。

表 3.6　某厂合金锭进厂检验方法和规范

序号	技术要求	检测方法和规范	测量工具	抽检频率	备注
1	化学成分	1. 铝锭断面，9点法检测，9点平均值。 2. 9点位置参照检验作业指导书	光谱测量仪	3锭/批	每批必检，平均值超标，可以作为投诉依据。 定性判断，将化学成分报告导入公司内部数据库
2	抗拉强度≥170MPa 引用标准：GB/T 228.1—2021 或 ISO 3522：2016	每批供应商提供力学性能报告	外送	3根试棒/6个月	每批进货，供应商提供力学性能报告和三根拉力试棒。 定性判断
3	屈服强度≥90MPa 引用标准：GB/T 228.1—2021 或 ISO 3522：2016	每批供应商提供力学性能报告	外送	3根试棒/6个月	每批进货，供应商提供力学性能报告和三根拉力试棒，外送需第三方检验机构提供检验计算方法。 定性判断
4	断后延伸率≥1.5% 引用标准：GB/T 228.1—2021 或 ISO 3522：2016	供应商提供报告，每批	外送	3根试棒/6个月	每批进货，供应商提供。 定性判断
5	硬度≥55HBW 引用标准：GB/T 231.1—2018 或 ISO 3522：2016	供应商提供报告，每批	硬度仪	3锭/批	每批进货，供应商提供

续表

序号	技术要求	检测方法和规范	测量工具	抽检频率	备注
6	金相组织：优于或等于3级 引用标准：JB/T 7946.4—2017	供应商提供报告，每批	依据供应商报告	每批	每批进货，供应商提供。 定性判断
7	断面针孔度：优于或等于2级 引用标准：JB/T 7946.4—2017	供应商提供断面针孔样块，每批	依据供应商报告	每批	每批进货，供应商提供。 定性判断
8	断面结晶度：优于或等于3级 引用标准：GB/T 8733—2016	供应商提供提供断面结晶样块，每批	依据供应商报告	每批	每批进货，供应商提供。 定性判断
9	密度当量：≤ 5%（希望尽可能控制在 < 4%）	供应商提供真空样块及常态样块，每批一组	依据供应商报告或当量天平	每批	每批进货，供应商提供。 定性判断
10	外观检验：铸锭表面应整洁，不允许有霉斑及外来夹杂物。但允许有轻微的夹渣及修整痕迹或因浇注收缩而引起的轻微裂纹存在。[引用标准：GB/T 8733—2017]	每批进货，供应商提供	目测	每批	参照图片，定性判断

合金厂配制合金时，除使用纯铝、结晶硅、电解铜等原材料外，一般还要使用相同牌号或不同牌号的废合金料再生生产。熔炼时需要调整合金成分，过滤清渣，除气除渣，尤其是入炉前的烘干除油等工序。此外，加入的原材料块度要有所限制，例如结晶硅打碎的块度过大或过小，很容易引起合金过热或熔化不均匀，过小的硅碎渣被包上铝后很难熔化。所以，压铸厂对进厂合金锭检验是至关重要的工序。

3.1.2.3 回炉料使用

除了外购铝锭以外，很多压铸厂使用压铸件清理后的返回料作为炉料重熔后使用，返回料的多少由压铸件的出品率和废品率决定。为保证合金液质量，返回料每炉使用要均匀，不能集中使用，以便使合金性能均匀，金相趋于一致。如果不能保证质量，就要单独重熔，浇锭后入炉。无论是加入熔化炉还是单独重熔，熔炉都要具备在返回料预热过程除湿除油工序，因为返回料会带有压铸涂料残余物质、油脂和水汽，严重时需要提前用碱溶液洗净烘干后方可进炉。

3.1.2.4 熔炼要点

在合金熔化时，应注意以下几点。

（1）熔化时间要尽可能短，温度尽可能低，烧损尽可能小。

（2）合金液出炉前，要按时按工艺要求扒渣，避免氧化渣进入合金液。

（3）熔化工具清洁、干燥，如果是铁类工具，要按期刷涂料，并要彻底烘干。

（4）要注意压铸机边的保温炉质量，不过热，不降温，不破坏或者少破坏表面氧化层，生成炉渣少，对铝侵入性小，易清理。

（5）注意炉衬质量，炉衬质量不好，容易与铝粘结，不易清理，清理后炉衬材料也容易进入合金形成炉渣或进入合金。应选择寿命长、保温性能好、易清理的炉衬。

（6）自行熔化合金，要按国家标准选用铝锭、结晶硅、电解铜等原材料，加入的再生合金要洁净，化学成分符合控制范围，要注意配料加入顺序、结晶硅块度等。

3.1.2.5 除渣

铝的化学性质活泼，尤其是液态铝在高温下容易烧损，能和氧迅速生成氧化物，温度越高，氧化物增加越多。最典型的氧化物是三氧化二铝，它在高温下会产生相变，由面心立方晶格变为体心立方晶格，生成三氧化二铝硬化相，即刚玉。这些铝的氧化物相对密度几乎和铝相同，悬浮在铝液中形成炉渣，影响金属液质量。要得到纯净的铝合金必须将炉渣清除掉，生产实践中常用的除渣方法包括溶剂法和吹气法。溶剂法是利用氯（氟）等与氧结合使铝还原，把氧带出液面，并将炉渣分解为易于清除的细小粉末。熔剂种类很多，比较有效的化学除渣剂包括四氯化碳、六氯乙烷、氟硅酸钠、氟铝酸钠等。合理使用熔剂，可将铝熔渣中吸附的铝金属量从高达85%降至15%左右。但这些氯化物对环境有污染，通常用惰性气体稀释后使用。吹气法是采用旋转喷吹设备把除渣剂和惰性气体吹入和搅拌到金属液内，气泡将相对密度小的炉渣带出液面。因环保效果好，目前被很多厂家采用。

在铝液中通常还存在其他类型炉渣，例如炉衬或炉衬涂料损坏后的残余，铝、硅、锰、铁化合物等金属杂质炉渣，不洁净的合金返回料带入的其他杂物等。实践中常用过滤法去除这类炉渣，在炉内或出料口设置过滤板、过滤网等，效果较好。高端压铸件中对夹渣含量要求很高，夹渣往往是造成废品的主要原因之一。目前已开发出有较好效果的控渣保温炉，如图3.6所示。

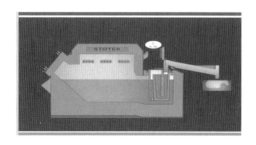

图3.6　控渣保温炉

3.1.2.6 除气

铝在液态下吸氢，温度越高，吸氢量越大。金属液在凝固过程中，氢的溶解度急剧下降，氢气在铝液中析出，这些氢一部分逸出金属液表面，一部分留在金属液中，凝固后在铸件中形成气孔。氢气的来源：一是潮湿的炉衬炉料带入，其原理为 $2Al+3H_2O = Al_2O_3+3H_2$；二是合金在高温状态下停留时间过长，温度过高，将空气中的氢气吸附到合金内部。温度与铝液中氢溶解度的关系见表 3.7 及图 3.7。

表 3.7　铝液中氢的溶解度与温度的关系

温度		氢的溶解度
℃	°F	/(mL/100g)
0	32	0.0000001
400	752	0.005
660 固相	1220	0.036
660 液相	1220	0.69
700	1292	0.92
750	1382	1.23
800	1472	1.67
850	1562	2.15

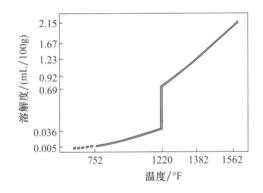

图3.7　铝液中氢的溶解度与温度的关系曲线

除气是指在合金液中加入比铝轻的氯气和惰性气体或熔剂等把氢气从合金液中带出，通常和去除炉渣同时进行，常用的方法也是旋转喷吹装置吹入法。铝合金中的渣和气虽然是两个概念，但往往含渣多的合金含气量也会很大，而含气量大的合金也会多渣。图 3.8 是气孔检测分级标准图像，它是在出炉前取样，在负压下凝固得到的。压铸厂要得到纯净的铝合金液，既要采用合适的除气、除渣工艺，又要从炉料的合金锭质量方面控制。对进厂铝合金和铝合金锭，要按标准进行检验，同时合金的熔化和保温也要采用适当的设备。

含气量检验可采用《铸造铝合金金相 第 3 部分：铸造铝合金针孔》（JB/T 7946.3—2017），目前已有中国铸造协会孔隙率团体标准发布的《汽车压铸件孔隙率测定方法》（T/CFA 0106012—2023）。

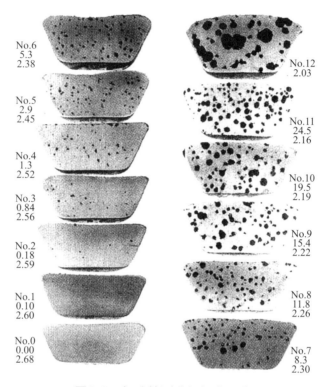

No.6
5.3
2.38

No.5
2.9
2.45

No.4
1.3
2.52

No.3
0.84
2.56

No.2
0.18
2.59

No.1
0.10
2.60

No.0
0.00
2.68

No.12
2.03

No.11
24.5
2.16

No.10
19.5
2.19

No.9
15.4
2.22

No.8
11.8
2.26

No.7
8.3
2.30

图3.8　气孔检测分级标准图像

注：在100mmHg (1mmHg=0.0133MPa) 压力下浇注的A356.0的铸造试样比较标准。可用于气孔质量控制。No.1为高质量铸件的标准，No.3为一般质量的标准。中间的数值为单位面积上的气孔度，底下的数值为密度（图片来源：Stahl Specialty）。

3.1.2.7　细化变质处理

压铸件因在高压高速条件下充型，快速结晶，晶粒尺寸都比较小，具有较好的细化变质效果。如果铸件壁厚、为型薄壁件或压力传导受阻等，铝固溶体晶粒粗大，达不到技术要求，也还应该进行细化作业，一般加入金属钛等可有效细化铝固溶体。

在使用过共晶铝硅合金时，由于有初晶硅出现，晶粒粗大，加工困难，影响力学性能，此时需要变质处理，以此改变 Si 相尺寸和形态。压铸行业随着结构件、大型一体化压铸件及电池箱等产品的功能性要求，铝合金材料变质的要求逐渐增多。变质是在合金中加入变质剂限制粗晶硅生成或长大，从而得到细密的金相组织。在使用共晶合金时，硅含量超过共晶点，也有出现粗晶硅的可能性。共晶硅也需要细化变质，从片状、长条状改为短杆状或粒状，这样可以极大提高机械性能和致密性，但如果不影响压铸件加工或使用，可以不进行变质处理。

压铸中合金变质的常用方法是在熔体中加入变质剂。使用变质剂的方法具有变质效果稳定、可操作性强、无须额外增加设备等优点，适合于工业化生产。Al-Si系合金使用的变质剂有钠（Na）、钾（K）、锶（Sr）、锑（Sb）、碲（Te）、钡（Ba）、稀土元素等的单质、化合物或中间合金。不同的变质剂所发挥的作用有所不同，一般常用铝合金变质剂包括锶（Sr）、钠（Na）、锑（Sb）等。

Sr的变质温度一般为720~760℃，共晶铝硅系合金中加入质量分数为0.02%~0.10%的锶，可以获得与钠变质同样的效果，并且具有长效变质作用，变质效果如图3.9所示。变质作用有效时间可达6~7h，但锶变质合金液有30~45min的孕育期。由于孕育期较长，增加熔体吸气导致铸件疏松和气孔的倾向增多。为减缓锶变质时引起的铸件气孔、针孔增多，应避免在熔炼、净化、静置等环节时熔体温度过高，并合理控制变质至浇注的时间间隔。锶可以用多种形式加入合金液中，生产上一般采用铝锶中间合金进行变质处理，优点是比钠盐安全卫生，不会产生对人体和环境的有害气体，缺点是成本比钠盐高。

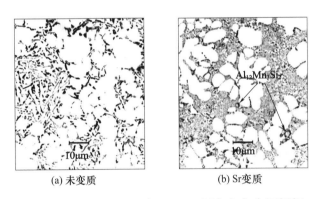

(a) 未变质

(b) Sr变质

图3.9 AlSi9MgMn（Silafont36）合金金相组织

钠（Na）主要用于亚共晶铝硅系合金的变质处理，变质作用较强，如图3.10所示。钠的变质温度与合金液温度和钠盐配比有关，一般为710~810℃之间。合金液中加入质量分数为0.01%的钠对合金液有明显效果，可以使共晶硅的结晶由短圆针状变为细粒状，钠变质后合金细化晶粒，尤其对气密性要求高的铸件有重要作用。由于钠、钾的化学性质较活泼且易挥发，一般以盐的形式加入熔体中，如氯化钠（NaCl）、氯化钾（KCl）、氟化钠（NaF）等，或加入冰晶石等造渣。钠盐变质处理在清理熔渣后就可以达到最佳效果，变质效果会随着时间的延长而降低，一般钠盐变质有效的使用时间为30~60min。钠盐变质对人体和环境及设备有一定危害，需要应对措施。

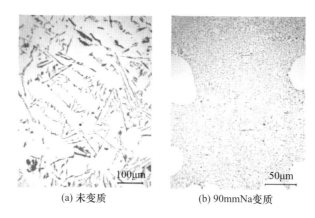

(a) 未变质　　　　　　　　　　(b) 90mmNa变质

图3.10　Al-10Si合金金相组织

在铝合金中加入质量分数为 0.15%~0.3% 的锑（Sb）可以得到长效变质的效果，加入 Sb 后粗大片状的共晶硅变成小尺寸粒状或纤维状，见图 3.11。锑变质一般不受保温时间、精炼和重熔的影响，不腐蚀坩埚，可反复使用。锑也是通过中间合金的方式加入熔体中（锑的质量分数为 5%~8%），加锑变质的合金对铸造凝固速度敏感。锑部分化合物有毒，锑变质的铝合金不能用于制造与食物和药品等接触的产品。

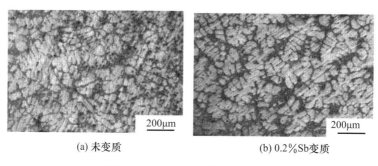

(a) 未变质　　　　　　　　　　(b) 0.2%Sb变质

图3.11　ZL101合金金相组织

压铸件晶粒度的检验可采用《铸造铝合金金相 第 1 部分：铸造铝硅合金变质》（JB/T 7946.1—2017）中的相关规定。

3.2　压铸锌合金

3.2.1　锌合金概述

3.2.1.1　锌合金的特点

锌合金熔点低，具有优良的压铸工艺性能、较高的机械性能，易于机加工及表面处理，很早就在压铸业中获得应用。但纯锌密度大，存在老化现象，经过一定时间后微观组织会产生变化，体积增大，机械性能下降，严重时会导致铸件自行溃散，因而在应用中也受到限制，锌合金在汽车轻量化前提下，汽车零部件应用有减少，但在其他领域还有大量应用。

3.2.1.2 锌合金的种类

锌合金大致分为两类，传统的锌合金和后来发展出新型高铝锌合金。传统锌合金的主要合金元素铝的含量都在 4% 左右，铸造性能好，并且具有良好的综合性能。高铝锌合金的含铝量较传统锌合金有大幅度提高，综合机械性能良好。尤其是 YX272，耐磨性表现突出。在其显微结构中，发现海绵状微孔组织，这些微孔形成微观的储油池，即使摩擦表面在短时缺乏润滑油的情况下，依靠微观油池，也不会瞬时失效。此外，高铝锌合金的相对密度明显较小，但收缩率变大，铸造性能不及传统锌合金。

3.2.1.3 合金牌号及化学成分

《压铸锌合金》（GB/T 13818—2024）中有 9 个压铸锌合金牌号，见表 3.8。

表 3.8　压铸锌合金化学牌号及合金成分　　　　　质量分数，%

序号	合金牌号	合金代号	元素含量（质量分数）/%*									
			Al	Cu	Mg	Zn	Fe	Pb	Sn	Cd	Ni	Si
1	YZZnAl4A	YX040A	3.9~4.3	0.03	0.030~0.060	余量	0.020	0.003	0.0015	0.003	0.001	—
2	YZZnAl4B	YX040B	3.9~4.3	0.03	0.010~0.020	余量	0.075	0.003	0.0010	0.002	0.005~0.020	—
3	YZZnAl4C	YX040C	3.9~4.3	0.25~0.45	0.030~0.060	余量	0.020	0.003	0.0015	0.003	0.001	—
4	YZZnAl4Cu1	YX041	3.9~4.3	0.7~1.1	0.030~0.060	余量	0.020	0.003	0.0015	0.003	0.001	—
5	YZZnAl4Cu2	YX043	3.9~4.3	2.7~3.3	0.025~0.030	余量	0.020	0.003	0.0015	0.003	0.001	—
6	YZZnAl3Cu5	YX035	2.8~3.3	5.2~6.0	0.035~0.030	余量	0.050	0.004	0.0020	0.003	—	—
7	YZZnAl8Cu1	YX081	8.2~8.8	0.9~1.3	0.020~0.030	余量	0.035	0.005	0.0020	0.005	0.001	0.02
8	YZZnAl11Cu1	YX111	10.8~11.5	0.5~1.2	0.020~0.030	余量	0.050	0.005	0.0020	0.005	—	—
9	YZZnAl27Cu2	YX373	25.5~28.0	2.0~2.5	0.012~0.020	余量	0.070	0.005	0.0020	0.005	—	—
注：有范围值的元素为添加元素，其他为杂质元素，数值为最高限量。												
* 有数值的元素为必检元素。												

美国相关标准规定的压铸锌合金代号及化学成分见表 3.9，日本相关标准规定的压铸锌合金代号及化学成分见表 3.10，中国与主要工业国家或组织的标准压铸合金对照表见表 3.11。

表 3.9　美国压铸锌合金的化学成分（ASTM B240-13）

	No.3 Zamak 3 (AG40A) (Z33524)	No.7 Zamak 7 (AG40B) (Z33526)	No.5 Zamak 5 (AG41A) (Z35532)	No.2 Zamak 2 (AG43A) (Z35544)	ZA8 ZA8 (Z35637)	ZA12 ZA12 (Z35632)	ZA27 ZA27 (Z35842)
元素							
Al	3.9~4.3	3.9~4.3	3.9~4.3	3.9~4.3	8.2~8.8	10.8~11.5	25.5~28.0
Mg	0.03~0.06	0.010~0.020	0.03~0.06	0.025~0.05	0.02~0.03	0.02~0.03	0.012~0.020
Cu	0.10 max	0.10 max	0.7~1.1	2.7~3.3	0.9~1.3	0.5~1.2	2.0~2.5
Fe, Max	0.035	0.035	0.035	0.035	0.035	0.050	0.070
Pb, Max	0.0040	0.0030	0.0040	0.0040	0.005	0.005	0.005
Cd, Max	tax 0.0030	0.0020	0.0030	0.0030	0.005	0.005	0.005
Sn, Max	0.0015	0.0010	0.0015	0.0015	0.002	0.002	0.002
Ni	⋯	0.005~0.020	⋯	⋯	⋯	⋯	⋯
Zinc	余量	余量	余量	余量	余量	余量	余量

表 3.10　日本压铸锌合金的化学成分（JIS H5301—1990）　质量分数，%

合金		基本成分					杂质		
种类	牌号	Al	Cu	Mg	Fe	Zn	Pb	Cd	Sn
1 种	ZDC1	3.5~4.3	0.75~1.25	0.020~0.06	≤ 0.10	其余	≤ 0.005	≤ 0.004	≤ 0.003
2 种	ZDC2	3.5~4.3	≤ 0.25	0.020~0.06	≤ 0.10	其余	≤ 0.005	≤ 0.004	≤ 0.003

表 3.11　中国与主要工业国家或组织的标准压铸合金对照表

中国合金代号 GB/T 13818	YX040A	YX040B	YX041	YX043	YX081	YX111	YX272	YX035
北美商业标准	No.3	No.7	No.5	No.2	ZA-8	ZA-12	ZA-27	ACuZinc5
美国材料试验学会 ASTM B240	AG-40A	AG-40B	AC-41A	AC-43A	—	—	—	—
美国汽车工程师学会 SAE J469	903	—	925	921	—	—	—	—
日本工业标准 JIS	ZDC-2	—	ZDC-1	—	—	—	—	—

续表

澳洲标准	EZDA3	—	EZDA5	—	—	—	—	—
欧盟标准	ZP3	—	ZP5	ZP2	ZP8	ZP12	ZP27	—
德国标准	Z400	—	Z410	—	—	—	—	—

3.2.1.4　锌合金合金元素及作用

锌合金成分中，有效合金元素包括铝、铜、镁等，有害杂质元素包括铅、镉、锡、铁等。

（1）铝（Al）：铝是锌合金中主要的合金元素，含量最高。

①改善合金的铸造性能，增加合金的流动性。

②细化晶粒，引起固溶强化，提高机械性能。

③降低锌对铁的反应能力，减小对铁质材料的侵蚀。

（2）铜（Cu）是主要的合金强化元素，含量过高对合金有损害。

①增加合金的硬度和强度。

②改善合金的抗磨损性能。

③减小晶间腐蚀。

④当铜含量＞1.25%时，尺寸和机械强度因时效而发生变化。

⑤降低合金的延伸率。

（3）镁（Mg）：在合金中镁含量很低，用于改善合金某些特性，含量过高对合金有损害。

①减小晶间腐蚀。

②细化合金组织，从而增加合金的强度。

③改善合金的抗磨损性能。

④含镁量＞0.08%时，产生热脆现象，韧性及流动性下降。

（4）铅（Pb）、镉（Cd）、锡（Sn）：杂质元素，应严格控制。

铅、镉、锡使锌合金的晶间腐蚀变得十分敏感，在温、湿环境中晶间腐蚀加速，降低机械性能，并引起铸件尺寸变化，甚至溃散。

（5）铁（Fe）：杂质元素，应严格控制。

①铁与铝发生反应形成 Al_5Fe_2 金属间化合物，造成铝元素的损耗并形成浮渣。

②在压铸件中形成硬质点，影响后加工和抛光。

③增加合金的脆性。

3.2.1.5　锌合金的应用

（1）YX040A 合金是亚共晶锌合金，即有良好的铸造特性，也具备材质的稳定性和机械性能。用于生产结构复杂及有极高的表面处理要求的铸件。这种合金多用于手表、玩具、灯具装饰品、仪器和汽车零件。

（2）YX041 合金是在 YX040 合金基础上加 0.75%~1.25% Cu 构成的，也是亚共晶型锌合金。它的硬度和强度以及耐磨性都比 YX040 合金好，但其塑性不如 YX040 合金。YX041 合金的抗蠕变性能，在亚共晶合金中仅次于 YX043 合金。这种合金经常被用作对强度有一定要求的建筑五金、机械零件、电器元件等。

（3）YX043 合金是亚共晶合金中含铜量最高的合金，其抗拉强度，蠕变强度，硬度及耐磨性是这类锌合金中最高的，承载能力也良好。其缺点是含铜量高达 3%，导致尺寸和性能不稳定，冲击韧性和伸长率降低。这种锌合金的应用范围与 YX041 合金相同。

（4）YX040B 是一种高纯度合金，主要用于装饰性用途。合金的流动性、延展性得到改善，对二次成型工序更加有利。但由于流动性好，压铸时出现飞边的可能性增加。

（5）YX081（ZA-8）合金是过共晶 Zn-Al 系合金，可进行热室压铸。多用于强度、硬度及抗蠕变要求高的场合，如高精度电器小元件，录音录像器材小零件、家庭及园艺用品和手工工具等。

（6）YX111（ZA-12）合金由于含铝量增高，熔化浇注温度高，只能用于冷室压铸。当铸件要求质量轻、比强度大时经常作为首选合金。合金的延展性差，但具有良好的轴承特性，常被用于压铸轴承架等零件。

（7）YX272（ZA-27）合金是密度最低的压铸锌合金，但强度高、耐磨性好、通常用于承受高压及耐磨的结构零件。由于铝含量高，必须使用冷室压铸。

锌合金压铸件的典型应用见图 3.12。

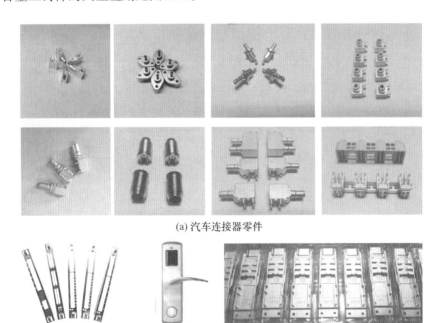

(a) 汽车连接器零件

(b)通信及五金零件

图3.12　锌合金压铸件的典型应用

3.2.1.6 锌合金的工艺性和应用性

美国相关组织系统评估了压铸锌合金的工艺性和应用性，见表 3.12。

表 3.12 压铸锌合金的工艺性和应用性

	锌基压铸合金				锌铝压铸合金		
商业标准	No.2	No.3	No.5	No.7	ZA-8	ZA-12	ZA-27
美国材料试验学会		AG-40A	AC-41A	AG-40B			
耐热裂	1	1	2	1	2	3	4
气密性	3	1	2	1	3	3	4
铸造的容易程度	1	1	1	1	2	3	3
零件的复杂性	1	1	1	1	2	3	3
尺寸的精确性	1	1	1	1	2	2	3
尺寸的稳定性	4	2	2	2	2	3	4
防腐蚀	2	3	3	1	2	2	1
抗冷缺陷性	2	2	2	1	2	3	4
加工的容易程度及品质	1	1	1	1	2	3	4
磨光的容易程度与品质	2	1	1	1	2	3	4
电镀的容易程度与品质	1	1	1	1	1	2	3
阳极化处理（表面保护）	1	1	1	1	1	2	2
化学处理层（表面保护）	1	1	1	1	2	3	3

3.2.2 压铸锌合金的熔炼

3.2.2.1 熔炼工艺流程

锌合金熔炼的工艺流程见图 3.13。

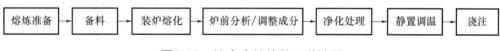

图3.13 锌合金熔炼的工艺流程

3.2.2.2 熔化设备与工具保护

燃料炉、电炉等均适用于锌合金的熔炼。锌合金熔体在温度超过 415℃时，会与铁发生反应，侵蚀铁质物体。对铁质坩埚及铁质熔化工具，应清除坩埚及工具表面的铁锈、油污及各种异物，之后预热至 150℃ 或稍高，在热态下将防护涂料刷于坩埚内壁及工具工作表面后烘干。涂料可以自行配置，采用滑石粉加 6% 的水玻璃，或石英粉加水玻璃混合，也有商品化的坩埚涂料。可以采用喷枪喷涂或毛刷手工刷涂。一般情况下应进行两次涂刷，以保证防护可靠。

3.2.2.3 原料及配料要求

如果自行配制和熔炼合金，对原料和辅料的技术要求见表 3.13。

表 3.13 原料和辅料的技术要求

材料名称	技术标准	技术要求
锌锭	《锌锭》（GB/T 470—2008）	Zn 含量 99.990% 以上
铝锭	《重熔用铝锭》（GB/T 1196—2023）	Al 含量 99.70% 以上
镁锭	《原生镁锭》（GB/T 3499—2023）	Mg 含量 99.80% 以上
氯盐锌精炼剂	—	优等品

生产时对炉料的要求如下：

新料：要求采用高纯度锌及高纯度铝和镁、铜配制的合金锭，以减少杂质含量。对外购合金锭，要有成分检验合格报告。

回炉料：使用回炉料时，新料与回炉料比例一般为 2:1，最好不要超过 1:1，也有建议采用 2/3 的新料与 1/3 的旧炉料搭配使用，并且保证回炉料清洁及预热，杂质含量不超标。

杂质：杂质对锌合金危害极大，即使非常微量的 Pb、Sn、Cd 也会造成合金的晶间腐蚀。因此，对回炉料要严格管理，防止杂质混入。

装料顺序：先装新料，后回炉料。

3.2.2.4 熔化

锌合金的熔点一般为 382~386℃。熔化时可以把熔炉炉温分三段升温，第一段为 200℃，第二段为 380℃，第三段为 420℃。然后把原料打断成小块，放进炉内。熔化温度绝对不能超过 440℃。超过 440℃ 时，对坩埚、工具腐蚀大。

熔化过程中应及时清除锌锅中液面上的浮渣，及时补充锌料，保持熔液面正常的高度（不低于坩埚上沿 30mm）。因为过多的浮渣和过低的液面都容易造成料渣进入压室，拉伤钢环、冲头和压室本身，导致冲头卡死、压室和冲头报废。

另外，如果停机，要把合金液舀出，浇注成锭，可以避免冷料爆料和烧坏坩埚。

3.2.2.5 熔体净化处理

在熔炼过程中，应对熔体进行净化处理，即精炼、除渣、除气。目前压铸锌合金厂家广泛应用氯盐进行精炼。在 450~470℃ 时用钟罩将 0.1%~0.2% 氯盐及熔剂压入锌熔体中，使其产生挥发性气体，可去除锌合金中近80%的氧化夹杂和70%杂质。清除熔渣之前静止片刻，让熔渣浮于熔体表面。为了减少熔渣的产生，严格控制熔炼温度，温度越高，熔渣越多。不要过于频繁地扒渣，且扒渣时使用一个多孔盘形扒渣耙，轻轻从熔渣下刮过，将刮起的渣盛起。扒渣耙在锌炉边轻轻磕打，使合金液流回锌液中。

3.2.2.6　锌合金常用的化学分析方法

锌合金一般的化学分析方法有三种，即直读光谱法（OES）、原子吸收光谱法（AAS）及电感耦合等离子体原子发射光谱法（ICP-AES）。

3.3　压铸镁合金

3.3.1　镁合金概述

3.3.1.1　镁合金的特点

镁的密度只有$1.8g/cm^3$，铝的密度为$2.7g/cm^3$。镁合金的"轻量化"特性，让它在许多应用领域优势凸显。压铸中常用的镁合金具有熔点较低、凝固速度快、黏度低且熔体流动性好等特点，不容易粘模，具有优良的压铸工艺性。压铸镁合金的冷却收缩率较低，且收缩程度固定，铸件尺寸稳定性较高。采用压铸方式获得的镁合金压铸件精度高，几乎不需要二次切削加工。压铸镁合金的力学性能较好，屈服强度为100~160MPa，抗拉强度为200~250MPa，但不同类型的压铸镁合金延伸率区别较大。

3.3.1.2　镁合金分类

常用压铸镁合金是从Mg-Al系分化而来，按次级元素的添加，分为Mg-Al-Zn、Mg-Al-Mn、Mg-Al-Si系三类合金。Al-Zn具有良好的压铸性能、较高的力学强度、足够的韧性及较好的耐蚀性，应用最为广泛。Al-Mn系合金的耐蚀性、抗疲劳性及韧性都比较好，有一定的应用场合。Al-Si系合金由于硅的加入，会形成具有高熔点和高硬度以及低膨胀系数的Mg_2Si，具备较高的抗蠕变性能，但压铸性能不及其他两类合金。

3.3.1.3　合金牌号及化学成分

目前，《压铸镁合金》（GB/T 25748—2010）中规定了13个压铸镁合金牌号，其中Al-Si系5个，Al-Mn系4个，Al-Zn系4个。中国压铸镁合金标准牌号及化学成分见表3.14，美国ASTM压铸镁合金标准牌号及化学成分见表3.15，各国压铸镁合金牌号对照表见表3.16，常用镁合金的力学和物理性能见表3.17，常见镁合金的工艺及加工性能见表3.18。

表 3.14 压铸镁合金的牌号及化学成分（GB/T 25748—2010）

序号	合金牌号	合金代号	化学成分（质量分数）/%									
			Al	Zn	Mn	Si	Cu	Ni	Fe	RE	杂质总量	Mg
1	YZMgAl2Si	YM102	1.9~2.5	≤ 0.20	0.20~0.60	0.70~1.20	≤ 0.008	≤ 0.001	≤ 0.004	—	≤ 0.01	余量
2	YZMgAl2Si（B）	YM103	1.9~2.5	≤ 0.25	0.05~0.15	0.70~1.20	≤ 0.008	≤ 0.001	≤ 0.004	0.06~0.25	≤ 0.01	余量
3	YZMgAl4Si（A）	YM104	3.7~4.8	≤ 0.10	0.22~0.48	0.60~1.40	≤ 0.040	≤ 0.010	—	—	—	余量
4	YZMgAl4Si（B）	YM105	3.7~4.8	≤ 0.10	0.35~0.60	0.60~1.40	≤ 0.015	≤ 0.001	≤ 0.004	—	≤ 0.01	余量
5	YZMgAl4Si（S）	YM106	3.5~5.0	≤ 0.20	0.18~0.70	0.5~1.5	≤ 0.01	≤ 0.002	≤ 0.004	—	≤ 0.02	余量
6	YZMgAl2Mn	YM202	1.6~2.5	≤ 0.20	0.33~0.70	≤ 0.08	≤ 0.008	≤ 0.001	≤ 0.004	—	≤ 0.01	余量
7	YZMgAl5Mn	YM203	4.5~5.3	≤ 0.20	0.28~0.50	≤ 0.08	≤ 0.008	≤ 0.001	≤ 0.004	—	≤ 0.01	余量
8	YZMgAl6Mn（A）	YM204	5.6~6.4	≤ 0.20	0.15~0.50	0.20	≤ 0.250	≤ 0.010	—	—	—	余量
9	YZMgAl6Mn	YM205	5.6~6.4	≤ 0.20	0.26~0.50	≤ 0.08	≤ 0.008	≤ 0.001	≤ 0.004	—	≤ 0.01	余量
10	YZMgAl8Znl	YM302	7.0~8.1	0.40~1.00	0.13~0.35	0.30	≤ 0.10	≤ 0.010	—	—	≤ 0.30	余量
11	YZMgAl9Znl（A）	YM303	8.5~9.5	0.45~0.90	0.15~0.40	0.20	≤ 0.080	≤ 0.010	—	—	—	余量
12	YZMgAl9Znl（B）	YM304	8.5~9.5	0.45~0.90	0.15~0.40	0.20	≤ 0.250	≤ 0.010	—	—	—	余量
13	YZMgAl9Znl（D）	YM305	8.5~9.5	0.45~0.90	0.17~0.40	≤ 0.08	≤ 0.025	≤ 0.001	≤ 0.004	—	≤ 0.01	余量

注：除有范围的元素和铁为必检元素外，其余元素有要求时抽检

表 3.15 美国 ASTM 压铸镁合金标准牌号及化学成分

合金牌号	主要成分										
	Al	Mn	RE	Sr	Zn	Cu	Fe	Si	Ni	其他杂质	Mg
AS41A	3.5~5.0	0.2~0.5	—	—	< 0.12	< 0.06	—	0.5~1.5	< 0.03	—	余量
AS41B	3.5~5.0	0.35~0.7	—	—	< 0.12	< 0.02	< 0.0035	0.5~1.5	< 0.002	< 0.02	余量
AM50A	4.4~5.4	0.26~0.6	—	—	< 0.22	< 0.01	< 0.004	< 0.1	< 0.002	< 0.02	余量
AM60A	5.5~6.5	0.13~0.6	—	—	< 0.22	< 0.35	—	< 0.5	< 0.03	—	余量
AM60B	5.5~6.5	0.24~0.6	—	—	< 0.22	< 0.01	< 0.005	< 0.1	< 0.002	< 0.02	余量
AZ91A	8.3~9.7	0.13~0.5	—	—	0.35~1.0	< 0.1	—	< 0.5	< 0.03	—	余量
AZ91B	8.3~9.7	0.13~0.5	—	—	0.35~1.0	< 0.35	—	< 0.5	< 0.03	—	余量

合金牌号	主要成分										
	Al	Mn	RE	Sr	Zn	Cu	Fe	Si	Ni	其他杂质	Mg
AZ91D	8.3~9.7	0.15~0.5	—	—	0.35~1.0	< 0.03	< 0.005	< 0.1	< 0.002	< 0.02	余量
AJ52A	4.5~5.5	0.24~0.6	—	1.7~2.3	< 0.22	< 0.01	< 0.004	< 0.1	< 0.001	< 0.01	余量
AJ62A	5.5~6.6	0.24~0.6	—	2.0~2.8	< 0.22	< 0.01	< 0.004	< 0.1	< 0.001	< 0.01	余量
AS21A	1.8~2.5	018~0.7			< 0.20	< 0.008	< 0.005	0.7~1.2	< 0.001	< 0.01	余量
AS21B	1.8~2.5	0.05~0.15	0.06~0.25		< 0.25	< 0.01	< 0.0035	0.7~1.2	< 0.001	< 0.01	余量
AE42	3.6~4.4	—	2.0~3.0		< 0.20	< 0.04	< 0.004	—	< 0.00	—	余量

表 3.16　各国压铸镁合金牌号对照表

合金系列	GB/T 25748	ISO 16220 : 2006	ASTM B93/B93M–07	JIS H 5303 : 2006	EN 1753—1997
MgAlSi	YM102	MgAl2Si	AS21A	MDC6	MB21310
	YM103	MgAl2Si（B）	AS21B	—	—
	YM104	MgAl2Si（A）	AS41A	—	—
	YM105	MgAl4Si	AS41A	MDC3B	MB21320
	YM106	MgAl4Si（S）	—	—	—
MgAlMn	YM202	MgAl2Mn	—	MDC5	MB21210
	YM203	MgAl5Mn	AM50A	MDC4	MB21220
	YM204	MgAl6Mn（A）	AM60A	—	—
	YM205	MgAl6Mn	AM60B	MDC2B	MB21230
MgAlZn	YM302	MgAl8Znl	—		MB21110
	YM303	MgAl8Znl（A）	AZ91A	—	MB21120
	YM304	MgAl8Znl（B）	AZ91B	MDC1B	MB21121
	YM305	MgAl8Znl（D）	AZ91D	MDC1D	—

表 3.17　常用镁合金的力学和物理性能

牌号	AZ91D	AZ81	AM60B	AM50A	AM20	AE42	AS41B
抗拉强度 /MPa	230	220	220	220	185	225	215

续表

牌号	AZ91D	AZ81	AM60B	AM50A	AM20	AE42	AS41B
屈服强度 /MPa	160	150	130	120	105	140	140
压缩屈服强度 /MPa	165	~	130	—	—	—	130
伸长率 /%	3	3	6~8	6~10	8~12	8~10	6
硬度 /BHN	75	72	62	57	47	57	75
剪切强度 /MPa	140	140	—	—	—	—	—
冲击强度 /J	2.2	—	6.1	9.5	—	5.8	4.1
疲劳强度 /MPa	70	70	70	70	70	70	—
熔化潜热 /（kJ/kg）	373	373	373	373	373	373	373
杨氏模量 /GPa	45	45	45	45	45	45	45
密度 /（g/cm³）	1.81	1.8	1.79	1.78	1.76	1.79	1.77
熔化范围 /℃	470~595	490~610	540~615	543~620	618~643	565~620	565~620
比热容 J/（kg/℃）	1050	1050	1050	1050	1050	1050	1050
膨胀系数 /（μm/mK）	25	25	25.6	26	26	26.1	26.1
热导率 /[W/（m·K）]	72	51	62	62	60	68	68
电阻 /μΩ	14.1	13.0	12.5	12.5	—	—	—
泊松比	0.35	0.35	0.35	0.35	0.35	0.35	0.35

表 3.18　常见镁合金的工艺及加工性能

牌号	AZ91D	AZ81	AM60B	AM50A	AM20	AE42	AS41B
抗冷隔缺陷	2	2	3	3	5	4	4
气密性	2	2	1	1	1	1	1
抗热裂性	2	2	2	2	1	2	1
加工性和质量	1	1	1	1	1	1	1
电镀性能和质量	2	2	2	2	2	—	2
表面处理	2	2	1	1	1	1	1
不粘型性	1	1	1	1	1	2	1
耐蚀性	1	1	1	1	2	1	2
抛光性	2	2	2	2	4	3	3

牌号	AZ91D	AZ81	AM60B	AM50A	AM20	AE42	AS41B
化学氧化物保护层	2	2	1	1	1	1	1
高温强度	4	4	3	3	5	1	2

3.3.1.4　镁合金合金元素及作用

（1）铝（Al）：铝是主要的合金元素，含量最高。

改善合金流动性，提高合金强度及硬度。但铝含量过高，会导致合金的耐蚀性及延伸率下降。镁合金中的铝含量不超过10%，中国牌号镁合金的铝含量为1.9%~9.5%，国外牌号铝含量为1.7%~9.7%。

（2）锌（Zn）：合金的强化元素。

提高合金的力学性能，还有抑制铁和镍对合金耐蚀性的不良影响。但当其含量大于2%时，合金热脆性增加。

（3）锰（Mn）：合金的改良元素。

提高合金耐蚀性，中和杂质铁在合金中的有害作用。含锰量不多时（＜0.5%），能改善合金的力学性能。

（4）硅（Si）：改善工艺性元素。

加入硅用以改善合金的流动性，改善成型能力，同时也能提高合金的高温性能和抗蠕变能力。

其他元素：为提高合金的高温性能和抗蠕变能力，有的合金中加入了稀土元素。此外，也有在合金中加入微量铍，减轻熔体的氧化现象。铁、镍、铜降低合金力学性能和耐蚀性，对镁合金是极为有害的杂质，应严格控制。

3.3.1.5　镁合金的应用

Al–Zn系合金具有较高的力学性能、良好的韧性、耐蚀性及良好的压铸性能，广泛用于制造3C电子产品外壳和结构件、汽车和交通工具配件等。Al–Zn系合金是镁合金中应用最为广泛的合金种类，典型牌号AZ91D类用量最大。

Al–Mn系合金适合制造需要高抗疲劳性能、高塑性和韧性的零件，比如汽车车身结构件、汽车轮毂等。在压铸生产中，Al–Mn系合金的压铸性能不及Al–Zn系合金。

Al–Si系合金应用于有耐热需求的场合。Al–Si系合金中加入Si，会形成具有高熔点和高硬度以及低膨胀系数的Mg_2Si相，使合金在150℃下具备较高的抗蠕变性能，适合制造汽车的发动机等部件。

镁合金的典型应用见图3.14。

 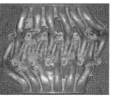

(a) 汽车零部件

(b) 电子、电器类产品

图3.14　镁合金压铸件的典型应用

3.3.1.6　镁合金的防腐处理

腐蚀是镁和镁合金存在的主要问题，限制了镁合金压铸产品更广泛的应用。为防止镁合金过早产生腐蚀现象使压铸镁合金的优异性能得到充分发挥，一般应注意以下几个方面。

（1）尽量避免镁压铸件在潮湿环境中长时间存放

在室温下，新鲜的镁合金保留在大气环境中，会立刻氧化形成一层灰色的氧化膜。当有潮气存在时，镁的氧化物将转变成氢氧化镁，从而破坏氧化膜对基材的保护。

（2）避免和异种金属大面积接触产生电偶腐蚀

镁的标准电极电位低，当镁合金和其他金属接触和连接时就形成电偶，在电化学驱动力（电位差）的作用下，发生电化学反应，镁作为原电池的负极而延展腐蚀。

实际的工业生产中，许多镁压铸件需要和其他异种金属做一定的连接或者使用一些金属连接件，这时候需要遵循以下原则。

（1）选择电负性相对较低的异种金属，或者在异种金属表面镀一层电负性较低的金属。比如，铁和不锈钢都是标准电位较高的金属，可以替换成为铝材质的，或者在其表面镀锌。

（2）对镁采用适当的表面处理方法来隔绝其与异种金属直接连接。

（3）异种金属加绝缘的垫圈或者填充填料。

（4）在密封的化合物或者底漆中加入铬酸盐。

3.3.1.7　镁合金表面处理

为了保证正常使用，通常要对镁合金进行表面处理，提升其抗腐蚀能力。目前主流的表面处理方法包括以下几种。

（1）化学转化膜处理

化学转化膜处理也被称为化学氧化法，是使镁合金压铸件表面与处理液发生化学反应，生成一层保护性钝化膜，比自然形成的保护膜具有更好的保护效果。镁合金的化学转化膜处理材料常用的有两大类，一类用铬酸盐做成膜剂，另一类用磷酸盐做成膜剂。目前磷酸盐处理已经出现取代传统铬酸盐处理的趋势。

（2）微弧氧化处理

微弧氧化又称等离子阳极氧化或阳极火花沉积，是近年来兴起的一种新型的金属表面处理技术。其原理是通过脉冲电参数和电解液的匹配调整，在材料表面微孔中产生火花放电斑点，在热化学、等离子体化学和电化学共同作用下，原位生长成陶瓷膜层的阳极氧化方法，主要应用在 Al、Mg、Ti、Zr、Nb、Ta 等金属或合金的表面处理。微弧氧化技术具有工艺简单、效率高、清洁无污染、处理工件能力强、膜层均匀质硬、材料适应性宽等特点，同时微弧氧化膜既具有普通氧化膜的性能，又兼有陶瓷喷涂层的优点，是传统阳极氧化技术的发展，是镁合金阳极氧化的重点发展方向。

微弧氧化工艺要求材料表面必须清洁（除油、去离子水漂洗），处理完成后使用自来水冲洗干净。应用微弧氧化技术，可根据需要制备防腐蚀膜、耐磨膜、装饰膜、电防护膜、光学膜、功能性膜层等，在航空航天、汽车、机械、化工、电子、医疗、建筑装饰等领域得到广泛应用。

（3）喷漆

喷漆也是常用的镁合金表面处理方法。采用防腐漆，通过喷涂设备对铸件表面进行喷涂，之后进行烘干，使漆膜能够牢固地覆着在工件表面。

3.3.2　压铸镁合金的熔炼

3.3.2.1　镁合金的熔体保护

与其他压铸合金不同，镁合金中镁的化学性质活泼，镁合金熔体极易和氧及水气发生化学反应。如果熔体表面保护不足，就会很快氧化燃烧。为防止氧化燃烧及保证生产安全，在整个熔铸过程中，始终对熔体进行严格的保护，避免与氧及水气接触。

传统的镁合金熔体保护方法是通过熔剂进行保护，镁合金熔剂主要由 $MgCl_2$、KCl、$NaCl$ 等盐类组成，通过熔剂覆盖，将大气和镁熔体隔绝，从而保护镁熔体。

由于压铸生产和其他铸造不同，压铸生产需要不间断地压射和补充镁液。如果使用溶剂，则无法保证压铸作业时持续的熔体保护。CO_2、SO_2、SF_6 等气体对镁合金熔体可以起到良好的保护作用，其中以 SF_6 的效果最佳。

SF_6 是一种人工制备的无毒气体，密度是空气的 4 倍，含 SF_6 的混合气体与镁可以发生一系列复杂的反应，最终形成 MgF_2，在镁熔体表面形成致密的 $MgO+MgF_2$ 表面膜结构，有效将镁熔体与空气隔绝，从而保护镁熔体。

SF$_6$ 对镁熔体的保护作用与其在混合气体中的含量有关，过高（＞1%）或者过低（＜0.01%）都会失去对镁液的保护作用。目前压铸中一般采用 N$_2$+SF$_6$ 或者 CO$_2$+SF$_6$ 混合气体作为镁合金的保护气体，SF$_6$ 的体积分数一般为 0.01%~0.05%。一般而言，当熔炼温度低于 700℃时，选择廉价的 N$_2$+SF$_6$ 就可以达到较好的熔体保护效果。如果因为产品结构问题或者特殊牌号的压铸镁合金需要熔体温度超过 700℃，建议采用保护效果更好的 CO$_2$+SF$_6$，以减少高温下镁熔体的氧化。

SF$_6$ 虽然是目前最简单有效的镁熔体保护气体，但据估算其温室效应是 CO$_2$ 的 22000 倍。21 世纪以来许多机构均呼吁镁行业禁用 SF$_6$，国家已明确禁用 SF$_6$。近年来，行业内为减少对 SF$_6$ 的使用，也开始寻找其替代气体。目前初步发现 C$_2$H$_2$P$_4$、C$_4$F$_9$OCH$_3$、HFC–134a、Novec 612TM 等有类似的保护效果，但尚未得到广泛应用。

3.3.2.2　镁合金熔化设备

由于镁液极易氧化燃烧，不便于运输及分配，所以镁合金一般不采用集中熔化方式。目前镁合金压铸生产中，大多采用独立的熔炉完成镁合金的熔化和保温，并采用气体对镁液进行保护。

（1）熔化保温炉

镁合金熔化保温炉可以使用电或燃气作为加热源，但大部分使用电加热。电加热操作简单，安全性好，可以准确控制温度，还可以避免燃气加热时凝结的水蒸气与镁液接触。炉型有单室炉、双室炉及三室炉。单室炉是将熔化及保温在同一炉室内完成。双室炉的熔化及保温炉室相互独立，各自拥有单独的加热及温度控制系统，通过过流通道由熔化室向保温室输送镁液。双室炉的好处是加料时引起的温度波动对保温室内的金属液影响小，而且炉渣大部分存留在熔化室中，方便清除及有利于保证金属液质量。三室炉在熔化及供液室之间增加一个中间炉室，起到调温、镇静及集渣作用。目前镁合金冷室压铸生产主要使用双室炉，其外观及结构如图 3.15 所示。镁合金用坩埚使用无镍的不锈钢制造，因为镍对镁合金具有不良影响。

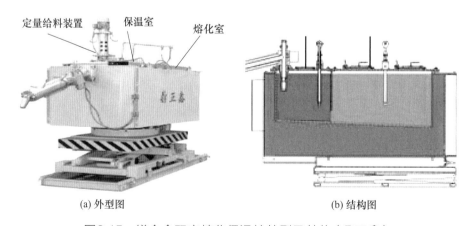

(a) 外型图　　　　　　　　　　　　(b) 结构图

图3.15　镁合金双室熔化保温炉外型及结构（鼎正鑫）

（2）保护气体保护系统

镁合金液暴露在空气中会氧化燃烧，所以尽可能避免镁合金液与空气的接触。压铸中采用气体保护方法将镁合金液与空气隔绝。压铸中常用的保护气体包括 SF_6（或 SO_2）和 N_2 的混合体或与干燥空气的混合体。两种气体通过气体保护系统按比例混配、调压，定量供应至炉室中。保护气体混合装置如图 3.16 所示。

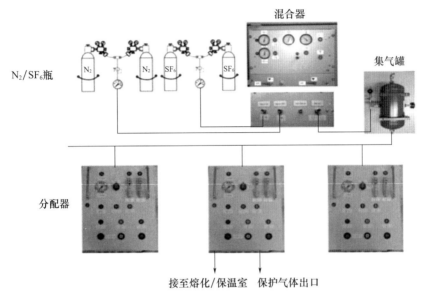

图3.16　保护气体混合装置（Frech）（Meltec）

（3）定量装置

镁合金熔化后，冷室压铸要使用密封的定量给料装置向压室供料。定量装置一般采用螺旋给料机构，通过螺旋的转动推动金属液。给料速度通过螺旋的转动速度控制，定量精度由螺旋转动或停止时间控制。目前定量装置的定量精度可达 2% 以下，定量装置如图 3.17 所示。热室压铸机不使用定量给料装置，由冲头直径及行程确定给料量。

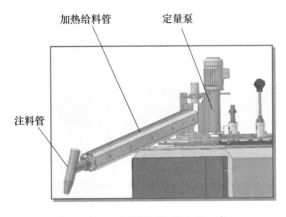

图3.17　定量装置（Meltec）

（4）预热装置

预热装置用于干燥及加热镁合金锭，去除合金锭上的水汽，避免加料时产生水爆，减小金属液温度波动，提高熔化效率。预热装置是镁合金压铸生产中的选用设备，如图3.18所示。

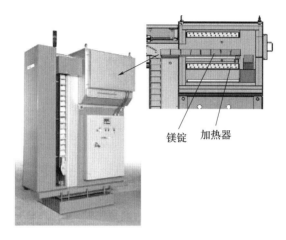

镁锭　加热器

图3.18　镁锭预热装置（Meltec）

3.3.2.3　坩埚及熔化工具

（1）坩埚

镁合金坩埚一般使用无镍的不锈钢板焊接而成。为保证安全生产，坩埚需要定期检查，一般每三个月检查一次，如发现下述情况应停止使用。

①坩埚外表有白色氧化皮（表明该处可能烧穿、渗漏）。

②坩埚局部严重凹陷或壁厚减薄至原来的1/2。

③锤击坩埚的声音嘶哑（表明有裂纹或过烧之处）。

对于新坩埚，应该要求供应商提供无损探伤检测报告，证明无裂纹、无缩松等缺陷。

（2）熔化工具

要有专用的清渣工具和熔渣容器。常用的熔化工具包括清渣勺、清渣铲等，如图3.19所示。工具材料应不含 Ni、Cu、Si 等有害金属元素，建议使用钢材，并且使用实心材料，不能用管材制造。熔化工具接触镁合金会产生黏附现象，应及时进行清理。可用钢丝刷、铁铲或錾子等工具清理表面上的熔渣、氧化物、铁锈等，也可用清洗剂清洗。常用清洗剂是盐酸的水溶液，盐酸（工业盐酸，浓度30%）与水的比例为 1∶3~8。由于使用盐酸溶液做清洗剂时，会有氢气产生，所以清洗时应保持通风。也可采用专用洗涤剂清洗，市场有售。

图3.19　镁合金常用的熔化工具

　　清理后的熔化工具在使用前还必须进行加热及涂刷涂料，涂料的组成及使用方法见表 3.19 及表 3.20。涂刷应完整，防止镁液与铁质基体接触。涂刷涂料后，必须烘干方可使用。

表 3.19　工具用涂料配比　　　　　　　　　　　%

涂料	白垩粉	石墨粉	硼酸	水玻璃	水
1	33	11	11	—	100
2	12	—	1.5	2	100

表 3.20　涂料的使用方法

涂料	配制方法	备注
1	1. 称料后，先将硼酸倒入热水（60℃左右）槽内，搅拌至全部溶解 2. 将白垩粉和石墨粉干混均匀 3. 将上述混合料加入硼酸水溶液中，搅拌均匀 4. 配制好的涂料置于有盖容器中备用	1. 涂料的存放期一般不超过 24h 2. 使用前搅拌均匀 3. 如有结块或沉淀，应将其过滤
2	1. 称料后，先将水玻璃和硼酸倒入热水（60℃左右）槽内，搅拌至全部溶解 2. 将白垩粉加入水玻璃＋硼酸溶液中，搅拌均匀 3. 配制好的涂料置于有盖容器中备用	1. 涂料的存放期一般不超过 24h 2. 使用前搅拌均匀 3. 如有结块或沉淀，应将其过滤

3.3.2.4　炉料的分类及处理

镁合金炉料主要包括新料和回炉料。

（1）新料

新料要按照供需方约定的标准进行成分检测验收，如 AZ91D 镁合金，一般按照 ASTM B93 规定的化学成分进行验收。

（2）回炉料

镁合金和铝合金不一样，一般情况下，为防止 Fe/Ni/Cu 等杂质元素超标，严禁机边炉直接添加流道、料柄等回炉料。所有废料（包括流道、料柄、渣包等）应按合金牌号进行分类，统一收集送专业原料工厂或者自建的专用熔炼炉，进行重熔精炼后，作为新的原材料锭进行使用。

3.3.2.5　熔化作业

（1）镁锭的预热

镁锭预热的目的是去除其中的水分与湿气，因为

$$Mg+2H_2O=Mg（OH）_2+H_2\uparrow$$

镁与水发生反应产生氢气，放出热量使金属升温，随着温度的上升，反应更为剧烈，以至产生大量气体而发生爆炸。所以加入炉内的镁锭必须加以预热，避免将水分带入熔融的镁液中。

镁锭的预热炉有电炉、气/油炉，通常采用电炉。电炉预热的过程是由电热丝发热后，通过风机使热空气将镁锭中的水分和湿气带走。镁锭预热的温度一般为 150~200℃。

（2）熔化温度控制

镁合金的熔化是在专业制作的熔炉内完成，熔炉可用电热丝、油或燃气进行加热。电热炉操作简单，能精确控制温度。在熔炉内部发热元件附近都安装了热电偶来防止过度加热。

热室镁合金压铸温度为 640~650℃，冷室镁合金的压铸温度为 680~690℃，停机保温温度设定为 630℃，当炉内温度降低到 350℃以下时才可以关闭保护气，防止镁液氧化及燃烧。

（3）熔化过程要点

人工手动或通过自动加料装置向坩埚内加入干净及已预热的镁合金锭，进行升温加热、熔化、保温。因为熔融的镁合金暴露在空气中会燃烧，所以必须尽可能避免与空气的接触。为此，熔炉温度到达 350℃时，保护气体混合器会自动按比例供给保护气体。遇停电时，需继续提供保护气体。

在熔化过程中要定期巡查保护气体的压力及流量、坩埚炉盖的密封、镁液及炉膛温度等是否正常，如有异常及报警需及时处理。

（4）熔融镁合金操作过程中的注意事项

①操作人员要身着高温服，包括帽、上衣、下装、手套、脚套。

②操作过程中，添料、舀料渣等要掌握好时间及保护气比例。

③杜绝将水分带入镁液中，严格做好干燥处理。

④备好灭火材料（常用 D 类灭火器、干砂），严禁使用二氧化碳、ABC 和化学粉剂的灭火器。因其含有水溶液或化学物品，其主要成分热解后生成水，所以不能用水和泡沫灭火机灭火。

（5）熔化操作

使用 SF_6 与氮气混合作为保护气体时，在熔料温度达到 350℃时开始注入。应先将坩埚缓慢预热至 200~300℃，之后加入合金锭，初始熔化（但坩埚已预热过）时也可将冷炉料装入随炉升温加热。此时保护炉盖可以保持打开，不施加保护气体。当炉内升温至 350℃时，及时注入保护气体。先加入的合金锭完全熔化后，可向熔化室内补加合金锭，直至达到要求的液面高度。

镁合金在熔化过程中也会有浮渣产生。浮渣的多少与使用的合金材料品质、熔炉设计、保护效果、回炉料加入量等密切相关。要定时清除浮渣，保持金属液的清洁。清渣次数要根据具体情况确定，金属较为洁净时，每天清渣一次即可。如果浮渣较严重，则应适当增加清渣次数。每次清渣时应注意清理坩埚壁上黏附的残渣及沉积于坩埚底部的沉渣，壁面上的残渣过量积聚会产生强烈的化学反应。沉渣会影响传热，降低熔化效率，混入金属液后还会导致金属液洁净度下降，以致引起铸件质量问题。

镁合金熔化温度应保持在 620~680℃，金属液温度超过 700℃，保护气体作用会大大降低。

清渣要先将炉盖打开。炉盖打开后，坩埚内的保护气体环境会受到影响。因此，在打开炉盖进行清渣时，应注意保持足够的气体供应量。清渣时，应使工具慢慢进入镁液中，逐渐达到金属液温度。注意不能让氧化皮落入镁液中，因为氧化皮与镁液会产生化学反应。清除的熔渣放入经过预热的干燥钢制容器中，熔渣容器应配有防护盖，连接保护气体供气管。清渣完毕后迅速盖上防护盖。停产时应注意不要将金属液温度长期保持在 400~600℃，否则容易形成富铝相，对坩埚有损害作用，要求将坩埚内合金清理干净。临时停机时坩埚内金属液最好充满，可以防止坩埚壁吸气。

镁合金测温用热电偶采用 Ni-Cr-Ni 型或 Fe-Cu-Ni 型，并注意使用配套的补偿导线。

3.3.2.6 镁合金熔炼安全生产

（1）安全管理

熔炼设备应由专人操作及管理。应对员工进行专业技术和安全生产知识培训，并经考核合格后上岗。新员工应按规定接受"三级安全教育"，经考试合格后才能上岗。

建立相应的组织机构（公司、部门、班组），本着谁主管、谁负责的原则，落实安全生产责任制。企业的安全生产和管理最终表现为不折不扣地贯彻执行《中华人民共和国安全生产法》，并结合企业自身安全生产特点，制定各种安全生产的制度和操作规范，并严格执行。

（2）个体防护

生产操作人员应按《个体防护装备配备规范 第1部分：总则》（GB/T 39800.1—2020）的有关规定，使用劳动保护用品。

操作人员在进行作业之前，应按要求穿戴防护用品，未穿戴防护用品的人员不允许靠近作业区域，不允许操作设备。

作业场所的人员应使用全棉制品的劳动保护服，生产人员不应贴身穿戴化纤衣物。

在镁及镁合金精炼、浇注操作时，应配戴防护面罩。

（3）生产现场要求

生产现场及四周不允许存放易燃易爆物品，并应该设置明显的安全警示标志，安装有遇险报警装置。现场地面应干燥。

作业区的消防器材必须采用镁合金专用的"D级灭火器"，配置的其他消防器材只能是干砂、石棉布、干砂、覆盖剂，其他消防器材不得用于镁合金火灾救灾。

消防器材的配置地点应该标志明显，取用方便，并实行专人维护和保养，不得挪作他用。

电源线路、电气设备的安装必须符合国家安全规范的规定，并安装有合适的过电流断电装置。电线排列和接头必须符合规范要求，不得乱接乱搭，并有可靠的防雷、防静电措施，现场的吸尘设备、排风扇、照明灯具必须是防暴的。

（4）灭火剂

使用以下灭火剂可以控制和扑灭镁合金火灾。

①干燥的镁合金覆盖剂。其低熔点，专门适用于镁合金。

②D型灭火器。

③干燥且不含氧化物的铸铁屑。

④干燥的干砂。

4 压铸模具

压铸模具是形成压铸件的模型，是压铸生产中重要的工艺装备，压铸模具的设计与制造水平，对铸件质量和生产的顺畅性具有重要影响。压铸生产中约 60% 以上的铸件质量问题与模具相关，良好的模具设计是保证压铸生产顺畅进行的关键因素。

4.1 压铸模具基本结构

压铸模具由定模和动模两部分组成。定模与压铸机压射部分连接，并固定于压铸机的定模板上，定模上的浇注系统与压铸机的压射室相通。动模则安装在压铸机的动模板上，随压铸机动模板做开、合模动作。合模后动模与定模闭合，构成密闭的形腔，金属液在高压下通过浇铸系统充填型腔。开模后，动模与定模分开，顶出机构将压铸件推出模具。典型的压铸模具结构组成如图 4.1 所示，各机构或系统的组成如图 4.2 所示，作用见表 4.1。

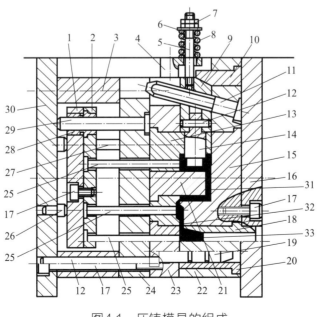

图4.1 压铸模具的组成

1—推板；2—推杆固定板；3—垫块；4—限位块；5—拉杆；6—垫片；7—螺母；8—弹簧；9—滑块；

10—搜紧块；11—斜销；12—圆柱销；13—动模镶块；14—活动型芯；15—定模镶块；16—定模座板；

17—内六角螺钉；18—浇口套；19—导柱；20—导套；21—型芯；22—定模套板；23—动模套板；

24—支承板；25—推杆；26—限位钉；27—复位杆；28—推板导套；29—推板导柱；30—动模座板；

31—铸件型腔；32—横浇道；33—料饼

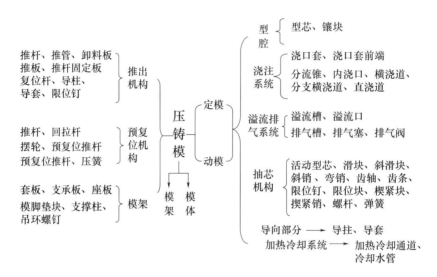

图4.2 压铸模各机构或系统的组成

表 4.1 各机构或系统的组成及作用

序号	部件名称	作用
1	模具	模具一般由定模和动模两个半模组成，模具的浇注系统与压铸机的压射室相通，形成压射通路。在定模和动模组成的型腔中充填金属液，形成铸件
2	定模	固定在压铸机的定模板上，静止不动，合模后与动模形成完整的型腔
3	动模	固定在压铸机的动模板上，在动模板带动下做开合模动作，合模后与定模形成完整的型腔，抽芯机构和顶出机构一般都设置在动模内
4	成型部分	成型部分由动、定型腔镶块、型芯及滑块等组成，装在动、定模套板中间。构成铸件外表面的成型空腔，通常称型腔，形成压铸件内表面的成型零件称为型芯。模具成型部分决定压铸件几何形状和尺寸精度
5	浇注系统	浇注系统连接模具型腔与压铸机的压室，是金属液进入型腔的通道。由动模镶块、定模镶块、浇口套和分流锥等零件组成。对压射速度、压力，以及排气、排渣、充填条件起着重要作用
6	模体	模具各部分按一定的位置组合、固定，形成模具整体架构，匹配顶出机构、抽芯机构，并把模具安装到压铸机上，满足各部分运行功能
7	顶出机构	开模后，将铸件从模具型腔中推出的机构，一般设置在动模中

续表

序号	部件名称	作用
8	抽芯机构	是抽动与开合模方向运动不一致的成型零件或抽芯的机构。合模前或合模后完成插芯动作，在铸件推出前完成抽芯动作
9	溢流排气系统	排出污冷金属液和型腔气体的系统，减少铸件缺陷产生
10	导向部分	定模和动模在开模与合模时的导准机构。顶出、抽芯的导向零件
11	复位机构	合模前或合模时使顶出机构退回到动模内的复位机构

4.2　压铸模具浇注和排溢系统设计

浇注系统设计是压铸模具设计的重要内容，对压铸件质量具有重要影响。由于每个人对合金液充填流态的理解不同，以及影响设计的因素很多，难以设计出最适合每一个压铸件的浇注系统方案，需要设计者多分析、多比较、多模拟、多学习，总结经验，不断提高。

4.2.1　浇注和排溢系统的基本结构和作用

浇注和排溢系统（浇排系统）的功能是引导金属液的流动，填充型腔，使型腔内的气体充分排出。它对金属液的流动方向、压力传递、填充速度、填充时间、排气条件起着重要的作用，是决定铸件质量的重要因素。压铸件浇注系统及排溢系统的基本结构如图4.3所示。

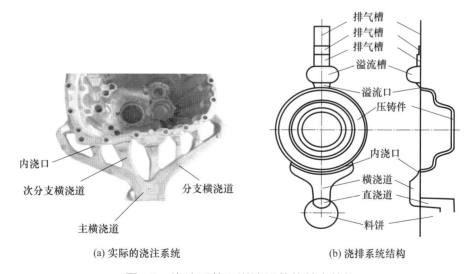

(a) 实际的浇注系统　　　　(b) 浇排系统结构

图4.3　浇注系统和溢流系统的基本结构

浇排系统由不同部分组成，各部分的作用如下。

（1）直浇道：由浇口套及分流锥构成，引导压射室里的合金液平稳、顺畅地流动到横浇道。

（2）横浇道：合金液从直浇道到内浇口的通道，向型腔输送金属液。

（3）内浇口：金属液进入型腔的入口，以一定的流动状态、流动角度、流动速度充满型腔。

（4）排气槽：用于排出型腔中的气体。

（5）溢流槽：用于接纳污染氧化的合金液或低温合金液。

4.2.2　内浇口设计

4.2.2.1　内浇口设计要点

设计内浇口时，最重要的是确定内浇口的位置、尺寸、形式和导流方向。应根据压铸件的结构特征、壁厚、收缩变形以及模具分型面等各种因素，分析金属液在填充时的流态、流向和填充速度，分析填充过程中可能出现的死角区、回流、卷气和产生冷隔的部位，确定内浇口的位置及大小，并利用横浇道调控充填方向，达到顺序充型模式。在进行内浇口设计时，可参考下面的设计要点。

（1）尽量将内浇口设置在分型面上。

（2）内浇口位置不要让合金液在高速压射开始之前就流入型腔。

（3）使金属液的流程尽可能地短，以减少填充过程中金属液能量的损耗和温度的降低。最好将内浇口设置在铸件较长一边或在铸件的中央。

（4）内浇口至型腔各部位的距离尽量相等。多个内浇口时，应使各个内浇口同时填充，内浇口开始填充的时间，先后相差的时间应少于10ms。型腔各处应尽量同时充填结束。

（5）相反方向流动的液体金属不应在薄壁区域相遇，以免形成冷隔。

（6）尽可能减少金属液充填过程中遇到阻碍，尽量减少和避免金属液充填时有过多的曲折和迂回，使动能损耗少、包卷气体少、金属流汇集处少和涡流现象少。

（7）内浇口一般设置在金属液难以填充的铸件部位，进入型腔的金属液应首先充填型腔深处难以排气的部位。

（8）避免在内浇口部位产生热节。内浇口处的热节会使此处模具温度过度升高，合金会经过较长时间才能凝固，内部会出现较大的缩孔。

（9）一般应尽可能采用单个内浇口，尽量少用分支浇口。当大型压铸件必须采用多个浇口时，应注意防止多路金属液流互相撞击，形成涡流，产生卷气、氧化物夹杂、冷隔等缺陷。

（10）内浇口的设置要使进入型腔的金属液流动方向与型腔排气方向一致，保持型腔排气系统畅通。金属液进入型腔后，不应过早地封闭分型面、溢流槽和排气槽，以便于型腔内气体的排出。

（11）从内浇口进入型腔的金属液流，不应正面冲击型芯、型壁等。当正面相遇时，可以改变内浇口冲击的方向，斜向冲击。

（12）内浇口位置应尽可能设置在压铸件的厚壁处，使金属液由厚壁处向薄壁处有序填充，有利于最终补缩压力的传递。因内浇口处热量较集中，温度较高，所以型腔中带有螺纹的部位不宜直接布置内浇口，以防止螺纹被冲击、受侵蚀。

（13）内浇口位置应使浇口易于切除和清理。内浇口与型腔连接处应以小倒角过渡连接，以便在清除内浇口时不损坏压铸件的基体。

（14）尺寸精度、表面粗糙度要求较高，或不再加工的部位不宜设置内浇口，以防在去除浇口后留下痕迹。

（15）薄壁压铸件的内浇口的厚度要小一些，较高的填充速度可以压铸出较好的铸件表面质量。一般的压铸件以取较厚的内浇口为主，使金属液充填平稳，有利于排气和压力传递。

（16）内浇口位置应使压铸模型腔温度的分布合理，使金属液能够充填至最远的型腔部位。

（17）内浇口的位置应有利于金属液流动。带有加强肋、散热片、螺纹或齿轮的压铸件，内浇口的位置应使金属液在进入型腔后顺着它们的方向流动，以防产生较大的流动阻力。

（18）管形铸件，最好围绕型芯使用环形内浇口，有利于合金液的充填。

（19）内浇口的开设不应导致铸件变形。

（20）尺寸较大的铸件，如果其中有较大的空心区域，则可以考虑在空心区域开设内浇口。

4.2.2.2 内浇口尺寸

内浇口形状除点浇口、顶浇口是圆形，中心浇口和环形浇口是环形之外，其余的基本上是矩形。

（1）内浇口截面面积大小的计算

内浇口截面面积一般都是按流量公式计算，计算公式为

$$S_{内} = W / (V_{内} \times T_{充}) \text{ 或 } S_{内} = G_{充} / (V_{内} \times \rho \times T_{充})$$

式中　$S_{内}$——内浇口截面面积，cm^2；

$\quad\quad W$——经过内浇口的充填体积（cm^3），$W = G_{充} / \rho$；

$\quad\quad V_{内}$——内浇口速度，cm/s；

$\quad\quad T_{充}$——充填时间，s；

$\quad\quad G_{充}$——铸件等充填质量，g；

$\quad\quad \rho$——合金液的密度，g/cm^3。

铝、锌、镁、铜合金的密度分别为 $2.5g/cm^3$、$6.2g/cm^3$、$1.6g/cm^3$ 及 $7.6g/cm^3$，充填时间可参照表 4.2 选取。

（2）内浇口厚度的计算

要正确确定内浇口厚度。若厚度尺寸过小，则流动阻力加大、凝固时间缩短；若厚

度尺寸过大，则去除浇口困难，容易损伤压铸件。

①根据凝固模数计算内浇口厚度

$$m=W/a$$

$$h_内=3.7m+0.5 \text{ 铝合金}$$

$$h_内=3.3m+0.4 \text{ 锌合金}$$

$$h_内=2.3m+0.4 \text{ 镁合金}$$

式中　　m——凝固模数（cm），对于壁厚基本均匀的压铸件，凝固模数约等于壁厚的1/2；

　　　　W——压铸件的体积，cm³；

　　　　a——压铸件的表面积，cm²；

　　　　$h_内$——内浇口的厚度，mm。

表 4.2　铝合金压射件充填速度、充填时间选用表

铸件平均壁厚 /mm（±0.25）	内浇口速度 /（m/s）	充填时间 /ms
~0.8	55~70	5~10
1	50~60	8~12
1.5	46~55	10~14
2	44~53	14~20
2.5	42~50	18~26
3	40~48	22~32
3.5	38~46	28~40
4	36~44	34~50
5	34~44	38~60
6	34~42	42~72
8	30~38	48~100
10	28~34	56~138
12	26~32	62~160
铝合金	22~70	10~100
锌合金	30~60	10~60
镁合金	36~90	10~80
铜合金	20~50	10~120
说明：①如果采用超高速压铸或充氧压铸工艺，内浇口速度可以达到 60~90m/s。 ②铸件壁厚薄及表面质量要求高时，选用较高的充填速度及较短的充填时间。 ③对力学性能和密度要求较高时，选用较低的充填速度及较长的充填时间。 ④镁、锌合金的充填速度比铝合金加大 30% 左右，充填时间比铝合金减小 30% 左右		

内浇口的厚度与凝固时间的关系如图4.4所示。增压压力建立的时间，要短于内浇口的凝固时间，最好要比内浇口的凝固时间短一半，否则会阻碍增压压力的传递。

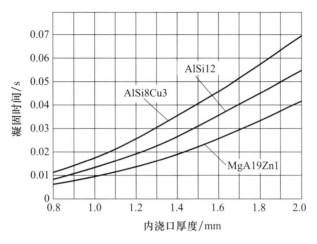

图4.4 浇注系统和溢流系统示意

②根据经验公式计算内浇口厚度

下式比较适合铝合金内浇口计算。

$$h_{内}=0.5+（0.28\sim0.45）H_{件}$$

式中 $h_{内}$——内浇口厚度（mm）[对于有气孔度要求的铸件，厚度选上限；对于有表面质量要求的铸件选下限；一般铸件选中间尺寸]；

$H_{件}$——铸件平均厚度，mm。

内浇口厚度的经验数据见表4.3。

表 4.3   内浇口厚度的经验数据   mm

铸件壁厚		0.6~1.5		> 1.5~3		> 3~6		> 6
铸件复杂程度		复杂	简单	复杂	简单	复杂	简单	为铸件壁厚 /%
内浇口厚度	铝合金	0.6~1.0	0.6~1.2	0.8~1.5	1.0~1.8	1.5~2.5	1.8~3	40~60
	锌合金	0.4~0.8	0.4~1.0	0.6~1.2	0.8~1.5	1.0~2	1.5~2	20~40
	镁合金	0.6~1.0	0.6~1.2	0.8~1.5	1.0~1.8	1.5~2.5	1.8~3	40~60
	铜合金	0.8~1.0	1.0~1.8	1.0~2.0	1.0~1.8	1.8~3	2.0~4.0	40~60

（3）内浇口宽度和长度的确定

已知内浇口面积和厚度，可以计算出内浇口宽度。内浇口宽度一般取所在压铸件边长或直径的40%~60% 倍。内浇口长度一般取 0.5~3mm，越短越好，需要内浇口向前导向合金液时选较长的值。也可利用经验公式计算内浇口宽度：

$$H_{内}=（0.85V^{0.745}）/h_{内}$$

式中　　$H_{内}$——内浇口宽度，mm；

　　　　$h_{内}$——内浇口厚度，mm；

　　　　V——铸件和溢流槽体积之和，mm³。

浇口的宽度要根据铸件的形状、结构和充填的区域大小来确定。如果是简单的、规则的形状，可按表 4.4 的内浇口宽度的经验数据进行确定。如果需要把铸件划分为几个不同的充填区域，则需要分别按各个区域的充填量单独确定每个分支内浇口的面积和宽度。

表 4.4　内浇口宽度的经验数据

内浇口部位的铸件形状	内浇口宽度	说明
矩形或方形板件	铸件边长的 60%~80%	从铸件中轴线处侧向接入
圆形板件	铸件外径的 40%~60%	内浇口以割线接入
圆环件、圆筒件	铸件外径或内径的 25%~30%	小件从单侧，大件从双侧，内浇口以切线接入
方框件	铸件边长的 60%~80%	内浇口从侧壁接入

4.2.3 横浇道设计

横浇道是连接直浇道和内浇口的通道，横浇道的作用就是把金属液从直浇道引入内浇口。横浇道的结构形式和尺寸取决于压铸件的形状、结构、大小、内浇口位置和型腔个数来确定的。

4.2.3.1　横浇道的截面形状

梯形是横浇道常用的截面形状，梯形横浇道的尺寸及特点见表 4.5。

表 4.5　梯形横浇道截面尺寸

种类	梯形横浇道截面形状	尺寸及特点
高梯形		高梯形截面，适用于深度 $h < 30$mm，$b=h$ 的横浇道，有利于减小投影面积
平梯形		较深横浇道，适用于 $h=30~50$，$b=1.8h$

续表

种类	梯形横浇道截面形状	尺寸及特点
扁平型	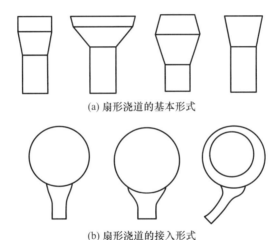	扁平形截面，适用于深度 $h > 50mm$ 或用于内浇口处的导流横浇道，投影面积大，散热快，热量容易流失，$b = (1.8{\sim}3)\,h$

说明：根据具体位置、内浇口特征、保温要求等，横浇道截面形状可介于高梯形和扁平形截面之间。若横浇道的深度与底部的宽度尺寸之比 $h/b = 1/1$，属于高梯形横浇道。若 $h/b = 4/5$，则为较高形横浇道。若 $h/b = 3.5/5$，是常用的横浇道；若 $h/b = 3/5$，则是较扁平形横浇道；若 $h/b = 2/5$，则属于扁平形横浇道

4.2.3.2 扇形浇道

常用的扇形浇道形式如图 4.5 所示，扇形浇道的应用如图 4.6 所示。扇形两侧采用各种形状的线条，主要是为金属液流动充填型腔起到导向的作用。扇形浇道的转向拐弯处应圆滑连接，截面不应有较大变化。

(a) 扇形浇道的基本形式

(b) 扇形浇道的接入形式

图4.5　扇形浇道的形式

图4.6　扇形浇道的应用

4.2.3.3 扇形浇道结构尺寸确定

扇形浇道的结构尺寸如图 4.7 所示，尺寸关系一般是

$B=（0.5~1）A$；

$α=45°±15°$；

$D=（0.5±0.25）（C-E）$；

$β=0°~90°$（为了改变流向，让金属液向两侧流动时，$β$ 可以为 $90°~160°$）；

$G=（1.2±0.5）E$；

推荐 $K=M$（其中 $K≤30mm$）；

扇形及分支浇道总长度等于 $G+D+N$；

扇形浇道入口 E 处截面面积等于（2.5±1）内浇口截面面积；

横浇道截面面积等于（1~1.2）E 处浇道截面面积；

横浇道截面面积等于（0.8~1.1）分支浇道面积之和；

主横浇道的截面面积等于（0.8~1.1）分支横浇道面积之和；

一般浇道的形状是梯形，浇道侧面的脱模斜度是 $8°~10°$；

横浇道底部的宽度等于（1~2.5）深度。

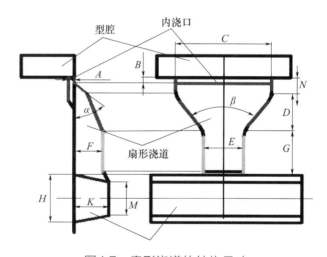

图4.7 扇形浇道的结构尺寸

A—内浇口厚度；B—内浇口长度；C—内浇口宽度；$α$—内浇口导向斜坡角度；D—扇形浇道长度；$β$—扇形夹角角度；E—扇形浇道入口宽度；F—扇形浇道入口深度；G—分支横浇道导向长度；H—横浇道宽度；K—横浇道深度；M—横浇道底部宽度；N—内浇口侧边导向长度

4.2.3.4 锥形浇道

锥形浇道的结构形式如图 4.8 所示。锥形浇道的内浇口是切向形式，按切线方向填充型腔，充填方向的角度 $θ$，受内浇口与横浇道截面面积比例的影响，关系式如下：

$$\tan\theta = A_g/A_r$$

式中　θ——填充角度（°）;

A_g——内浇口截面面积，mm^2;

A_r——锥形横浇道在进入内浇口处的截面面积，mm^2。

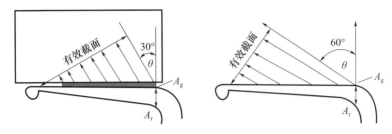

图4.8　锥形浇道的结构形式

从图 4.8 可以看出，当填充角 θ 较小时，合金液进入型腔的方向趋于垂直锥形浇道，有利于充填型腔的上部。当填充角 θ 较大时，合金液进入型腔的方向趋于充填型腔的侧部。锥形浇道截面面积 A_r 比较小，浇注系统耗用的合金液少。锥形浇道截面面积 A_r 比较大，浇注系统耗用的合金液多。内浇口的长短、结构形式也会有导流的作用，会影响锥形浇道的充填方向，如图 4.9 所示。图 4.10 是锥形浇道切向内浇口的应用实例。

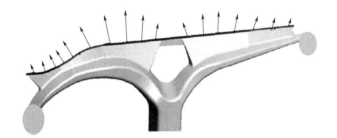

图4.9　锥形浇道与内浇口形式对填充方向的影响

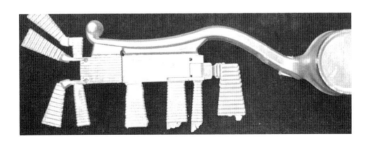

图4.10　锥形浇道切向内浇口的应实例用

4.2.3.5　一模多件及梳形浇注系统各浇道截面尺寸推荐

对于小型压铸件，可能会使用一模多腔。对于复杂形状铸件，可能会使用分支浇道或多个内浇口，如图 4.11 所示。为保证金属液在浇注系统中的连续性避免卷气，可以使用从次分支横浇道 B 至分支横浇道 C 再到主横浇道 D 总截面面积逐渐增大的结构形式，各浇道尺寸推荐值见表 4.6。

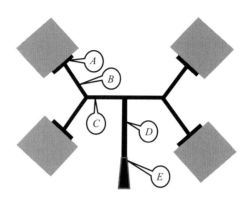

图4.11　一模四腔的浇注系统

表 4.6　一模多件或分支浇注系统各浇道截面尺寸推荐值

浇道	浇道截面积比值		浇道尺寸举例			
	截面积（A）比例	比值范围	宽度 /mm	厚度 /mm	截面积 /mm²	选用比值
A 内浇口	A_B/A_A	1.2~4	25	1.5	37.5	3.36
B 次分支横浇道	A_C/A_{2B}	1.2~0.7	14	9	126	0.87
C 分支横浇道	A_D/A_{2C}	1.2~0.7	20	11	220	0.9
D 主横浇道	A_E/A_D	1.4~1	25	16	400	1.22
E 直浇道	—	—	27	18	486	—

1. 比值的选用：如果是厚壁件，或对气孔有限制要求的铸件，都选用较大的比值；如果是薄壁件，或对气孔没有限制要求的铸件，都选用较小的比值。
2. 对一般要求的普通铸件，只要 B/A 选用中间以上的比值，其他浇道均可选用中、小比值。
3. 各个浇道的长度 ≥ 1~3 倍浇道宽度，以 1.5 倍为宜

4.2.4　溢流排气系统设计

溢流排气系统和浇注系统在腔充填过程中是一个不可分割的整体。溢流排气系统是金属液在充填过程中排出气体、冷污金属液以及氧化夹杂物的通道和储存器，消除某些压铸缺陷。

4.2.4.1　溢流排气系统的组成

溢流排气系统包括溢流槽和排气槽两个部分，如图 4.12 所示，主要由溢流口、溢

流口通道、溢流槽和排气槽组成。当溢流槽开设在动模一侧时，为使溢流余料与压铸件一起脱模，一般在溢流槽处设置推杆。图 4.13 是铝合金压铸模具溢流槽和排气槽常用的结构形式和尺寸，一般排气槽的宽度在（15±5）mm，深度可以分 0.5mm、0.3mm、0.1mm 三个阶段逐渐变浅。

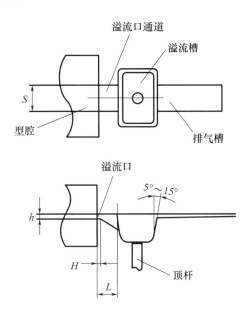

图4.12　溢流排气系统的组成

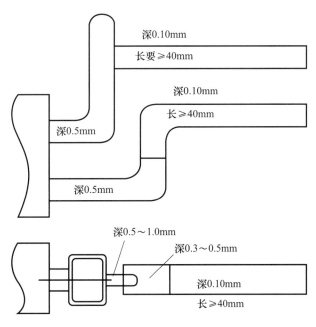

图4.13　分型面上排气槽的形式及尺寸

4.2.4.2 溢流排气系统的作用

（1）排除型腔中的气体，溢流槽储存混有气体和脱模剂残渣的冷污金属液，与排气槽配合，迅速引出型腔内的气体。

（2）有限度地改变局部金属液充填状态，防止局部产生涡流。

（3）转移缩孔、缩松、涡流裹气和产生冷隔的部位。

（4）调节模具局部的温度，改善模具热平衡状态，减少铸件冷隔、流痕和花纹缺陷。

（5）作为铸件脱模时推杆推出的位置，防止铸件变形或在铸件表面留有推杆痕迹。

（6）当铸件在动、定模型腔内的包紧力接近时，为了防止铸件在开模时留在定模一侧，在动模一侧设置溢流槽，增大对动模的包紧力，使铸件在开模时随动模带出。

4.2.4.3 溢流槽的位置及设计要点

溢流槽应设置在以下位置。

（1）合金液最后填充的部位。

（2）受合金液冲击型芯的背面。

（3）两股或多股合金液填充相汇，易产生涡流裹气或氧化夹渣的区域。

（4）排液、排气不畅的部位，壁厚过大易产生缩孔、缩松的部位。

溢流槽的设计要点有以下几个。

（1）多级溢流槽不应相互干涉，不要影响排气。

（2）铸件薄壁处设置溢流槽时，注意防止铸件产生变形。

（3）设计溢流槽时，预先留有扩大或增加溢流槽的位置，根据压铸成型状态，确定合理的布局和容量。

4.3 压铸模具成型零件设计

4.3.1 型腔镶块和型芯

压铸模具中，构成型腔以形成压铸件形状的零件称为成型零件，包括型腔镶块（包括抽芯滑块）和型芯。成型零件承受高温、高速、高压金属液的冲击，所以要用热作模具钢加工制造，以提高模具寿命。金属液流经及冲刷的浇注系统、排溢系统也设置在型腔镶块上。型腔镶块和型芯制造加工后，经热处理提高强度后镶入模具套板内。

设计型腔镶块时应考虑以下几点。

（1）镶块在套板内必须稳固，其外形应根据型腔的几何形状来确定，除了复杂镶块和一模多腔的镶块外，一般均为矩形、方形和圆形。

（2）根据铸件的生产批量、复杂程度、抽芯数量等情况，确定镶块的数量和位置。

（3）在一模多腔生产同一种铸件的模具上，可以分几个镶块拼接而成，一个镶块上可以只布置一个型腔，以利于机械加工和减小热处理变形的影响，也便于镶块在制造和压铸生产中损坏时的更换。

（4）成型镶块的排列应为模体各部位创造热平衡条件，并留有调整的余地。

（5）凡金属液流经的部位（如浇道、溢流槽处）均应在镶块范围内。凡受金属液强烈冲刷的部位，宜设置单独镶块，以便于更换。

4.3.2　型腔镶块的形式

压铸模具的型腔镶块可以是整体式，也可以是镶拼式，根据铸件的结构需要而选用。

4.3.2.1　镶拼式型腔镶块

镶拼式型腔镶块结构如图 4.14 所示。型腔镶块可由两块以上的镶块拼接而成，镶块数量根据铸件形状和模具及结构确定。镶拼后的镶块装入模具的套板内加以固定，构成动、定模型腔。这种结构形式在压铸模中广泛采用。

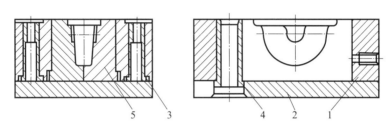

图4.14　镶拼式型腔镶块结构

1—定模套板；2—定模座板；3—导套；4—浇口套；5—组合镶块

型腔镶块采用镶拼式结构的优点如下。

（1）对于复杂的型腔可用镶拼式模块结构，以简化模具加工工艺，保证加工精度。

（2）能够合理地使用模具钢，降低成本。

（3）可减小热处理变形和开裂。

（4）有利于易损件的更换和修理，延长模具寿命。

（5）拼合处的适当间隙有利于型腔排气。

型腔镶块采用镶拼式结构也有一些不足，主要有以下几点。

（1）过多的镶块拼合面则会增加装配时的困难，且难以满足较高的组合尺寸精度。

（2）镶拼处的缝隙易产生飞边，既影响模具使用寿命，又会增加铸件去毛刺的工作量。

（3）镶拼处不能开设模具冷却水通道。

（4）镶拼式结构要保证镶块定位准确、紧固，不要发生位移。

4.3.2.2　整体式型腔镶块

整体式型腔镶块如图 4.15 所示。模具的半模型腔都是在一个型腔镶块上加工的，型芯及局部镶块可以镶嵌在整体型腔镶块上。

型腔镶块整体式结构主要有以下几个特点。

（1）强度高，刚性好，模具不容易变形。

（2）与镶拼式结构相比，型腔无分型线，压铸件成型后表面平整，不易变形。

（3）模具装配的工作量小，可减小模具外形尺寸。

（4）易于设置冷却水及模温机油加热管道。

（5）可提高压铸模具的寿命。

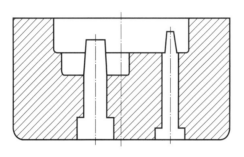

图4.15　整体式型腔镶块结构

为了满足压铸工艺要求，排除深腔内的气体或便于更换易损部分而采用组合镶块外，其余成型部分应尽可能采用整体镶块。镶块要便于加工，保证压铸件尺寸精度和脱模方便。

4.3.2.3　镶块的固定形式

镶块固定时必须保持与相关的构件有足够的稳定性，还要求便于安装和装卸。镶块一般均安装在套板或卸料板（顶板）内，安装形式有不通孔和通孔两种。

不通孔的套板结构简单，强度较高，镶块用螺钉和套板直接紧固，不用座板或支承板，节约钢材，减小模具质量。当动、定模均为不通孔时，尤其对于一模多腔的模具，要保持动、定模镶块安装孔的同轴度以及深度尺寸全部一致，还是比较困难的。

通孔的套板用台阶固定或用螺钉和座板紧固，在动、定模上镶块的安装孔的形状和大小都应该一致，便于组合加工，容易保证同轴度。镶块的固定形式很多，常用的见表4.7。

表 4.7　镶块常用的固定形式

镶块安装孔形式	图例	说明
不通孔式		用于圆柱形镶块或型腔较浅的模具。紧固螺钉直径和数量，应根据镶块受力情况而定。螺孔中心离镶块边缘的距离 H_1 不小于螺孔直径，螺孔边缘距型腔壁面 H_2 不小于 5mm，否则易使型腔碎裂

镶块安装孔形式	图例	说明
通孔台阶式	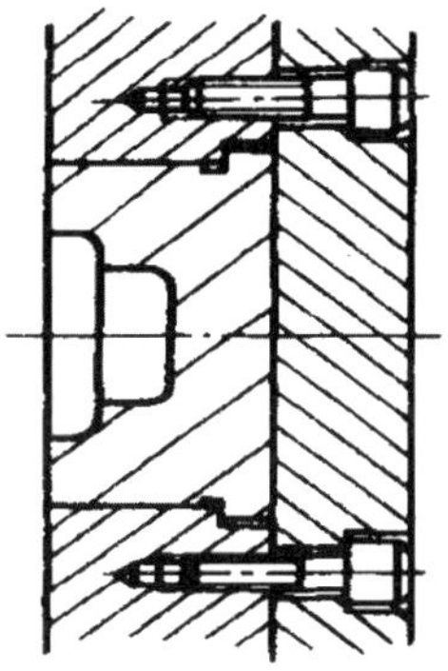	用于型腔较深的或一模多腔的模具，以及对于狭小的镶块不便用螺钉紧固的模具。 为了保持镶块稳定性，在接近镶块的台阶边缘处需用螺钉将套板和支承板（或座板）紧固
通孔无台阶式	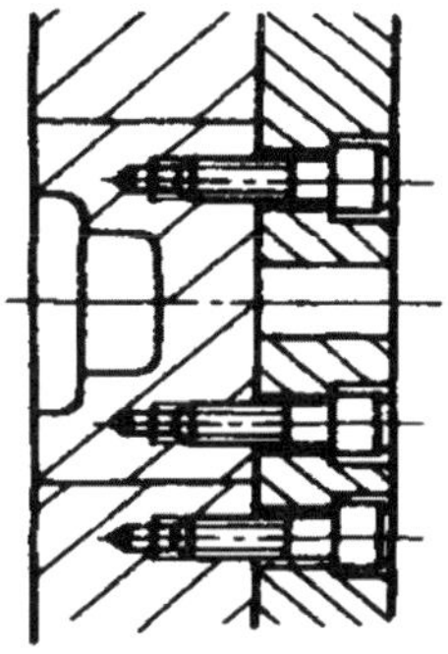	用于镶块与支承板（或座板）直接用螺钉紧固的情况，在调整镶块的厚度时，不受台阶的影响，加工更为简便

4.3.2.4 型芯的固定形式

型芯固定时必须保持与相关构件之间有足够的强度、稳定性以及便于机械加工和装卸，在金属液的冲击下或铸件卸除包紧力时不发生位移、弹性变形和弯曲断裂现象。

型芯的固定形式按模具的结构需要进行设计，基本的固定形式见表 4.8。

表 4.8 型芯的固定形式

图形	图例	说明
台阶式	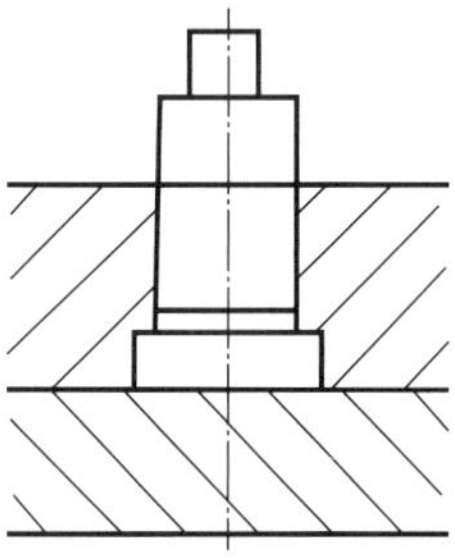	型芯靠台阶的支撑固定在镶块、滑块或动模套板内，制造和装配简便，应用广泛，但台阶必须用座板压紧，也适用于卸料板结构模具中的活动型芯

图形	图例	说明
加强式	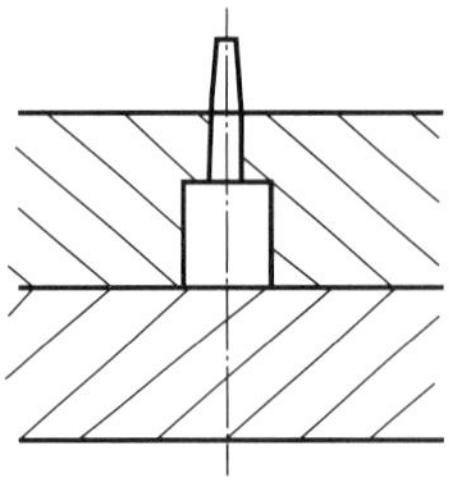 (a) 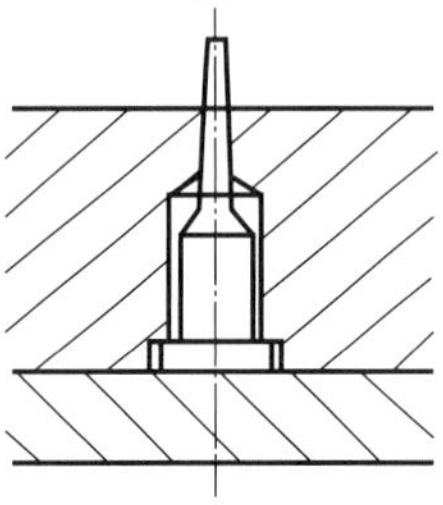 (b)	直径小于 6mm 的细长型芯，加工比较困难，易折断和弯曲。为增加强度将非成型部分的直径放大，适当增加台阶高度。图（a）适用于较薄的镶块；图（b）适用于较厚的镶块

4.3.2.5　镶块和型芯的止转形式

　　圆柱形镶块或型芯，成型部分为非回转体时，为了保持动 、定模镶块和其他零件的相关位置，必须采用止转措施。常用镶块（或型芯）的止转形式见表 4.9。

表 4.9　常用镶块（或型芯）的止转形式

形式	图例	说明
平面式	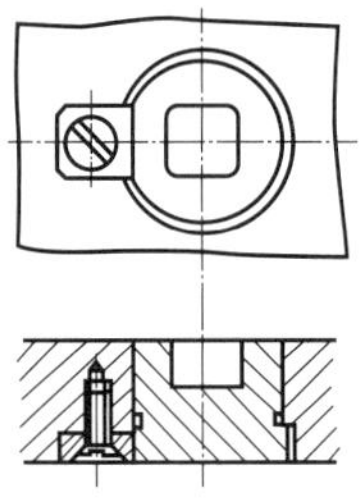	定位稳固可靠，模具拆卸简便； 沉孔为非圆形时，加工较为困难
	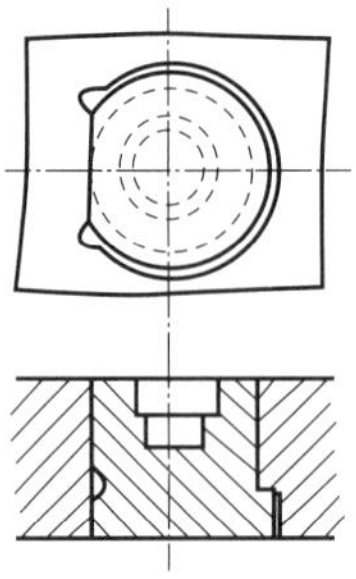	非圆形沉孔机械加工方便。镶块台阶平面与定位块接合，易达到较高的精度。定位块可以不用沉头螺钉固定

形式	图例	说明
销钉式		加工简便，应用范围较广。但由于销钉的接触面小，经多次拆卸后，容易磨损而影响装配精度。为便于装配，必须使 $L > e$

4.4 成型零件尺寸

4.4.1 镶块及型芯的结构尺寸

4.4.1.1 镶块壁厚尺寸

镶块壁厚尺寸推荐值见表 4.10。

表 4.10 镶块壁厚尺寸推荐值   mm

	型腔长边尺寸 L	型腔深度 H_1	镶块壁厚 h	镶块底厚 H
	≤ 80	5~50	15~30	≥ 15
	> 80~120	10~60	20~35	≥ 20
	> 120~160	15~80	25~40	≥ 25
	> 160~220	20~100	30~45	≥ 30
	> 220~300	30~120	35~50	≥ 35
	> 300~400	40~140	40~60	≥ 40
	> 400~500	50~160	45~80	≥ 45

注：1. 型腔长边尺寸 L 及深度尺寸 H_1 是指整个型腔侧面的大部分面积，对局部较小的凹坑 A，在查表时不应计算在型腔尺寸范围内。

2. 镶块壁厚尺寸 h 与型腔的侧面积（$L \times H_1$）成正比，凡深度 H_1 较大，几何形状复杂易变形的 h 应取较大值。

3. 镶块底部壁厚尺寸 H 与型腔底部投影面积和深度 H_1 成正比。当型腔短边尺寸 B 小于长边 L 的 1/3 时，表中 H 值应适当减小。

4. 当套板中的镶块安装孔为通孔时，深度 H_1 较小的型腔应保持镶块高度与套板厚度一致，H 值可相应增加，不受限制。

5. 在镶块内设有水冷或油、电加热装置时，其壁厚根据实际需要适当增加

4.4.1.2 整体镶块台阶尺寸

整体镶块台阶尺寸推荐值见表 4.11。

表 4.11 整体镶块台阶尺寸推荐值 mm

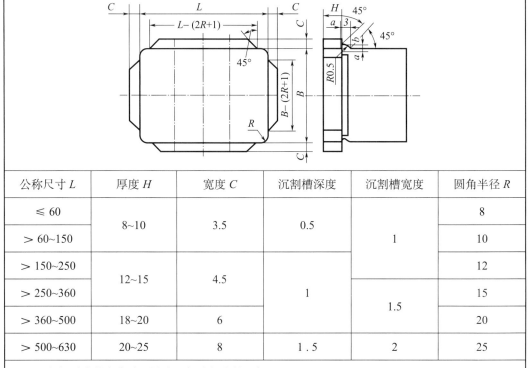

公称尺寸 L	厚度 H	宽度 C	沉割槽深度	沉割槽宽度	圆角半径 R
$\leqslant 60$	8~10	3.5	0.5	1	8
$> 60~150$					10
$> 150~250$	12~15	4.5	1	1.5	12
$> 250~360$					15
$> 360~500$	18~20	6			20
$> 500~630$	20~25	8	1.5	2	25

注：1. 根据受力状态台阶可设在四侧或长边的两侧。

2. 组合镶块的台阶 H 和 C，根据需要也可选取表内尺寸系列。如在同一套板安装孔内的组合镶块，其公称尺寸 L 系指装配后全部组合镶块的总外形尺寸。

3. 对薄片状的组合镶块，为提高强度，可取 $H \geqslant 15mm$，但不应大于套板高度的1/3

4.4.1.3 组合式成型镶块固定部分长度

组合式成型镶块固定部分长度尺寸推荐值见表 4.12。

表 4.12 组合式成型镶块固定部分长度尺寸推荐值 mm

简图	成型部分长度 l	固定部分短边尺寸 B	固定部分长度 L
	$\leqslant 20$	$\leqslant 20$	> 20
		> 20	> 15
	$> 20~30$	$\leqslant 20$	> 25
		$> 20~40$	> 25
		> 40	> 20

简图	成型部分长度 l	固定部分短边尺寸 B	固定部分长度 L
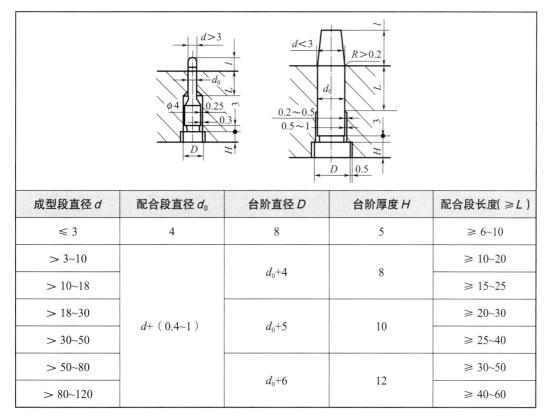	> 30~50	≤ 20	> 30
		> 20~40	> 25
		> 40	> 20
	> 50~80	≤ 20	> 40
		> 20~40	> 35
		> 40	> 30
	> 80~120	≤ 20	> 45
		> 20~50	> 40
		> 50	> 35

4.4.1.4 型芯结构尺寸

型芯结构尺寸见表 4.13。

表 4.13 型芯结构尺寸　　　　　　　　　　　mm

成型段直径 d	配合段直径 d_0	台阶直径 D	台阶厚度 H	配合段长度(≥ L)
≤ 3	4	8	5	≥ 6~10
> 3~10		d_0+4	8	≥ 10~20
> 10~18				≥ 15~25
> 18~30	d+(0.4~1)	d_0+5	10	≥ 20~30
> 30~50				≥ 25~40
> 50~80		d_0+6	12	≥ 30~50
> 80~120				≥ 40~60

成型段直径 d	配合段直径 d_0	台阶直径 D	台阶厚度 H	配合段长度($\geq L$)
> 120~180	$d+$（0.4~1）	d_0+8	15	$\geq$ 50~80
> 180~260				$\geq$ 70~100
> 260~360		d_0+10	20	$\geq$ 90~120

注：1. 为了便于应用标准工具加工孔径 d_0，公称尺寸应取整数或取标准铰刀的尺寸规格。

2. 为了防止卸料板机构中的型芯表面与相应配合件的孔之间的擦伤，d_0 部位应大于 d。

3. d 和 d_0 两段不同直径的交界处采用圆角或 45° 倒角过渡。

4. 配合段长度的具体数值，可按成型部分长度 l 选定，如 l 段较长（1 $\geq$ 2~3d ）的型芯，L 值应取较大值

4.4.1.5 圆型芯成型部分的长度及固定部分的长度和螺孔直径

圆型芯成型部分的长度及固定部分的长度和螺孔直径推荐值见表 4.14。

表 4.14 圆型芯成型及固定部分的长度和螺孔直径推荐值　　　　mm

成型段直径 d	成型部分长度 l	固定部分长度 $>L$	螺孔数量和直径 d_0
10~20	约 15	15	M8
> 20~25	约 10	20	M8
	> 10~20	25	M10
> 25~30	约 10	20	M10
	> 10~20	25	M12
> 30~40	约 10	25	M12 或 M3~M6
	> 10~20	30	M12 或 M3~M6
> 40~55	~10	25	M16 或 M3~M8
	> 10~15	30	M16 或 M3~M8
	> 15~20	35	M16 或 M3~M8
> 55~70	~15	30	M16 或 M3~M10
	> 15~20	35	M16 或 M3~M10
	> 20~25	40	M16 或 M3~M10
> 70~90	~15	40	M20 或 M3~M12
	> 15~20	45	M20 或 M3~M12
	> 20~30	50	M24 或 M3~M16

注：1. 采用这种固定形式的型芯，其成型部分长度 l 不宜太长。

2. 栏内的代号说明：M12 或 M3~M6 表示选用一个螺钉紧固时螺纹直径为 M12，若选用 3 个螺钉紧固，螺纹直径为 M6

4.4.2 成型零件的成型尺寸

4.4.2.1 压铸件的收缩率和模具成型零件公差

（1）压铸件的收缩率

压铸件的实际收缩率 $\beta_{实}$，是指室温时的模具成型尺寸减去压铸件实际尺寸与模具成型尺寸之比。压铸件的收缩率反映的是室温时模具成型尺寸与压铸件相对应实际尺寸的相对变化率，即

$$\beta_{实}=\left(A_{型}-A_{实}\right)/A_{型}\times 100\%$$

式中　$\beta_{实}$——压铸件的实际收缩率，%；

　　　$A_{型}$——室温下模具成型尺寸，mm；

　　　$A_{实}$——室温下压铸件实际尺寸，mm。

设计模具时计算成型零件所采用的收缩率为计算收缩率 β，它包括铸件收缩值及模具成型零件在工作温度时的体积膨胀值。按下式确定：

$$\beta=\left(A'-A\right)/A\times 100\%$$

式中　A'——通过计算模具成型零件的尺寸，mm；

　　　A——铸件的基本尺寸，mm。

各种合金压铸件计算收缩率推荐值见表 4.15。

表 4.15　各种合金压铸件计算收缩率推荐值

合金种类	收缩条件		
	阻碍收缩	混合收缩	自由收缩
	计算收缩率（%）		
铅锡合金	0.2~0.3	0.3~0.4	0.4~0.5
锌合金	0.3~0.4	0.4~0.6	0.6~0.8
铝硅合金	0.3~0.5	0.5~0.7	0.7~0.9
铝硅铜合金 铝镁合金 镁合金	0.4~0.6	0.6~0.8	0.8~1.0
黄铜	0.5~0.4	0.7~0.9	0.9~1.1
铝青铜	0.6~0.8	0.8~1.0	1.0~1.2

续表

合金种类	收缩条件		
	阻碍收缩	混合收缩	自由收缩
	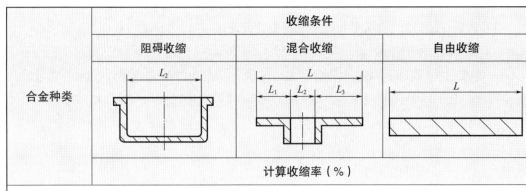		
	计算收缩率（%）		

注：1. L_1、L_3 为自由收缩，L_2 为阻碍收缩；

　　2. 表中数据系指模具温度、浇注温度等工艺参数为正常时的收缩率；

　　3. 在收缩条件特殊的情况下，可按表中推荐值适当增减

（2）影响压铸件收缩率大小的因素

影响压铸件收缩率的因素较多，压铸件的收缩率应根据铸件结构特点、阻碍收缩的条件、收缩方向、铸件壁厚、合金成分以及有关工艺因素等确定。铸件收缩示意如图4.16 所示。影响压铸件收缩率大小的因素如下。

①铸件结构越复杂，型芯数量越多，阻碍收缩的因素就多，因此收缩率就越小，反之收缩率就越大。

②包住型芯的径向尺寸收缩受阻，收缩率较小，而轴向尺寸收缩自由，收缩率较大。

③薄壁铸件收缩率较小，厚壁铸件收缩率较大。

④铸件出模时温度越高，铸件与室温的温差越大，则收缩率越大。

⑤包容嵌件部分的铸件尺寸在收缩时由于受到嵌件的阻碍，收缩率小（有镶嵌件的铸件收缩率变小）。

⑥浇注温度高时收缩率大，反之收缩率小。

⑦在模具中停留时间越短，脱模温度越高，铸件的收缩率越大，反之收缩率越小。

⑧铸件的收缩率也受模具热平衡的影响。同一铸件的不同部位，即使收缩受阻的条件相同，由于温度的不均衡，收缩率也不一致。近浇口端铸件温度高，收缩率较大。离浇口远的一端，温度低，则收缩率较小，尺寸较大的铸件尤为显著。

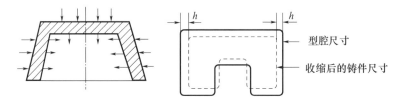

图4.16　铸件收缩示意

（3）模具成型部分制造公差

模具制造公差是成型部分在进行机械加工过程中允许的误差，以 $\varDelta'$ 表示。在通常情况下，$\varDelta'$ 值取压铸件公差 $\varDelta$ 值的 1/5~1/4，一般不高于 GB 1800.1—2020 中 9 级精度，个别尺寸在必要时 $\varDelta'$ 可取 IT8 或 IT7。按铸件公差所推荐的模具制造公差，见表 4.16。

表 4.16　按铸件公差所推荐的模具制造公差　　　　　　mm

基本尺寸	铸件公差	模具公差	铸件公差	模具公差	铸件公差	模具公差
	$\varDelta$=IT11	$\varDelta'$=0.2 $\varDelta$=IT8	$\varDelta$=IT12	$\varDelta'$=0.2 $\varDelta$=IT8	$\varDelta$=IT14	$\varDelta'$=0.25 $\varDelta$=IT11
1~3	0.060	0.012	0.100	0.020	0.250	0.063
>3~6	0.075	0.015	0.120	0.024	0.300	0.075
>6~10	0.090	0.018	0.150	0.030	0.360	0.090
>10~18	0.110	0.022	0.180	0.036	0.430	0.108
>18~30	0.130	0.026	0.210	0.042	0.520	0.130
>30~50	0.160	0.032	0.350	0.050	0.620	0.155
>50~80	0.190	0.038	0.300	0.060	0.740	0.185
>80~120	0.220	0.044	0.350	0.070	0.870	0.218
>120~180	—	—	0.400	0.080	1.000	0.250
>180~250	—	—	0.460	0.092	1.150	0.288
>250~315	—	—	—	—	1.300	0.325
>315~400	—	—	—	—	1.400	0.350

注：1. 表内偏差适用于型腔、型芯尺寸；
　　2. 中心距离、位置尺寸的模具制造偏差应按下列原则确定：铸件公差为 IT11~IT14 级精度时，$\varDelta'$ 取 1/5$\varDelta$。铸件公差大于或等于 IT15 时，$\varDelta'$ 取 1/4$\varDelta$。
　　此表引自潘宪曾《压铸工艺与模具》169 页，有修改

4.4.2.2　成型尺寸计算

（1）影响压铸件尺寸的主要因素

影响压铸件尺寸的主要因素见表 4.17。

表 4.17　影响压铸件尺寸的主要因素

影响因素	说明
压铸件结构	压铸件形状复杂程度、壁厚大小和其在模具中的设置位置等都将影响压铸件的尺寸

影响因素	说明
模具结构和模具制造	当模具结构复杂,而成型零件设计又不合理时,压铸件的尺寸就不易保证,如分型面选择不当、型芯位置安置不合理、导向零件、顶出机构、抽芯机构设计不合理等都将影响压铸件的尺寸。模具的尺寸大小、材料选用等影响模具寿命的因素也将影响压铸件的尺寸,模具加工时的基准、加工方法、模具零件制造精度和模具配合间隙等对压铸件的尺寸也有影响
压铸件收缩率	压铸件收缩率包括合金的液态收缩、凝固收缩、固态收缩,特别是模具温度不稳定,高温下模具工作温度升高时膨胀的影响
压铸工艺参数和操作	当采用大的压射压力时,铸件凝固后组织虽然致密,但可能产生飞边,因此合模方向上的尺寸精度就会下降。操作时分型面未清理干净,脱模剂喷涂过多或不均匀都将影响压铸件的尺寸
压铸机性能	压铸机动、定模安装板工作表面平面度及相互间的平行度、大杠相互间的平行度、压室轴线与压射活塞轴线的重合度、工作压力的稳定性等都影响压铸件的尺寸

成型零件的成型尺寸及其精度是压铸件尺寸的保证,计算成型尺寸的目的是保证压铸件的尺寸精度。但影响尺寸精度的因素很多,而且有些因素随时在变化,要对成型尺寸进行精确计算是较困难的。为了保证铸件的尺寸精度在所规定的公差范围内,在计算成型部分制造尺寸时,综合上述诸多因素的影响,选用综合收缩率进行计算,并以铸件的偏差值以及偏差方向作为计算的调整值,以补偿因收缩率变化而引起的尺寸误差,并考虑试模时有修正的余地以及正常生产过程中的模具磨损。

(2)模具成型尺寸的基本计算公式

模具成型尺寸按下式计算:

$$A'^{+\Delta'} = \left(A + A\beta + n\Delta - \Delta' \right)^{+\Delta'}$$

式中　A'——计算后的成型尺寸,mm;

　　　A——铸件的基本尺寸,mm;

　　　β——压铸件的计算收缩率,%;

　　　n——补偿和磨损系数 [当铸件为 1T11~1T13 级精度,压铸工艺不易稳定控制或其他因素难以估计时,取 $n=0.5$。当铸件精度为 1T14~1T16 时,取 $n=0.45$];

　　　Δ——铸件偏差,mm;

　　　Δ'——模具成型部分的制造偏差,mm。

型腔和型芯尺寸的制造偏差 Δ' 按下列规定:

当铸件精度为 1T9~1T13 时,Δ' 取 $1/5\Delta$;

当铸件精度为 1T14~1T16 时,Δ' 取 $1/4\Delta$;

中心距离、位置尺寸的制造偏差 Δ' 按下列规定:

当铸件精度为 1T11~1T14 时,Δ' 取 $1/5\Delta$;

当铸件精度为1T15~1T16时，Δ' 取 $1/4\Delta$。

铸件偏差 Δ 的正负符号，应按铸件尺寸在机械加工或修整、磨损过程中的尺寸变化趋向而定。模具成型部分的制造偏差 Δ' 的正负符号应按成型部分尺寸在机械加工或修整、磨损过程中的尺寸变化趋向而定。当零件在机械加工过程中，按图样设计基准顺序论，尺寸趋向于增大的，偏差符号为"+"，尺寸趋向于减小的，偏差符号为"–"，尺寸变化趋向稳定的如中心距离、位置尺寸的偏差符号为"+"。应用上述公式时应注意 Δ 和 Δ' 的"+"或"–"偏差符号，必须随同偏差值一起代入公式。

（3）成型尺寸的分类及注意事项

成型尺寸主要可分为型腔尺寸（包括型腔深度尺寸）、型芯尺寸（包括型芯高度尺寸）、成型部分的中心距离和位置尺寸、螺纹型环尺寸及螺纹型芯尺寸等五类。

计算各类成型尺寸时，注意事项主要有以下几项。

①型腔磨损后，尺寸增大，计算型腔尺寸时应保持铸件外形尺寸接近于最小极限尺寸。

②型芯磨损后，尺寸减小，计算型芯尺寸时应保持铸件内形尺寸接近于最大极限尺寸。

③两个型芯或型腔之间的中心距离和位置尺寸，与磨损量无关，应保持铸件尺寸接近于最大和最小两个极限尺寸的平均值。

④受模具的分型面和滑动部分（如抽芯机构等）影响的尺寸应另行修正，见表4.18。

表 4.18 受模具的分型面和滑动部分影响的尺寸修正量

尺寸部分	简图	计算注意事项	备注
受分型面影响的尺寸		A、B、C尺寸按表4.9中公式计算数值，一般应再减小0.05~0.20mm（按压铸机条件，铸件结构和模具结构等会产生合模间隙及飞边的情况确定）	因操作中清理工作不当而影响铸件尺寸，不计在内
受滑动部分影响的尺寸		d尺寸按表4.10中公式计算数值，一般不应再减小0.05~0.20mm；H尺寸按表4.10中公式计算数值，一般应再增加0.05~0.20mm（按滑动型芯端面的投影面积大小和模具结构而定）	

⑤凡是有出模斜度的各类成型尺寸，首先应保证与铸件图上所规定尺寸的大小端部位一致。一般在铸件图上未明确规定尺寸的大小端部位时，需要按照铸件的尺寸是否留有加工余量确定。对无加工余量的铸件尺寸，应保证铸件在装配时不受阻碍为原则。对留有加工余量的铸件尺寸（铸件单面的加工余量一般在 0.3~0.8mm 范围内选取，如有特殊原因可适当增加，但不能超过 1.2mm），应保证切削加工时有足够的余量为原则，故做如下规定。

a. 无加工余量的铸件尺寸，如图 4.17（a）所示。其中，型腔尺寸以大端为基准，另一端按出模斜度相应减小；型芯尺寸以小端为基准，另一端按出模斜度相应增大；螺纹型环、螺纹型芯尺寸、成型部分的螺纹外径、中径及内径各尺寸均以大端为基准。

b. 两面留有加工余量的铸件尺寸，如图 4.17（b）所示。型腔尺寸以小端为基准；型芯尺寸以大端为基准；螺纹型环尺寸，按铸件的结构需采用两半分型的螺纹型环的结构时，为了消除螺纹的接缝、椭圆度、轴向错位（两半型的牙形不重合）及径向偏移等缺陷，可将铸件的螺纹中径尺寸增加 0.2~0.3mm 的加工余量，以便采用板牙套丝。

c. 单面留有加工余量的铸件尺寸，如图 4.17（c）所示。型腔尺寸以非加工面的大端为基准，加上斜度值及加工余量，另一端以出模斜度值相应减小；型芯尺寸以非加工面的小端为基准，减去斜度值及加工余量，另一端按出模斜度值相应放大。

⑥一般铸件的尺寸公差应不包括出模斜度而造成的尺寸误差，凡是在铸件图上特别注明要求出模斜度在铸件公差范围内的尺寸，则应先按下式进行验证。

$$\Delta_1 \geqslant 1.5H\tan\alpha$$

式中　Δ_1——铸件公差，mm；

　　　H——出模斜度处的深度或高度，mm；

　　　α——压铸工艺所允许的最小出模斜度，°。

当验证结果不能满足时，则应留有加工余量，待压铸后进行机械加工来保证。

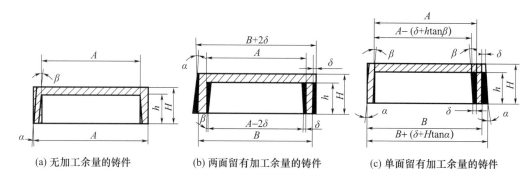

(a) 无加工余量的铸件　　　　(b) 两面留有加工余量的铸件　　　　(c) 单面留有加工余量的铸件

图4.17　有出模斜度的各类成型尺寸检验时的测量点位置

A—铸件孔尺寸；B—铸件轴的尺寸；h—铸件内孔深度；H—铸件外形高度；

α—外表面出模斜度；β—内表面出模斜度；δ—机械加工余量

（4）各种类型成型尺寸的计算

①型腔尺寸（包括深度尺寸）的计算见表 4.19。

②型芯尺寸（包括高度尺寸）的计算见表 4.20。

③中心距离、位置尺寸的计算见表 4.21。

成型部分中心距、位置尺寸的制造偏差 Δ' 值的选取，以铸件公差大小为主。当铸件精度为 IT9~IT10 时，$\Delta'=\Delta/6$。铸件精度为 IT11~IT14 时，$\Delta'=\Delta/5$。铸件精度为 IT15~IT16 时，$\Delta'=\Delta/4$。

表 4.19　型腔尺寸的计算

简图	铸件尺寸标注形式 d_{-n}^{0} 或 h_{-n}^{0}	计算公式
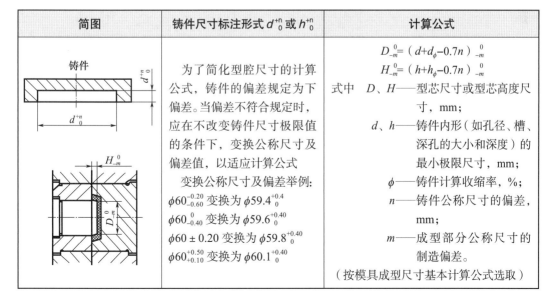	为了简化型腔尺寸的计算公式，铸件的偏差规定为下偏差。当偏差不符合规定时，应在不改变铸件尺寸极限值的条件下，变换公称尺寸及偏差值，以适应计算公式 变换公称尺寸及偏差举例： $\phi 60_{0}^{+040}$ 变换为 $\phi 60.4_{-0.40}^{0}$ $\phi 60_{+0.10}^{+0.50}$ 变换为 $\phi 60.5_{-0.40}^{0}$ $\phi 60 \pm 0.20$ 变换为 $\phi 60.2_{-0.40}^{0}$ $\phi 60_{-0.60}^{-0.20}$ 变换 $\phi 59.8_{-0.40}^{0}$	$D_{0}^{+m}=\left(d+d_{\phi}-0.7n\right)_{0}^{+m}$ $H_{0}^{+m}=\left(h+h_{\phi}-0.7n\right)_{0}^{+m}$ 式中　D、H——型腔尺寸或型腔深度尺寸，mm； 　　　d、h——铸件外形（如轴径、长度、宽度或高度）的最大极限尺寸，mm； 　　　ϕ——铸件计算收缩率，%； 　　　n——铸件公称尺寸的偏差，mm； 　　　m——成型部分公称尺寸的制造偏差。 （按模具成型尺寸基本计算公式选取）

表 4.20　型芯尺寸的计算

简图	铸件尺寸标注形式 d_{0}^{+n} 或 h_{0}^{+n}	计算公式
	为了简化型腔尺寸的计算公式，铸件的偏差规定为下偏差。当偏差不符合规定时，应在不改变铸件尺寸极限值的条件下，变换公称尺寸及偏差值，以适应计算公式 变换公称尺寸及偏差举例： $\phi 60_{-0.60}^{-0.20}$ 变换为 $\phi 59.4_{0}^{+0.4}$ $\phi 60_{-0.40}^{0}$ 变换为 $\phi 59.6_{0}^{+0.40}$ $\phi 60 \pm 0.20$ 变换为 $\phi 59.8_{0}^{+0.40}$ $\phi 60_{+0.10}^{+0.50}$ 变换为 $\phi 60.1_{0}^{+0.40}$	$D_{-m}^{0}=\left(d+d_{\phi}-0.7n\right)_{-m}^{0}$ $H_{-m}^{0}=\left(h+h_{\phi}-0.7n\right)_{-m}^{0}$ 式中　D、H——型芯尺寸或型芯高度尺寸，mm； 　　　d、h——铸件内形（如孔径、槽、深孔的大小和深度）的最小极限尺寸，mm； 　　　ϕ——铸件计算收缩率，%； 　　　n——铸件公称尺寸的偏差，mm； 　　　m——成型部分公称尺寸的制造偏差。 （按模具成型尺寸基本计算公式选取）

表 4.21　中心距离、位置尺寸的计算

简图	铸件尺寸标注形式（$h \pm n$）	计算公式
铸件 $h \pm n$ $h \pm n$	为了简化中心距离位置尺寸计算公式，铸件中心距离位置尺寸的偏差规定为双向等值。当偏差值不符合规定时，应在不改变铸件尺寸极限值的条件下，变换公称尺寸及偏差值，以适应计算公式。 变换公称尺寸及偏差举例： $\phi 60_{-0.60}^{-0.20}$ 变换为 $\phi 59.6 \pm 0.20$ $\phi 60_{-0.40}^{0}$ 变换为 $\phi 59.8 \pm 0.20$ $\phi 60_{-0.10}^{+0.30}$ 变换为 $\phi 60.1 \pm 0.20$ $\phi 60_{0}^{+0.40}$ 变换为 $\phi 60.2 \pm 0.20$ $\phi 60_{+0.10}^{+0.50}$ 变换为 $\phi 60.3 \pm 0.20$	$$H \pm m = (h + h_\phi) \pm m$$ 式中　H——成型部分的中心距离位置的平均尺寸，mm； h——铸件中心距离、位置的平均尺寸，mm； ϕ——铸件计算收缩率，%； n——铸件中心距离、位置尺寸的偏差，mm； m——成型部分中心距离、位置尺寸的偏差，mm。 （按模具成型尺寸基本计算公式选取）

4.4.2.3　成型部分尺寸和公差的标注

（1）成型部分尺寸和偏差标注的基本要求

①成型部分的尺寸标注基准应与铸件图上所标注的一致，铸件和模具结构可参阅图 4.18。这种标注方法较为简单方便，适用于形状较简单，尺寸数量不多的铸件。

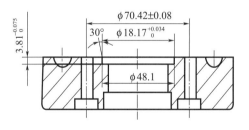

图4.18　成型部分的尺寸标注

②铸件由镶块组合尺寸的标注，如图 4.19 所示。为了保证铸件精度，应先把铸件图上标注的尺寸按型腔尺寸表中的公式计算，将所得的成型尺寸和制造偏差值分配在各组合零件的相对应部位上，绝不可以将铸件的基本尺寸分段后，单独进行计算。

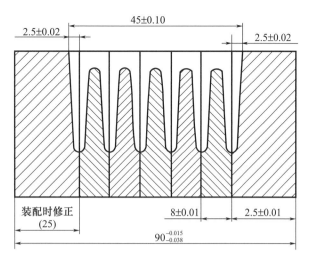

图4.19 组合零件尺寸和偏差的标注

如果铸件尺寸精度较高，按上述方法标注后，各组合零件的制造偏差很小，带来加工困难时，可采取在装配中修正的方法，即注上组合零件组合后的尺寸，按其对称性的要求程度，对其中一个或两个组合零件在装配时加以修正，最后达到组合后的尺寸要求。如图 4.19 所示，装配时修正 25mm 尺寸，以便达到组合后的尺寸 $90_{-0.038}^{-0.015}$mm 的精度要求。

③在满足铸件设计要求的前提下，同时要满足模具制造工艺上的要求。例如圆镶块由于采用镶拼结构，使原来的尺寸基准转到相邻的镶块上，或为了便于加工和测量，需要变更标注的尺寸基准时，要特别注意的是以计算后所得到的成型尺寸和制造偏差为标准，再进行换算，要保证累积误差与制造公差的原值相等，标注示例如图 4.20 所示。为了在制造过程中便于测量，在图 4.20 中选择 A 面为变更后的成型尺寸标注基准，经换算后的尺寸为 $10.22_{0}^{+0.09}$mm。

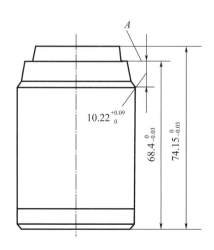

图4.20 圆镶块上变更标注尺寸基准示例

按图 4.21 压铸件成型尺寸计算，图中铸件尺寸（11mm）所得的成型尺寸和偏差为 $10.31_{-0.09}^{0}$ mm。

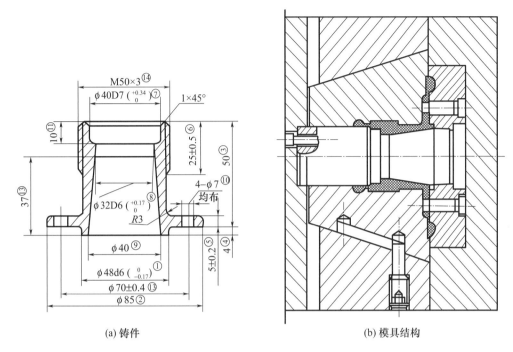

(a) 铸件　　　　　　　　　　　(b) 模具结构

图4.21　铸件成型尺寸计算实例

技术要求: 未注铸造圆角为R2; 未注公差为IT14; 材料为铸造铝合金ZL102。

在实际生产中，若按尺寸链换算比较繁复，一般可将铸件精度较低的成型尺寸标注在安装基准面上，即首先标注出与铸件尺寸基准的部位相对应的成型部位上，并在加工条件容许下，适当提高制造公差精度，如图 4.20 中的尺寸 $68.4_{-0.03}^{0}$ mm。其余的成型尺寸则以此为基准，标注在与其相对应的成型部位上，这样可减少和避免在换算过程中的差错而造成零件报废。

④当成型尺寸为模具的配合尺寸时，一般情况下模具配合精度高于成型尺寸的制造精度。在这种情况下，成型尺寸的制造公差应服从于配合公差，标注示例如图 4.22 所示。

图4.22　成型尺寸为型芯的配合尺寸标注示例

按图 4.22 压铸件成型尺寸计算，图 4.21 中尺寸⑨所得到的成型尺寸和偏差为 $\phi 40.67_{-0.155}^{0}$mm。该成型尺寸又是型芯的固定配合尺寸，故变换为 $\phi 40.6_{-0.017}^{0}$mm，虽然基本尺寸的偏差改变了，但仍然在原来的极限范围内。

5）当铸件图上尺寸标准从外壁到孔的中心位置尺寸时，如果成型部分的型芯固定在滑块上，滑块的配合尺寸和成型铸件外壁的型腔尺寸相同，滑块的上、下偏差全是负数，如图 4.23 所示。对于这类有配合间隙的滑块，凡是以滑块的配合面为基准所标注的成型尺寸，要考虑到由于配合间隙的影响，必须采用按表 4.19~表 4.21 的计算公式所求得的成型尺寸和制造偏差为标注进行换算。

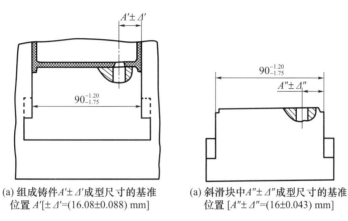

(a) 组成铸件 $A'\pm\Delta'$ 成型尺寸的基准 位置 $A'[\pm\Delta'=(16.08\pm0.088)$ mm]　　(a) 斜滑块中 $A''\pm\Delta''$ 成型尺寸的基准 位置 $[A''\pm\Delta''=(16\pm0.043)$ mm]

图4.23　从外壁到孔的位置尺寸换算标注示例

（2）型芯、型腔镶块的尺寸和偏差的标注

①型芯尺寸的标注，铸件图上未注明大、小端尺寸的铸孔按铸件的装配要求考虑，铸件孔径应该保证小端尺寸要求，但对模具中相对应的型芯正好相反。此种尺寸注法主要是为了保证铸件的精度，但在模具制造时带来不便。为了便于加工，在标注型芯尺寸时如图 4.24 所示。将成型铸件孔径的型芯小端尺寸注以制造偏差，同时应注明型芯高度尺寸和偏差，以及出模斜度。在大端注以括号内表示参考尺寸，而不注公差，也不做检验，仅供加工使用。

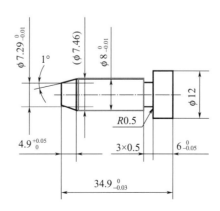

图4.24　型芯的成型部位保证小端尺寸的注法示例

当铸件的孔径尺寸要求大、小端尺寸在规定的公差范围内时，其型芯尺寸的标注如图4.25所示。在标注型芯尺寸时，应分别标出大、小端尺寸，并注以制造偏差，同时应注明型芯高度尺寸和制造偏差。而对出模斜度注以括号内表示参考尺寸，仅供加工使用。

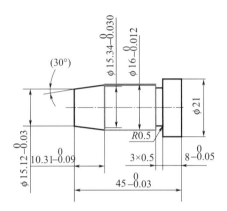

图4.25　型芯的成型部位保证大、小端尺寸的标注示例

②成型镶块中型腔尺寸的标注，为了保证铸件的装配要求，对未注明大、小端尺寸的轴径，应该保证大端尺寸的要求，其标注方法如图4.26所示。

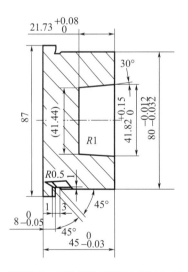

图4.26　型腔的成型部位保证大端尺寸注法示例

将成型轴尺寸所对应的型腔的大端尺寸注以制造偏差，同时应该注明型腔的深度尺寸和制造偏差，以及出模斜度。而在另一端的小端尺寸注以括号内表示参考尺寸，不注公差，也不做检验，仅供加工使用。

当铸件的轴径尺寸要求大、小端尺寸都在给定的公差范围内时，其型腔尺寸的标注如图4.27所示。在标注型腔尺寸时，应分别标注大、小端尺寸，并注以制造偏差，同时应注明型腔深度尺寸和制造偏差，而把脱模斜度标注在括号内（去除底线），仅供加工使用。

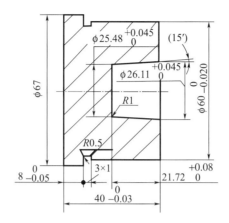

图4.27 型腔的成型部位保证大、小端尺寸的标注示例

4.5 压铸模具结构零件

4.5.1 压铸模架

模架是固定成型镶块、浇道镶块、浇口套以及抽芯机构、导向零件等的基体。主要构件有动、定模座板，动、定模套板，支承板，定位销及紧固零件等。设计模架时主要根据已确定的设计方案，对有关构件进行合理的计算、选择和布置。

4.5.1.1 模架的基本形式及组成

（1）不通孔套板的模架：动模模架主要由2动模套板、3动模镶块、4垫块、1分流锥组成。定模模架主要由5定模套板、6定模镶块、8浇口套等组成。比通孔的套板的模架组成零件少，结构紧凑，强度更好，如图4.28（a）所示。

（2）通孔套板的模架：动模模架主要由2动模套板、3动模镶块、9支承板、10动模座板、4垫块、1分流锥组成。定模模架主要由5定模套板、6定模镶块、7定模座板、8浇口套等组成。它比不通孔套板的模架的加工工艺性好，但设计时应注意支承板的强度，防止镶块受反压力时变形，影响铸件尺寸和精度。多腔模和组合镶块的模具大多采用这种模架形式，如图4.28（b）所示。

不通孔套板和通孔套板的模架、导柱、导套、模体零件之间用定位销钉、紧固螺钉进行紧固。模架结构零件的作用见表4.22。

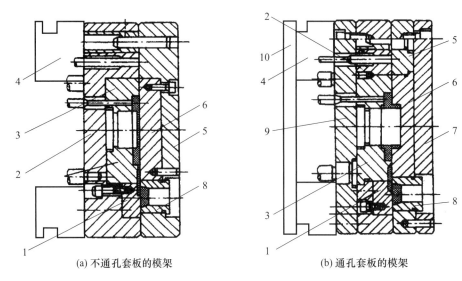

(a) 不通孔套板的模架   (b) 通孔套板的模架

图4.28 不通孔套板和通孔套板的模架结构

1—分流锥；2—动模套板；3—动模镶块；4—垫块；5—定模套板；6—定模镶块；

7—定模座板；8—浇口套；9—支承板；10—动模座板

表4.22 模架结构件的作用

名称	作用
定模座板	直接与压铸机的定模板固定，并对准压铸机压室，使定模部分紧固在压铸机上。 在通孔台阶式镶块的模具上，与定模套板连接，以压紧镶块及导滑零件等，构成定模部分，在不通孔套板的模具上不采用
动、定模套板	固定成型镶块、型芯、导滑零件及浇道镶块等； 设置抽芯机构； 对不通孔的动、定模架兼起到定模座板及支承板的作用； 推出结构为推杆形式时，动模套板上设置复位杆； 压室或浇门套均设置在定模套板上
卸料板	推出结构为卸料板形式时，用以直接推出铸件不致变形； 构成抽芯机构的导滑部位
支承板	用于通孔套板的模架中做压紧动模镶块、型芯和导滑零件等； 设置推板、导柱； 与动模套或卸料板组成一体后形成动模部分，支承板承受金属液充填时的反压力，是模具中受力较大的零件
定位销钉和紧固螺钉	对需要固定连接的模板起定位和紧固作用，以保持连接构件的相对位置和连接强度

4.5.1.2 模架设计的要点

（1）应有足够的刚性，在承受压铸机锁模力的情况下，不发生变形。

（2）不宜过于笨重，以便装卸、修理和搬运，并减轻压铸机负荷。

（3）型腔的胀型力中心应尽可能接近压铸机合模力的中心，以防压铸机受力不均，造成锁模不严。

（4）模架在压铸机上的安装位置应与压铸机规格或通用模座规格一致。安装要求牢固可靠，顶出机构受力中心要求与压铸机的推出装置基本一致。当顶出机构偏心时，应加强推板导柱的刚性，以保持推板推出时平稳。

（5）为便于模架的吊运和装配，在动、定模模架上应有吊环螺钉。对中、大型模具，在模板的两侧均钻有螺孔，以拧入握柄或吊环螺钉。

（6）镶块到模架边缘的模面上需留有足够的部位设置导柱、导套、销钉、紧固螺钉的位置。当镶块为组合式时，模架边缘的宽度应进行验算。对设有抽芯机构的模具，模板边框应满足导滑长度和设置搜紧块的要求。

（7）连接模板用的紧固螺钉和定位销钉的直径和数量，应根据受力大小选取，位置分布均匀。

（8）模具的总厚度必须大于所选用压铸机的最小合模间距。

4.5.2 动、定模套板

4.5.2.1 套板尺寸

套板一般受拉伸、弯曲、压缩三种应力，变形后会影响型腔的尺寸精度。因此，在考虑套板尺寸时，应兼顾模具结构与压铸生产中的工艺因素。

定模部分的定模套板与定模座板连接在一起，如图4.29所示。通常把定模套板与定模座板做为一个整体，这样能增加套板的强度。动、定模套板边框厚度推荐尺寸见表4.23。

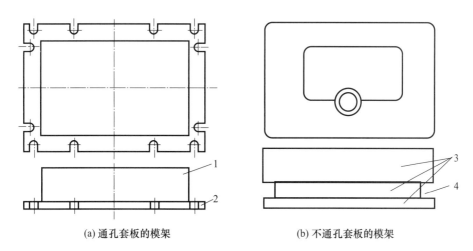

(a) 通孔套板的模架　　　　　　　(b) 不通孔套板的模架

图4.29　在定模座板上的压板螺钉U形槽和定模套板的压板槽

1—定模套板；2—定模座板；3—整体套板；4—压板槽

表 4.23 动、定模套板边框厚度推荐尺寸　　　mm

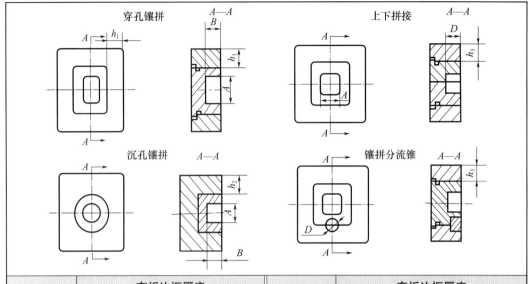

$A \times B$ 侧面	套板边框厚度			$A \times B$ 侧面	套板边框厚度		
	h_1	h_2	h_3		h_1	h_2	h_3
$< 80 \times 35$	40~50	30~40	50~65	$< 350 \times 70$	80~110	70~100	120~140
$< 120 \times 45$	45~65	35~45	60~75	$< 400 \times 100$	100~120	800~110	130~160
$< 160 \times 50$	50~75	45~55	70~85	$< 500 \times 150$	120~150	110~140	140~180
$< 200 \times 55$	55~80	50~65	80~95	$< 600 \times 180$	140~170	140~160	170~200
$< 250 \times 60$	65~85	55~75	90~105	$< 700 \times 190$	160~180	150~170	190~220
$< 300 \times 65$	70~95	60~85	100~125	$< 800 \times 200$	170~200	160~180	210~250

4.5.2.2　矩形套板边框厚度的计算

矩形套板的边框如图 4.30 所示，其厚度按下式计算：

$$h = \frac{P_2 \sqrt{P_2^2 + 8H[\delta]P_1 L_1}}{4H[\delta]}$$

$$P_1 = F \times L_1 \times H_1$$

$$P_2 = F \times L_2 \times H_1$$

式中：h——套板边框厚度，mm；

　　　H_1——型腔的深度，mm；

　　　H——套板的厚度，mm；

L_1、L_2——按铸件大小确定的型腔尺寸，mm；

P_1、P_2——边框侧面承受的总压力，N；

　　$[\sigma]$——材料的许用强度（MPa），对于 45 号钢，调质后 $[\sigma]$ 取 80~100MPa；

　　　F——压射比压，MPa。

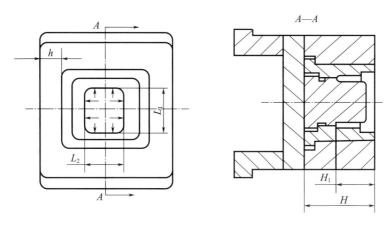

图4.30 矩形套板的边框厚度

4.5.3 动模支承板

4.5.3.1 选择支承板厚度的原则

（1）铸件分型面投影面积大，支承板厚度取较大值，反之取较小值。

（2）在投影面积相同的情况下，压射比压大时支承板厚度取较大值，压射比压小时支承板厚度取较小值。

（3）当模座上的垫块设置在支承板长边两端时，则支承板厚度取较大值，设置在支承板的短边两端时取较小值。

（4）当采用不通套板时，套板底部厚度为支承板厚度的80%。

4.5.3.2 支承板厚度

支承板厚度推荐值见表4.24。当垫块之间间距较大或支承板厚度 h 较小时，可在支承板与动模座板之间采用支撑柱或支撑块，增强对支承板的支撑作用。

表 4.24 支承板厚度推荐值

支承板所受总压力 P/kN	支承板厚度 h/mm
160~250	25、30、35
> 250~630	30、35、40
> 630~1000	35、40、50
> 1000~1250	50、55、60
> 1250~2500	60、65、70
> 2500~4000	75、85、90
> 4000~6300	85、90、100

4.5.3.3 支承板厚度的计算

动模支承板厚度 h 可按下式计算：

$$h=\sqrt{\frac{PL}{2B[\sigma]_{弯}}}$$

$$P=F \times S$$

式中　　P——动模支承板所受总压力，N；

　　　　S——铸件在分型面上的投影面积，包括浇注系统及溢流槽的面积，mm^2；

　　　　F——压射比压，MPa；

　　　　B——动模支承板长度，mm，见表4.24；

　　　　L——垫块间距，mm；

　　$[\sigma]_{弯}$——钢材的许用弯曲强度，MPa。

动模支承板材料为45号钢，回火状态，静载弯曲时可根据支承板结构情况，$[\sigma]_{弯}$ 分别按135MPa、100MPa、90MPa三种情况选取。

4.5.3.4 推板与推杆固定板

推板与推杆固定板厚度推荐尺寸见表4.25。

表 4.25　推板与推杆固定板厚度推荐尺寸

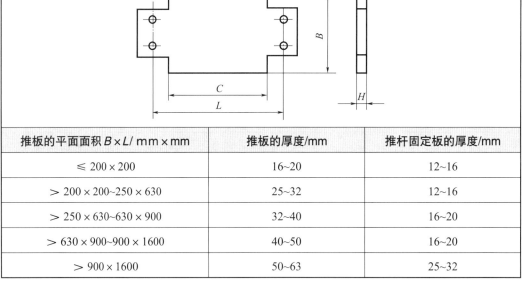

推板的平面面积 $B \times L$/ mm×mm	推板的厚度/mm	推杆固定板的厚度/mm
≤ 200×200	16~20	12~16
> 200×200~250×630	25~32	12~16
> 250×630~630×900	32~40	16~20
> 630×900~900×1600	40~50	16~20
> 900×1600	50~63	25~32

4.5.4　垫块的设计

4.5.4.1　垫块的结构形式

垫块在动模座板与支承板之间，形成顶出机构工作的活动空间。对小型压铸模具，还可以利用垫块的厚度来调整模具的总厚度，满足压铸机最小合模距离的要求。垫块在压铸生产过程中承受压铸机的锁模力作用，必须有足够的受压面积。垫块与动模座板组合形成动模的模座，模座的基本结构形式如图4.31所示。图4.31（a）为角架式模座，结构简单，制造方便，质量较小，适用于小型压铸模具；图4.31（b）为组合式模座，结构简单，应用广泛，适用于中、小型压铸模具；图4.31（c）为整体式模座，通常用球墨铸铁或铸钢整体铸造成型，强度、刚度较高，适用于大、中型压铸模具。

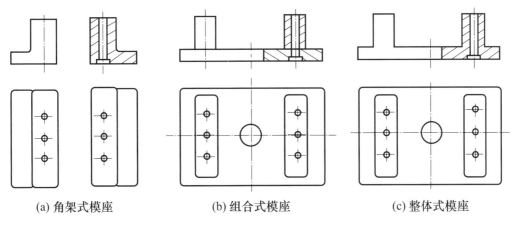

(a) 角架式模座   (b) 组合式模座   (c) 整体式模座

图4.31　模座的基本结构形式

4.5.4.2　垫块大小的尺寸计算

垫块在压铸机合模时承受合模力而产生压缩变形，一般情况下变形量应小于0.05mm。可以按照以下垫块变形量计算公式来计算垫块的受压面积，如垫块的变形量过大应增大其受压面积，或者再选位置增加垫块。

$$\Delta B = \frac{PB}{EF} \times 10^3$$

$$F = L \times H$$

式中　ΔB——垫块高度的变形量，mm；

P——压铸机的合模力，kN；

B——垫块的高度，mm；

E——弹性模量，取 2×10^5 MPa；

F——垫块的受压面积，mm²；

L——垫块受压面的总长度，mm；

H——垫块受压面的宽度，mm。

4.5.4.3 垫块的标准尺寸系列

垫块的标准尺寸系列见表 4.26。

表 4.26 垫块的标准尺寸系列

H	32	40	50		63			80				
$B_{\ 0}^{+0.01}$	A											
	200	200	250	315	355	400	450	500	560	630	710	800
80	○	○	○									
100	○	○	○	○								
125	○	○	○	○	○			○	○	○		
140			○	○	○	○		○	○	○	○	
160			○	○	○	○	○	○	○	○	○	○
180				○	○	○	○		○	○	○	○
200							○				○	○
250												○

4.5.5 模架尺寸

压铸模架尺寸组成如图 4.32 及图 4.33 所示。压铸模架的标准化可以提高模具设计和制造的效率，目前国内正在进行相应的标准化工作。表 4.27、表 4.28 给出了行业上典型的模架参考尺寸。

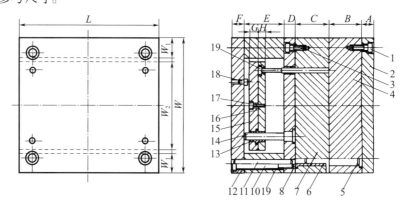

图4.32　压铸模模架（带定模座板）

1—定模模板螺钉；2—定模座板；3—动模模板螺钉；4—定模套板；5—导柱；6—导套；7—动模套板；

8—支承板；9—垫块；10—模座螺钉；11—圆柱销；12—动模座板；13—推板导套；14—推板导柱；

15—推板；16—推杆固定板；17—推板螺钉；18—限位钉；19—复位杆

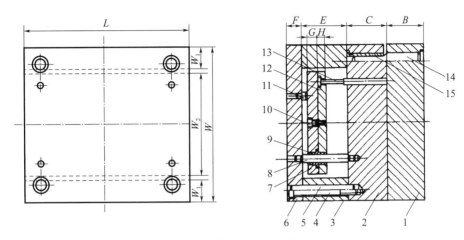

图4.33　压铸模模架（无定模座板）

1—定模套板；2—动模套板；3—垫块；4—模座螺钉；5—圆柱销；6—动模座板；7—推板；

8—推板导柱；9—推板导套；10—推板螺钉；11—限位钉；12—推杆固定板；

13—复位杆；14—导柱；15—导套

表 4.27　压铸模模架尺寸参考系列（1）　　　　mm

主要尺寸	W	200		250					315					355		
	L	200	315	200	315	400	450	500	315	400	450	500	560	400	450	500
定模座板	A	25		25					32					40		
定模套板	B	25~160		25~160					25~160			32~160		32~160		
动模套板	C	25~160		25~160					25~160			32~160		32~160		
支承板	D	35		40					50					50		
动模座板	F	25		25					32					32		
垫块	W_1	32		40					50					50		
	E	63~100		63~100					80~125					80~125		
推板	W_2	125		160					205					245		
	G	20		25					25					32		
推杆固定板	W_2	125		160					205					245		
	H	12		12					16					16		

表 4.28　压铸模模架尺寸参考系列（2） mm

主要尺寸	W	450		500					630				710	
	L	800	900	56	630	710	800	900	630	710	800	900	900	1000
定模座板	A	40		50					63				63	
定模套板	B	40~200		40~200					50~250				50~250	
动模套板	C	40~200		40~200					50~200				50~250	
支承板	D	63		63					80				80	
动模座板	F	40		50					50				50	
垫块	W_1	63		80					80				80	
	E	80~160		100~200					100~200				100~200	
推板	W_2	314		330					460				540	
	G	32		40					40				40	
推杆固定板	W_2	314		330					460				540	
	H	16		20					20				20	
复位杆	直径	$\phi20$		$\phi20$					$\phi25$				$\phi25$	
导柱导套	导向段直径	$\phi40$		$\phi40$					$\phi63$				$\phi63$	
	固定段直径	$\phi50$		$\phi50$					$\phi80$				$\phi80$	

4.5.6　动、定模导柱和导套

4.5.6.1　导柱和导套设计的基本要求

（1）应具有一定的刚度引导动模按一定的方向移动，保证动、定模在安装和合模时的正确位置。在合模过程中保持导柱、导套起定向作用，防止型腔、型芯错位。

（2）导柱应凸出分型面，凸出的高度要大于模具型腔及型芯的高度，以避免模具装配及搬运时型腔及型芯受到损坏。

（3）为了便于取出铸件，导柱一般装置在定模上。

（4）如模具采用卸料板顶出，导柱必须安装在动模上，以便于卸料板在导柱上滑动进行顶出。

（5）在卧式压铸机上采用中心浇口的模具，导柱必须安装在定模座板上。

4.5.6.2　导柱和导套的结构及尺寸

导柱、导套的装配结构形式和公差配合如图 4.34 所示。矩形模具的导柱、导套一般都布置在模板的四个角上，导柱之间尽量有最大开档尺寸，以便于取出压铸件，如图 4.35 所示。为了防止动 、定模在装配时错位，可将其中一根导柱取不等分分布。对于圆形模具，一般采用三根导柱，其中心位置为不等分分布。

　　导套的主要结构形状如图 4.36 所示，详细的尺寸和要求参见《压铸模 零件 第 6 部分：带头导套》（GB/T 4678.6—2017）。导柱的主要结构形状如图 4.37 所示，详细的尺寸和要求参见《压铸模 零件 第 5 部分：圆导柱》（GB/T 4678.5—2017）。

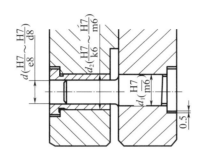

图4.34　导柱与导套的装配图

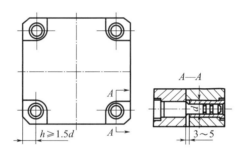

图4.35　导柱在模具四角的布置位置

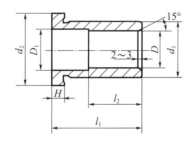

图4.36　导套的主要结构形状

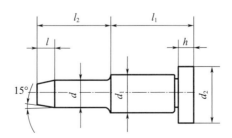

图4.37　导柱的主要结构形状

4.5.7　推板导柱和导套

将推板导柱安装在动模座板上，与动模支承板采用间隙配合或不伸入支承板内，可以避免或减小因支承板与推板温度差造成膨胀不一致的影响，如图 4.38（a）所示。如果推板导柱安装在动模支承板或动模套板上，不宜用于合模力大于 600t 的压铸机，以防受热变形引起运动受阻，如图 4.38（b）所示。

推板导柱的结构形状如图 4.39 所示，详细的尺寸和要求参见《压铸模 零件 第 9 部分：推板导柱》（GB/T 4678.9—2017）。推板导套的结构形状如图 4.40 所示，详细的尺寸和要求参见《压铸模 零件 第 10 部分：推板导套》（GB/T 4678.10—2017）。

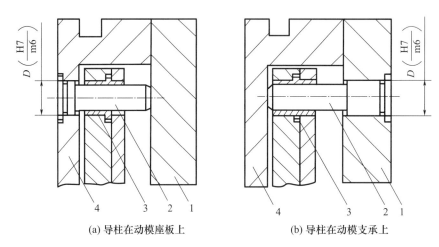

(a) 导柱在动模座板上　　　　　　　(b) 导柱在动模支承上

图4.38　推板导柱和导套的安装

1—动模支承板；2—推板导柱；3—推板导套；4—动模座板

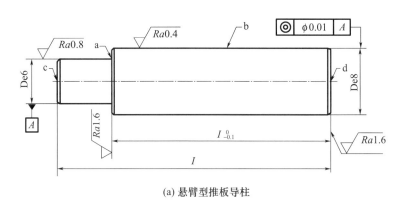

(a) 悬臂型推板导柱

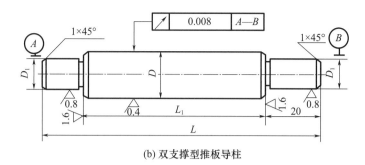

(b) 双支撑型推板导柱

图4.39　推板导柱的结构形状

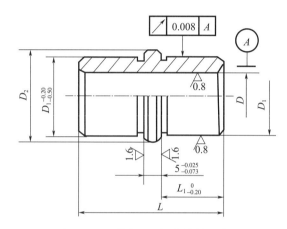

图4.40　推板导套的结构形状

4.6　斜导柱抽芯机构

阻碍压铸件从模具中沿着垂直于分型面方向取出的成型部分，都必须在开模前或开模过程中脱离压铸件。模具结构中，使这种阻碍压铸件脱模的成型部分，在开模动作完成前脱离压铸件的机构，称为抽芯机构。

4.6.1　抽芯机构的组成

抽芯机构的基本结构如图 4.41 所示，一般由下列几部分组成。

（1）成型元件：形成压铸件的侧孔、侧凹（凸）表面或曲面，如型芯（抽芯）、型块等。

（2）运动元件：带动型芯或型块在模具套板的导滑槽内运动，如滑块、斜滑块等。

（3）传动元件：使运动元件做抽芯和插芯动作，如斜导柱、液压抽芯器、齿条等。

（4）搜紧元件：合模后压紧运动元件，防止压射时受到金属液胀型力作用而产生位移后退，如搜紧块等。

（5）限位元件：使运动元件在开模以后停留在所要求的位置上，保证合模时传动元件工作顺利，如限位块、限位钉等。

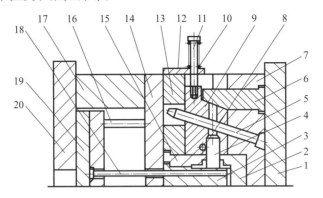

图4.41　斜导柱抽芯机构的基本结构

1—定模座板；2—定模镶块；3—主型芯；4—抽芯；5—斜导柱；6—揳紧块；7—定模板；

8—固定销；9—滑块；10—弹簧；11—限位杆；12—限位块；　13—动模板；14—支承板；

15—动模镶块；16—复位杆；17—垫块；18—推杆；19—推板；20—动模座板

4.6.2　抽芯机构设计

设计抽芯机构时，应注意设计要点及考虑压铸机的性能和技术规范。

（1）为简化模具结构，尽可能少用定模抽芯。

（2）对较细长的活动型芯，尽量避免受到金属液的直接冲击，以免型芯产生弯曲变形，影响抽出。

（3）活动型芯插入型腔后应有定位面，以保持准确的型芯位置。

（4）利用开模力和开模行程做机械抽芯时，应考虑压铸机的开模力和开模行程能否抽出活动型芯。

（5）利用液压抽芯时，应考虑压铸机的技术规范、控制操作程序。

（6）型芯抽出到最终位置时，滑块留在导滑槽内的长度不得小于滑块长度的2/3，以免合模插芯时滑块发生倾斜造成事故。

（7）活动型芯同镶块配合的密封部分长度不能过短，配合间隙要恰当，以防金属液窜入滑块导槽，影响滑块正常运动。

（8）在滑块平面上，一般不宜设置浇注系统。若必须在其上设置浇注系统，应加大滑块平面，保证浇注系统不布置在滑块与模体的导滑配合部分，并使配合部分有足够的热膨胀间隙。

（9）抽芯机构需设置限位装置，开模抽芯后使滑块停留在一定的位置上，不致因滑块自重或抽芯时的惯性而越位。

（10）活动型芯的成型投影面积较大时，滑块受到的反压力较大，应注意滑块揳紧装置的可靠性及搜紧零件的刚性。

（11）由于型芯和滑块所处的工作条件不同，所选用的材料和热处理工艺也不一样。型芯与滑块一般采用镶接的形式，镶接处要牢固可靠。

4.6.3 抽芯机构的形式

几种抽芯结构形式的比较见表4.28。

表4.28　几种抽芯结构形式的比较

结构形式	比较说明	结构形式	比较说明
	铸件端面由滑块端面形成，抽芯时铸件端面无模块支承面，铸件易被拉变形。抽芯与模块的密封配合面小，金属液易窜入滑块的配合面而产生披缝，会影响滑块的正常插入或抽出		在铸件抽芯孔端面增设了模块支承面A但抽芯与模块配合处直径与成型直径一致，一旦成型表面拉伤，会造成滑动配合部分的磨损，影响成型尺寸精度
	加长活动型芯的配合段，解决金属液窜入滑块的缺点，但铸件端面仍由活动型芯端面形成		型芯后端配合部分，比型芯内孔单边放大0.2~0.5mm，这样可避免披缝、变形、磨损、尺寸精度问题，结构较合理

4.6.4 抽芯力和抽芯距离

4.6.4.1 抽芯力

压铸时，金属液充填型腔，铸件冷凝收缩后对被金属包围的型芯产生包紧力，抽芯机构运动时有各种阻力，即抽芯阻力，两者的和即为抽芯开始瞬时所需的抽芯力。计算抽芯力是设计抽芯机构构件强度和传动可靠性的依据。

抽芯时型芯受力的状况如图4.42所示。抽芯力计算公式：

$$F = F_{阻}\cos\alpha - F_{包}\sin\alpha$$
$$= ALp(\mu\cos\alpha - \sin\alpha)$$

式中　F——抽芯力，N；

$\quad F_{阻}$——抽芯阻力，N；

$\quad F_{包}$——铸件冷凝收缩后对型芯产生的包紧力，N；

$\quad A$——被铸件包紧的型芯成型部分断面周长，cm；

$\quad L$——被铸件包紧的型芯成型部分长度，cm；

$\quad p$——挤压应力（单位面积的包紧力），MPa（对锌合金一般p取6~8MPa；对铝合金一般p取10~12MPa；对铜合金一般p取12~16MPa）；

μ——压铸合金对型芯的摩擦系数（一般取 0.2~0.25）；

α——脱模斜度，°。

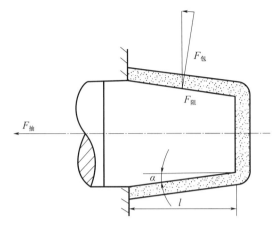

图4.42 抽芯力分析

影响抽芯力的主要因素有以下几种。

（1）型芯的大小和成型深度是决定抽芯力大小的主要因素。被金属包围的成型表面积越大，所需抽芯力也越大。

（2）加大成型部分出模斜度，可减小抽芯力，有利于抽芯。

（3）成型部分的几何形状越复杂，铸件对型芯的包紧力则越大。

（4）铸件侧面孔穴多且布置在同一抽芯机构上，因铸件的线收缩大，增大对型芯包紧力。

（5）铸件成型部分壁厚，金属液的凝固收缩率大，相应增大包紧力。

（6）活动型芯表面光洁度高，加工纹路与抽拔方向一致，可减小抽芯力。

（7）压铸合金的化学成分不同，线收缩率也不同，合金线收缩率大则包紧力也大。

（8）压铸铝合金含铁量过低时，对钢质活动型芯会产生化学黏附力，将增大抽芯力。

（9）压铸件在模具中停留时间长，将增大抽芯力。

（10）压铸模温高，铸件收缩小，包紧力小。

（11）持压时间长，增加铸件的致密性，但铸件线收缩大，抽芯力增大。

（12）喷刷脱模剂可减少铸件与活动型芯的黏附，减小抽芯力。

（13）采用较高的压射比压，增大铸件对型芯的包紧力。

（14）抽芯机构运动部分的间隙，对抽芯力的影响较大。间隙太小，需增大抽芯力。间隙太大，易使金属液窜入，也需增大抽芯力。

4.6.4.2 抽芯距离的确定

侧型芯从成型位置侧抽至压铸件的投影区域以外，即侧型芯不妨碍压铸件推出的位置时，侧型芯所移动的行程为抽芯距离。图 4.43 所示为侧向成型孔抽芯。抽芯距离为成型侧孔、侧凹或侧凸形状的深度或长度 h 加上安全值，即

$$S=h+K$$

式中　S——抽芯距离，mm；

　　　h——侧孔、侧凹或侧凸形状的深度或长度，mm；

　　　K——安全值，mm，见表 4.29。

在压铸机参数技术参数一节，也有相应叙述，也可参照阅读。

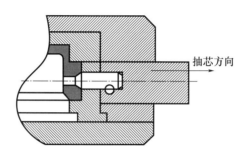

图4.43　侧向成型孔抽芯

表 4.29　常用抽芯距离的安全值 K　　　　　mm

h	抽芯形式			
	斜销、弯销、手动	齿轴齿条	斜滑块	液压
≤ 10	3~5	5~10（取整齿）	2~3	
> 10~30			3~5	
> 30~80	3~8			8~10
> 80~180				10~15
> 180~360	8~12			> 15

4.6.5　斜导柱抽芯机构设计

4.6.5.1　组合形式与动作过程

斜导柱抽芯机构的结构形式如图 4.41 所示，动作过程如图 4.44 所示。图 4.44（a）为合模状态，斜导柱与分型面成一倾斜角，固定于定模套板内，穿过设在动模导滑槽中的滑块孔内，滑块由搜紧块锁紧。图 4.44（b）为开模后，动模与定模分开，滑块随动模运动。由于定模上的斜导柱在滑块孔中，滑块随动模运动的同时，沿斜导柱方向强制滑块运动，抽出型芯。图 4.44（c）为抽芯结束，开模到一定距离后，斜导柱与滑块斜孔脱离，抽芯停止运动，滑块由限位块限位，以便再次合模时斜导柱准确地插入滑块斜孔，迫使滑块复位。

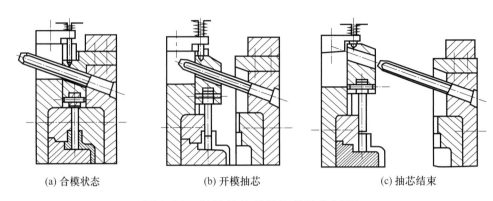

| (a) 合模状态 | (b) 开模抽芯 | (c) 抽芯结束 |

图4.44　斜导柱抽芯机构的动作过程

4.6.5.2　斜导柱抽芯特点

斜导柱抽芯结构的特点如下。

（1）以压铸机的开模力作为抽芯力。

（2）结构简单，对于中、小型模具的抽芯使用较为普遍。

（3）用于抽出接近分型面抽芯力不太大的型芯。

（4）抽芯距离取决于抽芯行程及斜导柱的斜角，抽芯距离受限。

（5）抽出方向一般要求与分型面平行或接近平行。

（6）可以延时抽芯的距离较短。

4.6.5.3　斜导柱设计

（1）斜导柱斜角的选择与计算

斜导柱斜角即斜导柱的抽芯角，是斜导柱的安装轴心与开模方向的倾斜角。斜导柱斜角 α 是决定斜导柱抽芯机构工作效果的重要参数，直接影响着斜导柱所承受的弯曲应力、有效工作直径和长度以及完成侧抽芯动作所需要的有效开模距离。

从图4.45的斜导柱工作状态得出，斜导柱斜角 α 与其他参数的关系为：

$$B_w = \frac{F}{\cos\alpha} \qquad L = \frac{S}{\sin\alpha} \qquad H = \frac{S}{\tan\alpha}$$

式中　α——斜导柱斜角，°；

　　F_w——斜导柱在侧抽芯时所承受的弯曲力，N；

　　F——抽芯力，N；

　　L——斜导柱的工作长度，cm；

　　S——抽芯距离，cm；

　　H——斜导柱完成侧抽芯的有效开模行程，cm。

从斜导柱的受力状况和侧滑块的平稳性考虑，斜导柱斜角 α 应小一些；从侧抽芯结构的紧凑程度考虑，α 角应大一些。因此，在选用斜导柱斜角 α 时，应兼顾斜导柱的受力状况和其他相关因素。一般情况下，α 值取 10°、15°、18°、20°、25°，不超过 25°。

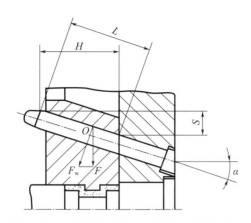

图4.45 斜导柱斜角α与其他参数的关系

（2）斜导柱工作直径的计算

斜导柱所受的力主要取决于抽芯时作用于斜导柱上的弯曲应力，基于弯曲应力可以计算斜导柱的直径 d：

$$d=\sqrt[3]{\frac{10F_{w}H}{[\delta]_{w}\cos\alpha}} \qquad d=\sqrt[3]{\frac{10FH}{[\delta]_{w}\cos^{2}\alpha}}$$

式中　d——斜导柱工作直径，cm；

$\quad\quad F_{w}$——斜导柱在侧抽芯时所承受的弯曲力，N；

$\quad\quad F$——抽芯力，N；

$\quad\quad H$——斜导柱完成侧抽芯的有效开模行程，cm；

$\quad\quad [\sigma_{w}]$——抗弯强度，MPa，一般取 $[\alpha]_{w}$=300MPa；

$\quad\quad \alpha$——斜导柱斜角，°。

（3）斜导柱长度的确定

对于斜导柱抽芯机构，按所选定的抽芯力、抽芯行程、斜导柱位置、斜导柱斜角、斜导柱直径以及滑块的大致尺寸，在总图上按比例作图进行大致布局后，可按作图法、计算法或查表法来确定斜导柱的长度，进行二维或三维构图设计。

①作图法确定斜导柱长度

作图法确定斜导柱长度的示意图如图 4.46 所示。

取滑块端面斜孔与斜导柱外侧斜面接触处点 A 点。

自 A 点作与分型面相平行的直线 AC，使 $AC=S$（抽芯距离）。

自 C 点作垂直于 AC 线的 BC 线，交斜导柱处侧斜面于 B 点。

AB 线段的长度 L' 就是斜导柱有效工作段长度。

BC 线段长度加上斜导柱导引头部高度 l'，为斜导柱抽芯结束时所需的最小开模距离。

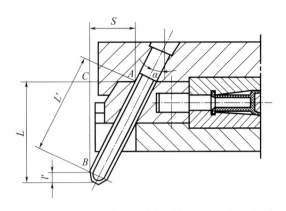

图4.46　用作图法确定斜导柱有效工作段长度

②计算法确定斜导柱长度

斜导柱长度的计算是根据抽芯距离 S、固定段套板厚度 H、斜导柱直径 d 以及所采用的斜角 α 的大小而定，如图 4.47 所示。滑块斜孔导引口端圆角 R 对斜导柱长度尺寸的影响省略不计，斜导柱总长度 L 计算公式为

$$L=L_1+L_2+L_3=\frac{D-d}{2}\tan\alpha+\frac{H}{\cos\alpha}d\tan\alpha+\frac{S}{\sin\alpha}+(5\sim10)$$

式中　L_1——斜导柱固定段尺寸，mm；

L_2——斜导柱工作段尺寸，mm；

L_3——斜导柱工作导引段尺寸，一般取 5~10mm；

S——抽芯距离，mm；

H——斜导柱固定段套板的厚度，mm；

α——斜导柱斜角，°；

d——斜导柱工作段直径，mm；

D——斜导柱固定段台阶直径，mm。

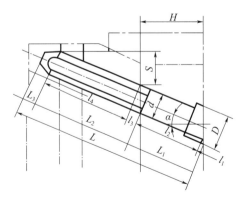

图4.47　用计算法确定斜导柱有效工作段长度

4.6.6 滑块设计

4.6.6.1 滑块的基本形式及尺寸

在侧抽芯机构中，使用最广泛的是 T 形滑块，图 4.48 为 T 形滑块的基本形式。图 4.48（a）所示的滑块导滑面在滑块底部，倒 T 形部分导滑，用于较薄的滑块。这种形式滑块的型芯中心与 T 形导滑面较靠近，抽芯时滑块稳定性较好。图 4.48（b）所示的形式适用于较厚的滑块，T 形导滑面设在滑块中部，使型芯中心尽量靠近 T 形导滑面，以提高抽芯时滑块的稳定性。

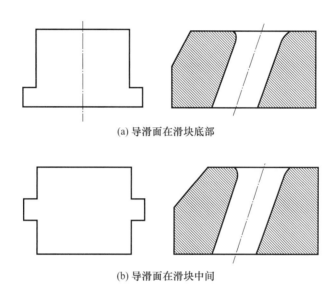

(a) 导滑面在滑块底部

(b) 导滑面在滑块中间

图4.48　T形滑块的基本形式

滑块的主要尺寸如图 4.49 所示。滑块宽度 C 和滑块高度 B 是按活动型芯外径最大尺寸或抽芯传动元件的相关尺寸（如斜导柱直径）及滑块受力情况等确定的。

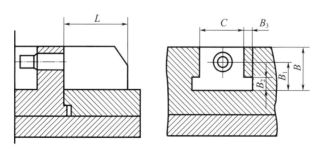

图4.49　滑块的主要尺寸

B_1 是活动型芯中心到滑块底面的距离。抽单个型芯时，应使活动型芯中心在滑块尺寸 C、B 的中心。抽多个型芯时，活动型芯中心应是各型芯抽芯力的中心，此中

心也应在滑块尺寸 C、B 的中心。导滑部分厚度一般取 B_2=15~25mm，B_2 尺寸厚一些有利于滑块运动平稳，但要考虑套板强度，应不致使套板强度太弱。导滑部分宽度 B_3 主要承受抽芯中的开模阻力，需要有一定的强度，一般取 B_3=6~10mm。滑块长度 L 与滑块高度有关，为使滑块工作时运动平稳，一般取滑块长度 $L \geqslant 0.8C$，同时 $L \geqslant B$。

4.6.6.2 滑块导滑部分的结构设计

滑块在导滑槽中的运动要平稳可靠，无上下窜动和卡紧现象。因此，可将滑块导滑部分设计成如图 4.50 所示的导滑槽形式。图 4.50（a）所示为整体式，强度高，稳定性好，但导滑部分磨损后修正困难，一般用于较小的滑块。图 4.50（b）、图 4.50（c）所示为滑块镶拼式与滑块组合式，导滑部分磨损后可修正，加工方便，适用于小中型滑块。图 4.50（d）、图 4.50（e）及图 4.50（f）所示为滑槽组合镶拼式，滑块的导滑部分采用单独的导滑板或槽板，通过热处理来提高耐磨性，加工方便，也易更换。

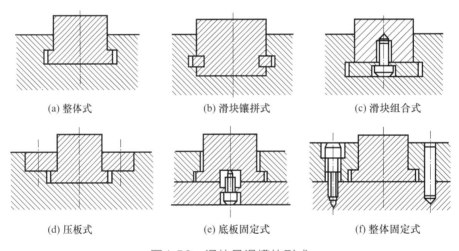

(a) 整体式	(b) 滑块镶拼式	(c) 滑块组合式
(d) 压板式	(e) 底板固定式	(f) 整体固定式

图4.50　滑块导滑槽的形式

滑块在导滑槽内运动时不能产生偏斜。为此，滑块滑动部分要求有足够的长度，其导滑长度为滑块宽度的 1.5 倍以上。滑块在完成抽芯动作后，留在导滑槽内的长度不少于滑块长度的 2/3。否则，在滑块开始复位时易产生偏斜而损坏模具。为了减小滑块与导滑槽间的磨损，滑块和导滑槽均应有足够的硬度，一般滑块为 53~58HRC，导滑槽为 55~60HRC。

4.6.6.3 滑块定位装置

开模后，滑块必须停留在刚刚脱离斜导柱的位置上，不可任意移动。否则，合模时斜导柱将不能准确进入滑块的斜孔中，从而使模具损坏。因此，必须设计定位装置，以保证滑块离开斜导柱后可靠地停留在正确的位置上。常用的滑块定位装置如图 4.51 所示。图 4.51（a）为最常用的结构，特别适用于滑块向上抽芯的情况。滑块向上抽出后，依靠弹簧的弹力，滑块后端面紧贴于限位块下方。弹簧的弹力要超过滑块的重力，限位距离 $S_{限}$ 等于抽芯距离 $S_{抽}$ 再加 1~1.5mm 的安全值，这种结构适用于抽芯距离较短的场合。如图 4.51（b）所示形式适用于滑块向下运动的情况，抽芯后滑块靠自重下落在限位块上，省略了螺钉、弹簧等装置，结构较简单。如图 4.51（c）所示结构中弹簧处于滑块内侧，当滑块向上抽出后，在弹簧的张力作用下对限位块限位。

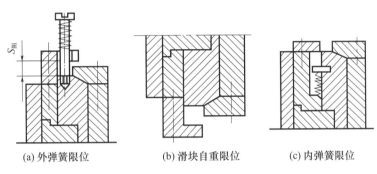

(a) 外弹簧限位　　　　(b) 滑块自重限位　　　　(c) 内弹簧限位

图4.51　滑块定位装置

4.7　液压抽芯机构

4.7.1　液压抽芯机构的组成

液压抽芯机构的组成如图 4.52 所示。

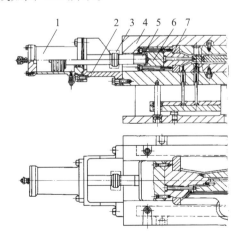

图4.52　液压抽芯机构的组成

1—抽芯器；2—抽芯器座；3—连轴器；4—定模套板；5—连接杆；6—滑块；7—活动型芯

4.7.2 液压抽芯器座的安装形式

通用抽芯器座的安装形式如图 4.53 所示。通用抽芯器座一般为标准件，横断面呈半圆形，一端与抽芯器相连接，另一端与模具相连接。通用抽芯器座按抽芯器最大抽芯行程设计，如需选用较短的抽芯行程，另设抽芯器座固定板，以调整抽芯距离。框架式抽芯器座的安装形式如图 4.54 所示。

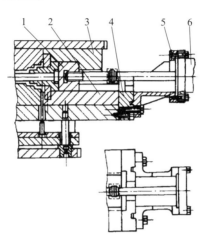

图 4.53 通用抽芯器座的安装形式

1—滑块型芯;2—动模;3—定模揿紧块;4—抽芯器座固定板;5—通用抽芯器座;6—抽芯器

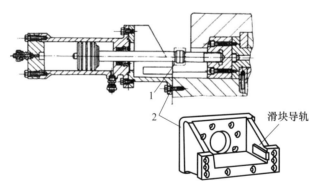

图4.54 框架式抽芯器座的安装形式

1—连轴器;2—抽芯器座

4.7.3 液压抽芯器抽芯动作过程

液压抽芯器抽芯动作之前，首先把抽芯器借助抽芯器座装在模具上，连轴器将滑块连接杆与抽芯器的活塞杆连成一体，给抽芯器与压铸机安装好液压油管及电器接头，调节后抽芯器抽插运行的行程开关。

（1）在压铸合模之前，压铸机的高压油液从抽芯器后腔进入，推动活塞，先将抽芯插入型腔。

（2）合模时，由定模搜紧块的斜面搜紧滑块的后部斜面，模具处于压铸状态。

（3）压铸后压铸机开模，开模时搜紧块脱离滑块。

（4）开模后，高压油液在抽芯器前腔进入，油缸活塞杆拉动滑块开始抽出抽芯，抽芯器持续抽出至抽芯完全脱出铸件，完成抽芯后即可进行下一步压铸的动作。

4.7.4　液压抽芯器抽芯特点及使用注意事项

液压抽芯器抽芯具有以下特点。

（1）抽芯力大，传动平稳。

（2）可以单独使用，控制抽芯时间。

（3）可以抽拔大的抽芯距离和任意的抽芯方向。

（4）模具结构简单，便于制造与修理。

（5）需严格控制操作程序。

（6）应用于抽芯距离大或需在开模前抽芯的情况下。

使用液压抽芯应注意以下事项。

（1）抽芯力和抽芯距离的计算与压铸模具斜导柱抽芯机构中抽芯力的计算一样，选用抽芯器要把计算得到的抽芯力再乘以 1.5~2 的安全系数。

（2）无特殊要求时，不宜将抽芯器的插芯力作为锁紧力，需另设置搜紧块搜紧滑块，不退让。

（3）合模前将抽芯器上的型芯复位，防止搜紧块碰坏滑块或型芯。

（4）在抽芯器上应设置行程开关与压铸机上电气系统连接，使抽芯器按压铸程序进行工作，可防止抽芯与模具相互干扰。

（5）由于液压抽芯机构在合模前，滑块先插入型腔，因此要特别注意避免活动型芯与推杆的干扰，一般在抽芯部位不设置推杆。

4.8　铸件顶出机构

4.8.1　顶出机构的组成

顶出机构一般由顶出元件 [如顶杆、推管、卸料板（推板）、成型推块、斜滑块等]、复位元件、限位元件、导向元件、结构元件组成，如图 4.55 所示。

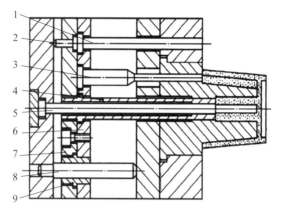

图4.55　顶出机构的组成

1—复位杆；2限位钉；3—顶杆；4—推管；5—型芯；6—顶杆固定板；

7—推板；8—推板导柱；9—推板导套

各元件的作用如下。

（1）顶出元件将压铸件从型腔中顶出，如顶杆、推管以及推板等。

（2）结构元件将顶出机构各元件装配并固定成一体，如顶杆固定板和推板以及其他辅助零件和螺钉等连接件。

（3）导向元件支承推板等顶出元件，使各顶出元件均能保持一定的配合间隙，引导顶出机构按照既定方向平稳、精准地往复运动，防止移动时倾斜，如推板导柱和推板导套等。

（4）复位元件驱动顶出机构准确地退回到原来的位置，如复位杆等。

（5）限位元件调整和控制顶出机构的推出和复位位置，保证顶出机构在压铸过程中受压射力作用时不改变位置，如前限位钉、后限位钉以及挡圈等。

4.8.2　顶出机构和顶出部位的选择

顶出机构和顶出部位可按下述要点选择。

（1）带有侧抽芯机构的模具，顶杆顶出的位置应尽量避免与侧型芯复位动作发生运动干涉，顶杆位置应避开冷却水管道。

（2）尽量不要在安放嵌件或活动型芯的部位设置顶杆，否则必须设置顶出机构的预复位机构。在模具完全合模前，使顶杆先复位，以便退让出嵌件或活动型芯的安放空间。

（3）避免在铸件重要表面和基准表面设置顶杆。压铸件在成型顶出后，特别是采用顶杆顶出时，都留有顶出痕迹。因此，顶出元件应避免设置在压铸件的重要表面上，以免留下印痕，影响压铸件的外观。

（4）顶出元件应作用在脱模阻力大的部位，如深腔直立成型部位的直边、侧旁或底端部，成型件侧壁的边缘、型芯或深孔的周围以及各拐角部位。尽量把铸件从后边推出，要让顶杆推着铸件脱模，而不要从前边拉出，以防出现铸件变形和裂纹。

（5）对铸件顶出的顶杆应均匀、对称、合理分布，使铸件各部位的受推压力均衡。

（6）铸件有深腔和包紧力大的部位，要使用较大直径的顶杆和较多数量，同时顶杆兼有排气功能。

（7）顶杆应设置在铸件能够受力较大的部位，如在凸缘、加强肋以及直接设置在立壁或立肋的端部。

（8）为了铸件脱模，必要时，在内浇口附近的浇道上布置顶杆，横浇道和分流锥部位都可设置顶杆。

（9）设置扁平形顶杆，可增大推出力度，防止压铸件断裂。

（10）顶杆不宜过细。在直径 8mm 以下时，应考虑采用阶梯形顶杆，以提高顶杆的强度和刚度。

4.8.3　顶出机构的设计要点

4.8.3.1　顶出距离的确定

在顶出元件作用下，铸件与其相应成型零件表面的直线位移被称为顶出距离，如图 4.56 所示。顶出距离可根据下式确定：

$$H \leqslant 20mm \text{ 时}, \quad S_顶 \geqslant H+K$$

$$H > 20mm \text{ 时}, \quad H/3 \leqslant S_顶 \leqslant H$$

式中　H——滞留铸件的最大成型长度，mm[当凸出部分为阶梯形时，H 值以各阶梯中的最长一段计算]；

　　　$S_顶$——直线顶出距离，mm[当出模斜度小或成型长度较大时，$S_顶$ 取偏大值]；

　　　K——安全值，一般取 3~5mm。

使用斜钩顶杆时，直线顶出距离根据工式确定：

$$S_顶 \geqslant H+10mm$$

在压铸机技术参数一节，也有相关论述，也可参考阅读。

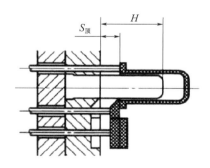

图4.56　推出距离计算图

4.8.3.2 顶出力的确定

顶出过程中，顶出压铸件所需的力被称为顶出力。高温的金属液充满型腔后冷却凝固，凝固收缩对型芯产生包紧力。当铸件从型芯上或型腔中顶出时，必须克服这一由包紧力而产生的阻力及顶出机构运动时所产生的摩擦阻力。在铸件开始脱模的瞬间所需的脱模力最大，继续脱模时，只需克服顶出机构的运动阻力。在压铸中，由包紧力产生的阻力远大于其他摩擦阻力。所以计算顶出力时，主要是指开始脱模的瞬时所需克服的阻力。

顶出力计算公式为

$$F_{顶} \geqslant K \times F$$

式中　$F_{顶}$——压铸机顶出器的顶出力，N；

　　　F——压铸件所需要的推出力，N；

　　　K——安全系数，一般取 1.2。

4.8.3.3 顶杆截面面积

顶杆设计除要考虑具有足够的强度和刚度，还必须具备足够的截面面积，以保证铸件的顶出部位能够承受顶出压力（表 4.30 为不同合金压铸件的许用压力）。根据铸件脱模需要的顶出力，确定各个顶杆的顶出力大小，计算顶杆的顶出压强，如果顶出压强超过表 4.30 中许用值，应该加大顶杆截面面积。

表 4.30　推荐的铸件许用受推力

合金	许用压力 /MPa	合金	许用压力 /MPa
锌合金	40	镁合金	30
铝合金	50	铜合金	50

4.9　模具温度控制管路设计

4.9.1　冷却水与加热管道的设置

压铸模具冷却水管道结构形式见表 4.31，冷却水管与型腔表面及其他构件之间的距离推荐值见表 4.32。

表 4.31　压铸模具冷却水管道结构形式

模具冷却管道形式图例	说明
	管道式线冷却： 　模块上开设管道，管道尽量是一进一出，便于调控。也可以在模块内部多个管道互相串通，减少进水及出水管接头的数量，但冷却效果不理想，也不便于局部调控

模具冷却管道形式图例	说明
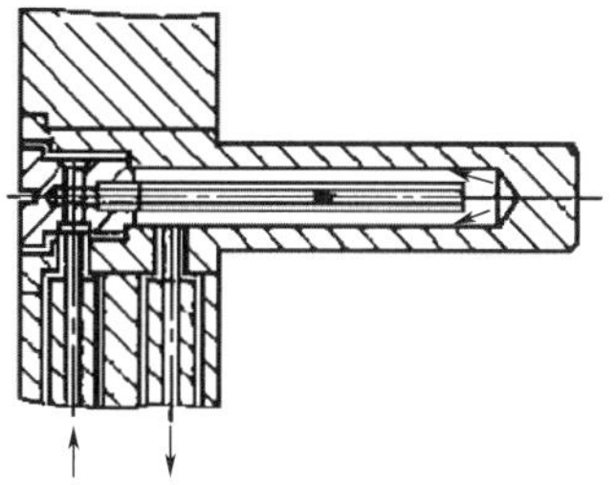	插管喷射式点冷却： 　　可以开设在较细的型芯内部和深腔的模块内部，能够冷却整个型芯。但对于模块冷却的面积小，只能冷却一个局部的点位
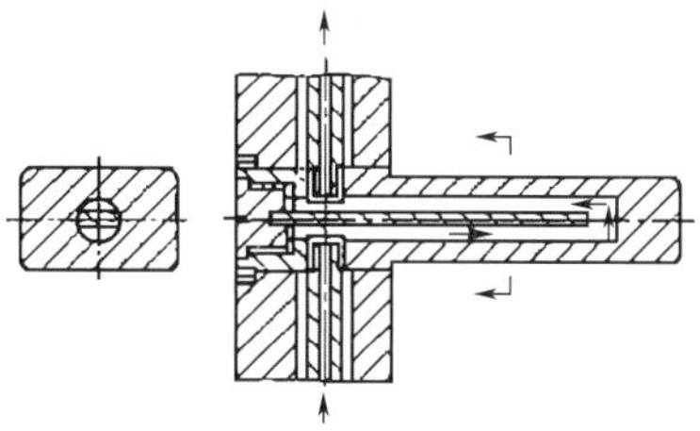	插片隔板式点冷却： 　　与插管喷射式点冷却的使用与效果一样，常用在点冷却水管需要串联的位置
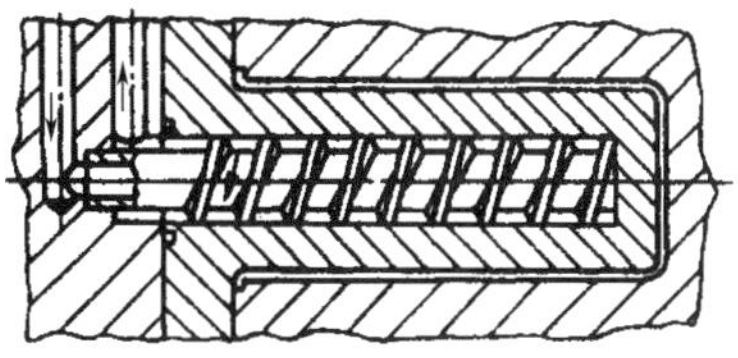	螺旋式冷却： 　　对于直径较大的型芯，内部采用螺旋式冷却，可以增加内部冷却效果
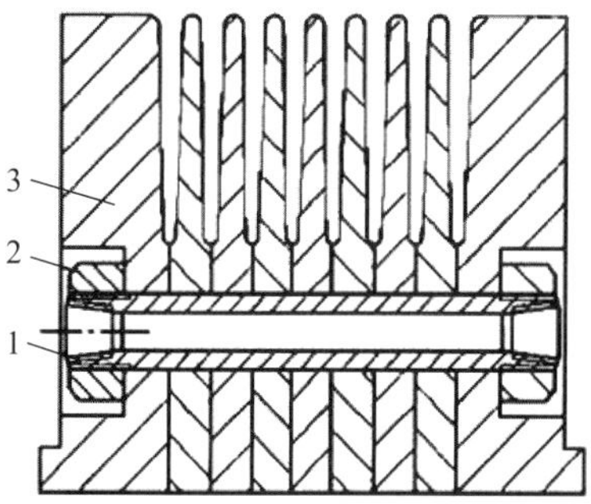 1—铜管；2—螺母；3—镶块	组合镶块冷却管道： 　　对镶块组合后，可以给铜管通水，铜管传热快，带走一些热量。只能冷却铜管附近的部位，有一定的冷却效果，没有模块直接通水冷却效果好
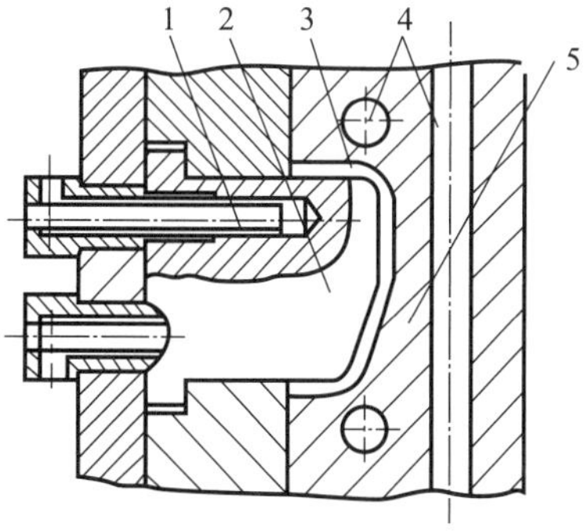 1—不锈钢管；2—型芯；3—型腔； 4—冷却水管；5—镶块	型芯和型腔冷却水管的布置： 　　在模具中，对模具受热较多的部位同时采用线冷却和点冷却，尽量调节、平衡模具的温度

表 4.32　冷却水管与型腔表面及其他构件之间的距离推荐值

项目	最小距离 /mm		
	1/8in 管	1/4in 管	3/8in 管
水道与型腔表面的距离			
锌合金压铸模	15.0	15.0	15.0
铝合金压铸模	19.0	19.0	19.0
镁合金压铸模	19.0	19.0	19.0
黄铜压铸模	25.0	25.0	25.0
水道与分型面的距离	16.0	16.0	16.0
水道与镶块边缘的距离			
锌合金压铸模	6.5	6.5	6.5
铝合金、镁合金、黄铜压铸模	13.0	13.0	13.0
水道与推杆孔的距离			
锌合金压铸模	6.5	6.5	6.5
铝合金、镁合金黄铜压铸模	13.0	13.0	13.0

注：1in=2.54cm。

冷却管道至型腔表面的距离，不仅影响冷却效果，也会影响模具裂纹，需谨慎设计。冷却水管直径大小及流量，要符合被冷却部位热量的多少。在模具的横浇道、内浇口附近、铸件有较大热节的部位及内浇口附近的型芯，都要设置冷却水管进行降温，如图 4.57 所示。降温后的模具温度，甚至比远离内浇口部位的温度还要低。

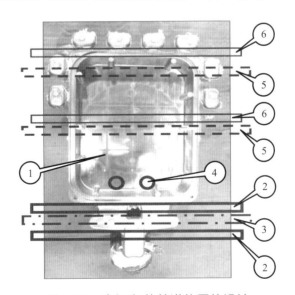

图4.57　冷却/加热管道位置的设计

1—压铸件；2—动模冷却水管；3—定模冷却水管；4—动模点冷却水管位置；

5—定模加热油管；6—动模加热油管

对于型腔中部，如果铸件没有厚大的部位，可以在距离模具型腔表面20~30mm（一般为25mm）的位置设置ϕ8~ϕ14mm水冷却管道。对于远离模具内浇口的铸件薄壁部位，需要对模具进行加热，就要设置模温机油加热的管道。

不要在模具的外围区域设置水路进行冷却，否则不仅铸件会出现冷隔等流动不良之类的缺陷，还会出现压铸飞边。对于ϕ5~ϕ10mm的型芯，如果位置在内浇口附近，或在铸件厚大的热节部位，在型芯内部需设置ϕ3~ϕ4mm的点冷却水管通道，给其定时通入高压冷却水进行冷却。

用模温机油加热的效果较好，不用设置过稠密的油加热管道。模具加热的热油管道直径一般在10~14mm。模具经过通水冷却和通过热油加热平衡之后，模具各处的温度相对比较接近时，不仅能够提高合金液的流动性，压铸出表面比较良好的铸件，而且可使模具各处受热膨胀的尺寸一致，保证铸件的尺寸。此外，能消除低温部位因膨胀得少而产生的合模间隙，防止出现飞边。在远离内浇口部位有较高的模具温度，还能较好的蒸发掉模具表面的脱模剂水分，消除铸件的气孔。

4.9.2 冷却水管控制图纸的要求

（1）模具生产方要按表4.33所示的样本格式专门绘制一份模具的冷却水及加热管道控制图，要在图中能明显地标出冷却水管的位置，并把冷却水管和加热油管分别画在专用的一个图层上。

（2）一副模具动、定模的冷却水管，注意要全部按一个W1、W2、W3等的顺序连续编号，不要重复编号，要在进水和出水的位置标注出"W5进"和"W5出"或"W5 IN"和"W5 OUT"。在点冷却的位置不用标记进和出，只标记W1、W2、W3等。

（3）高压水冷却用符号GW1、GW2、GW3等标注。

（4）一副模具动、定模的模温机加热油管，全部按一个R1、R2、R3等的顺序连续编号，不要重复编号，要在进油和出油的位置标注出"R5进"和"R5出"或"R5 IN"和"R5 OUT"。在点加热的位置，不用标记进和出，只标记R1、R2、R3等。

（5）为了区分，在图纸上冷却水管用加粗后0.50mm的蓝色实线画出，加热油管用加粗后0.50mm的红色实线画出。而对于点冷却、点加热的图线，加粗成0.50mm画出。图纸中其他的线条都用浅黑色（去除底线）0.09~0.15mm细线条画出。

（6）文字用蓝色宋体、20~30号字书写。使动定模两个图在模具冷却水管控制工艺图上能打印在一页A4纸张上，让打印后水管图形以及文字显示得清晰。

表 4.33 模具水冷却及油加热温度控制图

文件编号		实施日期		修改码	
品号		编制		审核	
通用规范		1. 模具的冷却或加热管道、点冷却或点加热的位置及编号如图所示，普通水冷却用符号 W、高压水冷却用符号 GW、油加热用符号 R 表示。 2. 模具浇口套、分流锥、横浇道和内浇口冲击模具型腔位置的冷却水管道，都要一进一出进行连接标示			
序号	冷却水位置编号		冷却水开关开度大小或加热油的温度		
1	W3、W4、W8、W9		70°~90°		
2	W1、W2、W5~W7、W10		通常减小为 20°~30°，防止冷隔发生		
3	R1、R2		把模温机的温度设定为（230±20）℃		
动模					
定模					

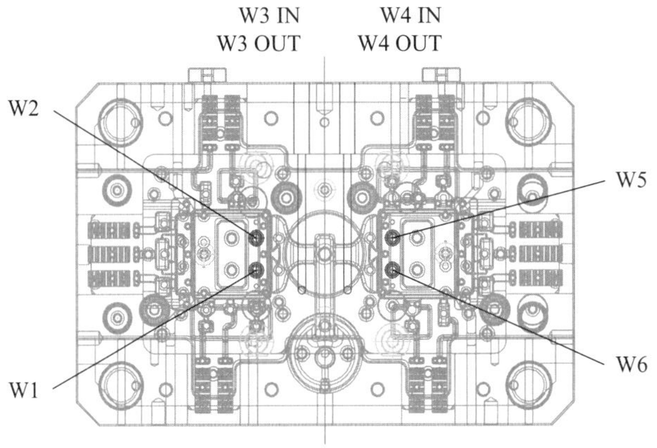

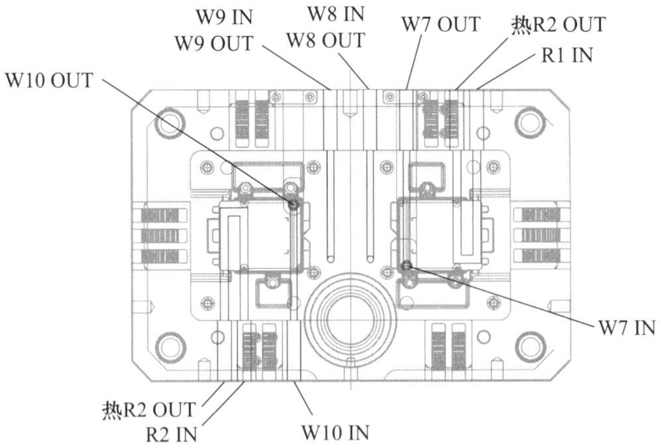

5 压铸过程与工艺参数

压铸过程是金属液经过压铸工艺形成铸件的过程。生产中需要正确选择和确定工艺参数，保证压铸过程按规定的工艺参数进行，才能生产出合格压铸件。

5.1 压射过程与压射过程曲线

压射过程就是压射冲头将金属液压入型腔的过程，这一过程在很大程度上影响压铸成型的质量。压力和速度是压射过程的两个重要参数，记录压射过程中压力和速度动态特性的曲线被称为压射过程曲线。

5.1.1 压射过程

压射冲头将金属液从压室压入型腔至充满的过程或者至增压结束。压射过程中，随着冲头的位移，速度和压力都是按设定的模式变化。压射模式设定是根据铸件特点对速度和压力进行合理控制，以达到生产合格铸件的目的。

5.1.1.1 冷室压射模式

冷室压铸常用三级或四级压射模式，如图 5.1 所示。三级压射模式包括三个压射阶段，即慢压射阶段、快压射阶段及增压阶段。四级压射模式包括四个压射阶段，即慢压射 1 级、慢压射 2 级、快压射及增压阶段。

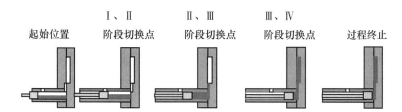

| 起始位置 | Ⅰ、Ⅱ
阶段切换点 | Ⅱ、Ⅲ
阶段切换点 | Ⅲ、Ⅳ
阶段切换点 | 过程终止 |

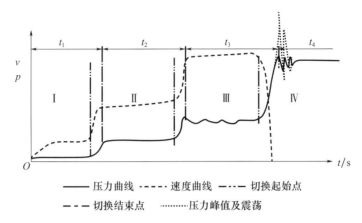

图5.1 冷室压射的阶段位置及压射过程曲线

5.1.1.2 热室压射模式

热室压射常用两级压射模式，即慢压射阶段及快压射阶段，如图5.2所示。

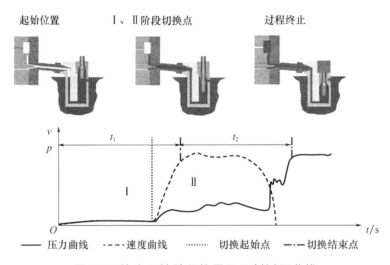

图5.2 热室压铸阶段位置及压射过程曲线

压射阶段的划分来源于长期的压铸实践，但并非必须遵循。压射模式应根据压铸件及压铸工艺的具体状况设定，以减少卷气、达到铸件质量要求为目的，并非总要采用哪一种固定模式。压射过程各阶段的功能特点见表5.1。

表 5.1 压射过程中各阶段的特点

阶段	进程描述
第 I 阶段 慢压射 1 级	低速推进，防止金属液从浇料口溢出，有利于气体排出。压力主要用于克服系统摩擦阻力，只有小部用于推动金属液

阶段	进程描述
第Ⅱ阶段 慢压射2级	冲头通过浇料口，冲头速度加快，金属液充满压室及浇注系统。该阶段应注意防止卷气，并尽量避免金属液提前进入型腔
第Ⅲ阶段 快压射阶段	金属液流经内浇口充填型腔。由于内浇口处截面面积大幅缩小，流动阻力剧增。要保持足够的填充速度，需更高的压射压力，用于克服浇注系统主要是内浇口处的流动阻力。压射速度的高低非常重要，主要根据铸件复杂程度、壁厚和质量要求等确定
第Ⅳ阶段 增压阶段	金属液完全充满型腔。增压压力对凝固中的金属液进行压实，冲头可能稍有前移。金属液凝固后，增压压力撤除，压射过程结束。通过增压使铸件密度增加，获得清晰铸件

5.1.2 压射过程曲线

5.1.2.1 压射过程曲线解读

压射过程曲线是描述压射过程各参数运行轨迹的线图，其形式是以速度及压力为纵坐标，以时间为横坐标，记录压射压力、压射速度在压射过程中的变化情况，如图5.3所示。图中 v、p 和 t 分别代表速度、压力和时间。压射过程曲线是进行压射过程分析的重要线图，能够反映许多重要的工艺信息，如速度变换位置、压力和速度大小、建压时间以及压力峰值高低等。

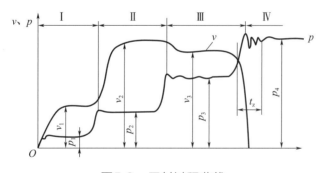

图5.3　压射过程曲线

从图5.3可看出，压射曲线包含四个阶段，即压射采用的四级压射模式。曲线初始部分压射速度慢，以免金属液从浇料口溢出。在压射冲头越过浇料口后速度提升，匀速运行一段时间后，将液态金属的前沿推进到内浇口处，该阶段的压射压力也有升高。

当金属液到达内浇口后，压射速度从低速陡升至高速，一般压射速度达2m/s，金属液通过内浇口填充速度达到20~60m/s。型腔充满后速度骤降，增压启动，压力迅即升高。增压压力升高后表现出压力冲击和振荡，之后增压压力趋于稳定，保持压力，对压铸件进行补缩。从增压启动至达到增压设定值经过的时间 t_z 即为压铸机的建压时间，是压铸工艺的重要参数。

5.1.2.2　压射曲线设置和示例

为适合不同的工艺要求，可以设定不同的压射模式。压射参数或压射曲线设置总体要求如下。

（1）有利于压室排气，减轻卷气现象。

（2）减轻金属液的冲击，保护模具，减少飞边的形成。

（3）速度转换点合适。

（4）增压起始点合适。

（5）参数值选取合理。

压射工艺参数确定以后，压射曲线的关系位置是确定的。如果压射曲线偏离设定位置，则表明压射过程出现问题，结果往往会导致压铸不合格品产生。通常根据特定状况设置压射曲线，如图 5.4 所示。由于充满度比较高，为避免金属液溢出及防止卷气，图 5.4（a）设定的慢压射速度比较低。为了减轻充型结束后的冲击作用，图 5.4（b）中使用了减速（刹车）设置。图 5.4（c）是压力曲线，为避免增压压力急剧升高造成飞边，使用了阶梯型的增压设置。图 5.4（d）是多点设置的速度曲线，多点设置可以使速度变化和缓，充型平稳。

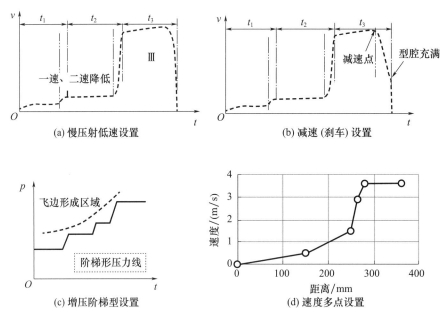

图5.4　压射过程曲线设置

5.1.2.3　速度和压力控制转换

从冲头开始移动至型腔充满、增压压力启动之前的阶段，压射过程采用速度控制方式。当型腔充满时，压射控制由速度控制切换为压力控制，即增压阶段只控制压力。切换点一般以速度下降、压力上升到一定比例时或压射达到一定行程时，进行速度 - 压力控制转换。也可采用压射行程与速度或压力组合进行切换。

5.1.2.4　压力峰值

在充型末端，整个压射系统处在高速运动的状态下，具有相当大的惯性，冲击作用在型腔内的液态金属上，形成压力峰值。压力峰值乘以投影面积得出的胀型力对压铸机的合模力而言是额外的负担，易产生大量的飞边使型腔内的增压压力大幅度下降，造成压铸件报废。

有鉴于此，现在压铸机均有末段刹车技术，采用油路控制将压射缸前端的出口节流阀在几毫秒内关小，压射系统的运动速度骤降。由于压射系统的动能与其运动速度的平方成正比，故冲击峰值在刹车之初即得到缓解。

5.2　压铸工艺参数

5.2.1　压铸工艺参数类别

压铸工艺参数包括压射力、速度、温度、时间等四类，如图 5.5 所示。

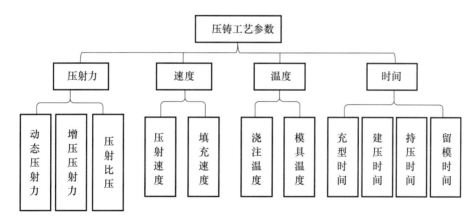

图5.5　压铸工艺参数

5.2.2　压力参数

5.2.2.1　液压压力理论基础

在压铸技术中压力是最基本的工艺参数，帕斯卡原理是理解液压压力的基础，如图5.6 所示。由于液体的不可压缩特性，故能等值传递压强。用管道连通二液压缸，然后在小直径活塞上施加压力，能在大直径活塞上得到按活塞面积比增大的作用力，这就是压铸中的增压原理。

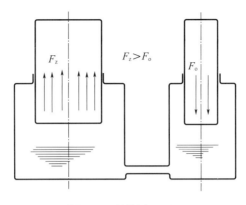

图5.6　帕斯卡原理

5.2.2.2　动态压射力和增压压射力

压射力是压铸机压射机构推动压射活塞运动的力，压射力大小由压射缸的截面面积和工作液的压力所决定。压射力分为动态压射力和增压压射力，动态压射力的作用是克服各种阻力，推动金属液达到一定的充填速度。动态压射力一般只作为参数进行了解，不进行设置。

增压压射力的作用是在充型结束后对铸件进行压实，由增压缸的油压确定。利用增压压射力能够提高铸件的致密度，使铸件轮廓清晰。增压压射力可以根据要求进行设置，决定压射比压的大小。

动态压射力和增压压射力的概念和计算在压铸机技术参数一节中已有论述，可参照阅读。

5.2.2.3　压射比压

压射比压是在增压压力的作用下，压射冲头对金属液单位面积上施加的压力，施加压力的大小用比压表示。压射比压是物理概念中的压强，其范围一般为20~120MPa。

压射比压是压铸工艺中重要的工艺参数，需要谨慎确定。不同类型的压铸件及合金对压射比压的要求见表5.2。

表 5.2　压射比压的推荐值　　　　　　　MPa

压铸件／合金种类	铝合金、镁合金	锌合金
轻载荷件	30~40	20~30
较大载荷件	40~80	30~40
薄壁、耐压、结构件	80~120	30~50

压铸比压的选择主要有如下原则。

（1）对于厚壁件、结构复杂件，需要较高的比压。

（2）承受载荷大的压铸件要用较高的比压使结晶致密，提高强度。

（3）薄壁和形状复杂的压铸件内浇口较薄，需要高压射比压克服阻力以提高补缩效果。

（4）厚壁件凝固时间长，易产生疏松和缩孔，需要提高压射比压。

（5）在保证质量的前提下，尽可能选择较低的压射比压，这对设备和模具寿命有利。

5.2.3　速度参数

5.2.3.1　慢压射速度

慢压射速度是指金属液到达内浇口之前的冲头速度。普遍认为慢压射时压射速度必须低于临界速度，否则会引起金属液波动，造成氧化卷气。慢压射临界速度推荐值见表5.3。

表5.3　慢压射临界速度推荐值

压室充满度	压室直径		
	50mm	90mm	130mm
50%	0.404	0.542	0.652
55%	0.362	0.485	0.584
60%	0.321	0.431	0.518
65%	0.281	0.377	0.454
70%	0.242	0.325	0.391

低速1段：将定量的液态金属浇入压室的浇料口，压射系统启动，以0.2~0.4m/s的初速匀速前行，避免液态金属从浇料口飞溅，如图5.7所示。

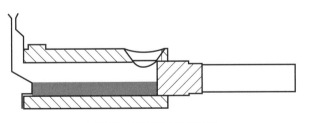

图5.7　慢压射低速1段

低速2段：压射头越过浇料口后仍须以低于临界的速度推进，如图5.8所示，金属液在推进过程中只产生涌动而没有跳动。高于临界速度时会使金属液在压射冲头前端产生翻滚而卷入气体，低于临界速度推进时金属液在压射冲头前端涌起，将压室内的气体托起在压室上部，并有充足的时间通过浇道、型腔和排溢系统逸出，同时把液态金属集聚于内浇口前。

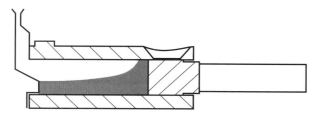

图5.8　慢压射低速2段

压铸过程中，当压室中的金属液集聚至内浇口时，速度调节阀使压射速度迅即从低速升到高速（4~10m/s）进行型腔的充填。

5.2.3.2　充填速度

快压射时金属液通过内浇口进入型腔，金属液通过内浇口的速度被称为充型速度或内浇口速度。常规铝合金的充填速度在35m/s以上，锌合金及镁合金在45m/s以上。

充填速度的计算式如下：

$$V_g = (W_z + W_y) / (A_1 \times T_t \times D_1)$$

式中　V_g——填充速度，cm/s；

　　　W_z——压铸件质量，g；

　　　W_y——排溢质量，g；

　　　A_1——压室截面面积，cm²；

　　　T_t——填充时间，s

　　　D_1——液态金属密度，g/cm³。

基于铸件壁厚的充填速度推荐值见表5.4。

表5.4　基于铸件壁厚的充填速度推荐值

平均壁厚 /mm	1.0	2.0	3.0	4.0	5.0	6.0	7.0	8.0
充填速度 /（m/s）	46~55	42~50	38~46	34~42	32~40	30~37	28~34	26~32

注：表中数据以铝合金为基础，其余合金可据本节所述规则进行修正。

在选择充填速度时还应注意以下几点。

（1）镁合金要求的充填速度最高，其次为铝合金，再次为锌合金。

（2）若为薄壁复杂铸件、表面质量要求高、铸件细节部位较多，则充填速度应取高些。

（3）浇注温度和模具温度偏低，充填速度应取高些。

（4）铸件投影面积大、流程长，充型速度选高些。

（5）压铸合金的热传导性好或者流动性差，充填速度应取高些。

但也应注意，充填速度过高容易引起紊流、卷气、氧化及粘模等现象，还会加速模具的磨损。在保证铸件质量的前提下，充填速度应尽量选低。充填速度与动态压射力相关，相同的压铸条件下，要达到高的充填速度，需要的压射力大。

5.2.3.3　压射速度

压射速度指的是快压射阶段压射冲头的速度，计算式如下：

$$v_y = v_t \times A_n / A_1$$

式中　v_y——压射速度，m/s；

　　　v_t——填充速度，m/s；

　　　A_1——压室截面面积，cm²；

　　　A_n——内浇口截面面积，cm²。

填充的最后过程，当型腔和排溢系统被充满的瞬间，压射速度骤降至几近于零，仅有些微低速是增压压力保压时对压铸件的补缩作用和对内在气孔体积压缩过程的反映。

5.2.3.4　压射速度转换点

金属液填满压室和浇道到达内浇口的时点是慢压射和快压射的切换点。压射速度快速提升，开始快压射阶段。慢压射与快压射的转换行程通过对空行程、浇注质量、压室截面面积、金属液密度和料饼厚度的计算得出；

$$C_z = C_k - (W_z + W_y) / (A_1 \times D_1) - H_b - 1$$

式中　C_z——转换行程，cm；

　　　C_k——压射行程，cm；

　　　W_z——压铸件质量，g；

　　　W_y——排溢系统质量，g；

　　　A_1——压室截面面积，cm²；

　　　D_1——合金密度，g/cm³；

　　　H_b——料饼厚度，cm。

当压射冲头将金属液的前锋推至内浇口处时，应及时进行速度转换。速度转换时间对压铸件质量甚为重要，转换过早，卷气的可能性增加，铸件气孔可能增加。转换延迟，填充效果较差。对于厚壁压铸件，允许存在少量的预填充。

5.2.4　时间参数

5.2.4.1　充型时间

充型时间指从金属液开始越过内浇口填充型腔至充满并停止流动的时间。充型时间必须合理，时间短虽可获得清晰的压铸件外形，且压铸件的远端和薄壁处不会出现欠铸和熔接不良，但是型腔内的各种气体因无法全部排除而残留在压铸件内成为气孔。故应综合考虑多种因素，选择最适合压铸件成型的时间。

当压铸件的体积大、形状简单、浇注温度高、模具温度高、壁厚、合金比热和熔化潜热大时，充型时间可长些。当合金的熔化热大、浇注温度高、模温高、排气不佳时，可延长充型时间。

充型时间与充型速度成反比，也与内浇口截面成反比，通常压铸的充型时间为0.01~0.3s，铝合金的充型时间地0.01~0.1s。较大热容量的合金，相对凝固时间有所延长，充型时间可增加，以便更好地排除气体。对于特定的压铸件，金属液从浇注温度到凝固所释放的总热量也能影响其流动性，故不同的压铸合金因凝固潜热和热容量的差异决定了其极限充型时间的长短，见表5.5。

表 5.5 各类合金的充型时间比例

合金种类	铝合金	镁合金	锌合金	铜合金
比例	1	0.51	0.65	1.8

除了金属材料的影响，压铸件的壁厚也对充型时间产生影响。基于压铸件壁厚的充型时间见表5.6、表5.7及图5.9。

表 5.6 基于壁厚的充型时间

壁厚 /mm	1.5	1.8	2.0	2.3	2.5	3.0	3.8	5.0	6.4
时间 /ms	10~30	20~40	20~60	30~70	40~90	50~100	50~120	60~200	80~300

表 5.7 不同合金基于壁厚的充型时间   s

平均壁厚 /mm	AlSi6Cu1 AlSi10Mg	AlSi9Cu3 AlSi12	AlMg5Si2Mn	AlMg9	AZ91	CuZn37Pb	CuZn15Si4
1.0	0.008	0.007	0.006	0.005	0.003~0.004	0.003	0.006
1.5	0.018	0.016	0.014	0.011	0.006~0.008	0.006	0.012
2.0	0.032	0.028	0.024	0.020	0.011~0.015	0.011	0.022
2.5	0.050	0.044	0.038	0.031	0.017~0.023	0.017	0.034
3.0	0.072	0.063	0.054	0.045	0.025~0.033	0.024	0.050
3.5	0.098	0.086	0.074	0.061	0.034~0.045	0.033	0.067
4.0	0.128	0.112	0.096	0.080	0.044~0.059	0.043	0.088
4.5	0.162	0.142	0.122	0.101	0.056~0.074	0.054	0.111
5.0	0.200	0.175	0.150	0.125	0.069~0.092	0.067	0.138

续表

平均壁厚 /mm	AlSi6Cu1 AlSi10Mg	AlSi9Cu3 AlSi12	AlMg5Si2Mn	AlMg9	AZ91	CuZn37Pb	CuZn15Si4
5.5	0.242	0.212	0.182	0.151	0.084~0.111	0.081	0.166
6.0	0.288	0.252	0.216	0.180	0.100~0.132	0.097	0.198
模具温度 $t/℃$	200				200~250	350	

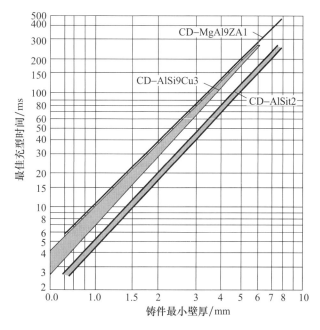

图5.9　铸件的最小壁厚与充型时间

充型时间与壁厚对照数据是根据大量的实践得出的，在应用时可以适当减少，以提高表面质量。除上述推荐数据外，也有经验计算式供参考：

$$T_t = 0.007 \times H^2$$

其中　T_t——充型时间，s；

　　　H——压铸件壁厚，mm。

5.2.4.2　建压时间

从增压起始点升至设定的增压压力的时间称为建压时间。其间依次发生压射机构升压、增压机构启动并升压，如图5.10所示。

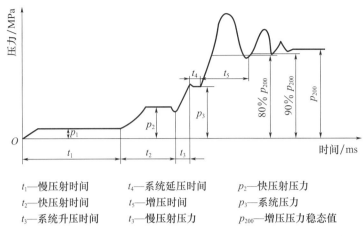

t_1—慢压射时间 t_4—系统延压时间 p_2—快压射压力

t_2—快压射时间 t_5—增压时间 p_3—系统压力

t_3—系统升压时间 t_3—慢压射压力 p_{200}—增压压力稳态值

图5.10 标准压射过程压力曲线（GB/T 21269—2023）

理论上建压时间越短说明压铸机的动态性能越好，但因相关元件响应特性有限，目前压铸机的最短建压时间约为20ms。实际生产中，建压时间视压铸件的具体情况而定，并非所有压铸件都必须用到压铸机的最短建压时间。当在型腔中的金属液开始凝固，致密度逐渐增加时，增压压力也同步上升，并略早于内浇口凝固时提升至设定的增压压力，使金属液在高压下凝固，达到补缩的目的，提升压铸件的致密度和减少气缩孔。

凝固时间长的合金及厚壁压铸件，建压时间可稍长。建压时间的经验公式如下：

$$T_j = 0.01 \times H^2$$

式中 T_j——建压时间，s；

           H——压铸件壁厚，mm。

5.2.4.3 保压时间

型腔填满瞬间至补缩终了的时段为保压时间，比压铸件凝固的时间要长，一般为0.5~3s，甚至超过5s直至内浇口完全凝固而结束。

压铸过程中金属液在填充满型腔后，压射系统迅即增压，压射头通过料饼、浇道和内浇口进一步对型腔中的金属液施加更高的压力，使其在压力下结晶凝固，并在内浇口未凝固前对其体收缩不断补充液态或半液态金属，并压缩气孔的体积，最终获得致密的压铸件。

厚的内浇口凝固较慢，传递压力的时间长，有利于压铸件的补缩和对气孔体积的压缩，足够的保压时间能防止在内浇口未凝固前失压，避免金属液返流造成压铸失败。料饼的厚度对压铸件的密度有相当的影响，因为料饼薄、冷却快，压射冲头的运动过早停止，增压失效，故料饼一定要有一定的厚度，一般为压室直径的30%~40%。

一般凝固温度范围大的合金和壁厚件保压时间取长，推荐的保压时间见表5.8。

表 5.8　推荐的保压时间　　　　　　　　　　　　　　　　s

压铸合金	壁厚＜ 2.5mm	壁厚为 2.5~6mm
锌合金	1~2	3~7
铝合金	1~2	3~8
镁合金	1~2	3~8

5.2.4.4　留模时间

保压时间结束至开模的时间为留模时间，目的使压铸件在型腔内冷却到一定的温度，达到足够的强度，避免在推出时变形。通常留模时间为 5~30s，视压铸件尺寸大小、壁厚、形状和结构复杂程度而定。推荐的留模时间见表 5.9。合金收缩率大、结构复杂、高温强度好、薄壁和模具冷却速度快，可取偏下限值。厚壁压铸件，可取偏上限值。

表 5.9　推荐的留模时间　　　　　　　　　　　　　　　　s

压铸合金	壁厚＜ 3mm	壁厚＞ 3~5mm	壁厚＞ 5mm
锌合金	5~10	7~12	20~25
铝合金	7~12	10~15	25~30
镁合金	7~12	10~15	15~25

在压铸件在增压压力下得到补缩后的一定时间范围内，留存在型腔中时间越长，其尺寸稳定性越好。但时间过长则压铸件温度低、收缩大、硬度增高，对模具的包紧力增大，造成脱模难、粘模和模具的磨损，影响模具寿命。留模时间过短，则压铸件温度较高，强度差，易起泡、在推出时可能变形，且料饼心部的液态金属未全凝固，容易爆裂。

5.2.5　温度参数

5.2.5.1　浇注温度

浇注温度指浇注时金属液的温度。但浇注温度不易测量，故用炉内温度代替，虽有差距，但不大。浇注温度的高低对压铸件的质量有直接的影响，温度高时金属的流动性好，压铸件的轮廓清晰，表面质量好。但是压铸件基体的结晶粗大，导致力学性能下降，凝固收缩大、疏松、缩孔增多。另外，高温合金容易粘模，导致模具寿命下降。高硅铝系合金压铸不宜用较低的浇注温度，因为低温导致初晶硅大量析出，游离在压铸件中，形成硬质点，恶化加工性能。

当金属液流动速度骤降时，全部动能会转化为热能，可使液态金属升温 8~10℃（内浇口速度 40~70m/s 时）。据此，内浇口速度高时可适当下调浇注温度。

生产薄壁、复杂、大型、散热快的压铸件，选择的浇注温度应该比较高。压铸合金的流动性比较好，可选择浇注温度范围的下限。

金属液的流动性更多依靠压力、速度和温度来提高，但不总是要通过上述措施提高金属液的流动性。通常在保证质量的前提下，尽量降低浇注温度，一般在合金的液相线以上20~30℃，甚至可用有一定固相率的金属液。金属液温度一般采用热电偶进行测量。不同合金与压铸件壁厚的浇注温度推荐值见表5.10。

表5.10　不同合金与在铸件壁厚的浇注温度推荐值　　　　　℃

合金浇注温度		壁厚＜3mm		壁厚＞3~6mm	
		结构简单	结构复杂	结构简单	结构复杂
锌合金	含铝	420~440	430~450	410~430	420~440
	含铜	520~540	530~550	510~530	520~540
铝合金	含硅	610~630	640~580	590~630	610~630
	含铜	620~650	640~700	600~640	620~650
	含镁	640~660	660~700	620~660	640~670
镁合金		640~680	660~700	620~660	640~680

5.2.5.2　模具温度

工作时保持的压铸模具型腔表面温度称为模具温度。模具温度对工艺有较大影响。

（1）在金属液填充型腔和凝固过程中，其所含的热量大部转移至成型镶块和型芯上，导致模温迅速升高，会使循环时间延长。

（2）模温过高，造成压铸件冷却慢，易形成疏松，且结晶粗大，力学性能差，推出时变形量大。喷涂的脱模剂遇高温时会过量挥发，所生成的薄膜不致密，润滑效果降低，尤其在压铸铝合金时，合金液和高温模具钢表面的铁元素有很强的亲和力，在压力下产生相互渗透现象并紧密结合，使模具产生粘模和焊合现象，且粘在模具钢表面的铝合金很不易清除。

（3）模温过低，金属液填充型腔时快速凝固，压铸件表面易出现流纹、欠铸及熔接不良等缺陷。而且模温低，喷涂的脱模剂水分未充分挥发，脱模效果差，水后续会蒸发，增加压铸件的气孔。

（4）每次压铸，模具表面都经历一次升温和降温过程，周期性的温差循环形成交变应力，对韧性状态的模具钢造成变形，对脆性状态的模具则造成龟裂。其原因是高温使模具表层的热应力超过材料的强度，积累至一定程度后发生破坏，降低模具寿命。

正常生产情况下模具温度应控制在浇注温度的1/3左右。铝合金压铸模温度为150~300℃。模温低于150℃时压铸件的质量不稳定，高于250℃时会导致压铸件的力学性能下降，300℃以上则压铸件易产生表皮气泡且焊合、粘模等情况多发。推荐的模具温度见表 5.11。

表 5.11 推荐的模具温度

合金	温度种类	铸件壁厚 ≤ 3mm		铸件壁厚 > 3mm	
		结构简单	结构复杂	结构简单	结构复杂
锌合金	预热温度	130~180	150~200	110~150	110~140
	工作温度	180~200	190~220	140~170	150~200
铝合金	预热温度	150~180	200~230	150~180	120~150
	工作温度	180~240	250~280	180~200	150~180
铝镁合金	预热温度	170~190	220~240	170~190	150~170
	工作温度	200~220	260~280	200~240	180~200
镁合金	预热温度	150~180	200~230	150~180	120~150
	工作温度	180~240	250~280	180~220	150~180

5.2.5.3 冷却水温度

为控制模具温度，需要经过管道向模具通入冷却水。通入的冷却水温度应被控制在一定范围，既达到冷却效果，又不能影响模具寿命。

为了降低压铸模在工作时型腔表面与冷却水通道间的温度梯度以保护模具，要求在开始使用时对所提供的冷却水自动进行加热，达到 45℃以上方允许进入模具。待正常生产后，因冷却水对模具进行冷却后自身温度会提高 10~20℃，流入水箱后会适当冷却，然后循环使用。对于模温机的冷却水温度，进口处水温应为 30~60℃。由于水在沸腾时产生的水蒸气压力影响冷却效果，系统设定报警的冷却水温最高不超过 90℃。

6 压铸模具的使用及操作

压铸需具备优良的压铸模具外,还应使压铸模具在良好的状态下工作,才能保证正常的压铸生产和铸件质量。应按模具使用、维护保养规程和作业指导书的要求使用模具,并对模具及时进行维护和保养。

6.1 压铸模具安装与拆卸

6.1.1 模具安装准备

(1)在接到即将进行生产的产品号、模具号、模次号、压铸机号、生产数量等生产通知之后,应到模具管理部门确认使用哪一副模具,确认压铸机的压射室直径与模具的浇口套直径相同。

(2)阅读压铸作业指导书,熟悉作业指导书中安装模具的各项要求,并遵照执行。确认所使用的合金材料、型腔脱模剂、冲头油的型号,并按规定设定炉温。

(3)操作人员必须清楚模具的安装操作等注意事项。

(4)确认模具的油管接头、电线接头、行程限位开关、滑块弹簧螺杆、冷却水管接头、模具浇口套等装接牢靠,完整无损。

(5)如果是新模具,还要确认模具的外形尺寸,确认模具可以安装的压铸机型号,确认动模座板的推杆孔和回拉杆孔的位置和大小,确认抽芯油缸的油管和电线接头的大小。

(6)模具在安装前,压铸机的模板安装面要清扫去除各种污物,并擦干净板面。

(7)模具在安装前擦拭、清理模具的安装面、浇口套的台阶孔、推杆和限位钉端面的粘铝和垃圾。

(8)对模具浇口套孔尺寸进行确认,选择适合模具大小的压室和冲头。

(9)分别选择长度合适、长短一致的四根顶出推杆和四根螺纹回拉杆。

(10)如果模具有抽芯油缸,要准备长短合适的液压油管。

6.1.2　模具的安装

（1）先在地面上安装好模具上面的冷却水管，再把模具用行车（梁式起重机）吊到低于自己肩膀的高度，安装好浇口套和分流锥的冷却水管。

（2）把模具平稳地吊装到机器上，严禁模具、模具上的水管、油管接头、抽芯器等碰撞压铸机的大杠和机身。

（3）模具吊到压铸机中间后，先让模具的浇口套与压铸机的压射室中心前后对正。

（4）让模具垂直或向动模偏斜 0°~10°，把行车向定模方向移动，让模具的下部紧贴在压铸机的定模板上，从下向上轻轻地点动行车，让模具的浇口套挂套在压铸机压射室的下部，再多次轻轻向上、向下点动行车，让浇口套全部套在压射室上，套入的深度要达到 3~10mm。

（5）检查模具安装的水平度。在模具侧面的上下两个位置，测量与压铸机模板外边沿的距离。上下两个位置与模板外边沿的距离相差不大于 2mm，否则复位杆不能装入模具的螺纹孔里。之后即可以开动压铸机做轻轻的合模动作，推动模具使浇口套紧密地套在压射室上。

（6）压铸机开模到位后（关闭油泵），选好位置装入压铸机推杆和复位杆。

（7）压铸机合模到位后（关闭油泵），紧固好复位杆。

（8）安装并紧固动、定模压板螺钉，这时拿下吊钩并移开行车。

（9）开模到位后（关闭油泵），安装冷却水管、加热油管、抽芯器油管、抽芯器电线插头等零部件。

（10）一切都装好后，由相关人员调试机器和模具。

6.1.3　推拉杆的安装

（1）在压铸机推出油缸的推板与压铸模具推板之间的连接，要使用兼有推出和拉回作用的推拉杆。推拉杆一般需要 4 根，长短相差要小于 0.20mm。

（2）在压铸机的顶出推板后退到位后，把推拉杆装入压铸机推杆孔。接触到顶出油缸推板后，推拉杆推出端面高出压铸机安装板面，但要低于推板上螺纹孔的端面（即图 4.1 中 "1 推板" 的左端面面）。

（3）推拉杆尽量分布在距离推板中心比较远的位置。

（4）尽量在顶出产品受力中心的周围均匀布置，使推板受力均匀、平稳。对较大的模具，可以增加推拉杆的数量，使推出平衡。

（5）如果只能安装三根推拉杆，三根推拉杆要以等腰三角形的形式在顶出产品受力中心的周围均匀布置。

（6）推拉杆不要与模具的限位钉、导柱、动模垫块、螺钉等相干涉。

（7）先把推拉杆的螺纹拧进推板的螺纹孔，一定要让推拉杆的端面紧贴推板的板面。再给压铸机推板一端的推拉杆螺纹装上一个垫片，拧紧两个螺帽，并把两个螺帽相互拼紧，防止松动。

（8）推拉杆装上之后在开模的状态下，手动进行顶出和顶回的动作，顶出、顶回无异响、无卡滞。检查顶回时模具顶杆要能退回到位（顶杆退回后一般低于模具的分型面，高出分型面的高度不大于 0.05mm，产品印痕高低要符合产品要求。复位杆的端面与模具的表面要平齐，或略高出 0~0.1mm）。

6.1.4　模具的紧固

（1）小于 200t 的压铸机，动、定模各压 4~6 个压板。

200~400t 压铸机，动、定模各压 6~8 个压板。

400~1000t 压铸机，动、定模各压 8~10 个压板。

大于 1000t 压铸机，动、定模各压 10~12 个压板。

（2）模具用压板压紧时，压板后边垫块的厚度要与模板的厚度一致。螺钉的位置要紧靠模板，垫块与螺钉的距离可以远一点，这样压在模板上的力量就略大一点。

（3）压板螺帽要用扳手套上加力杠适当用力拧紧。以后每班开机之前，点检时都要再紧固一次压板螺帽，生产时也要定时观察，确保压板螺钉不松动。

6.1.5　模具的拆卸与安装操作详解

中小型压铸模具的拆卸与安装作业规程见表 6.1。

表 6.1　中小型压铸模具的拆卸及安装作业规程

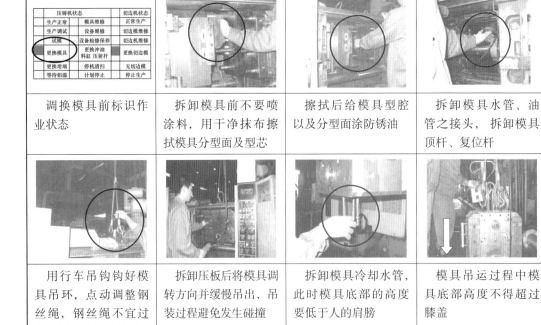

调换模具前标识作业状态	拆卸模具前不要喷涂料，用干净抹布擦拭模具分型面及型芯	擦拭后给模具型腔以及分型面涂防锈油	拆卸模具水管、油管之接头，拆卸模具顶杆、复位杆
用行车吊钩钩好模具吊环，点动调整钢丝绳，钢丝绳不宜过紧，用手能轻微晃动	拆卸压板后将模具调转方向并缓慢吊出，吊装过程避免发生碰撞	拆卸模具冷却水管，此时模具底部的高度要低于人的肩膀	模具吊运过程中模具底部高度不得超过膝盖

续表

模具不得直接着地，必须放置在模具拖车上、垫板上或枕木上	将2模末件产品放置于模具上，一并送交模具保管部门	同时向品质管管理部门提交末件报告及末件产品	安装模具前，必须清除干净压铸机动、定模板上的垃圾、油垢
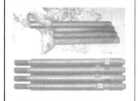			
比对推拉杆、推杆长度，并要求长度一致，相互之差小于0.2mm	顶杆插入压铸机后，高出部分不得碰到模具推板	注意模具浇口套与压铸机上压射室大小是否一致	安装前必须用抹布擦拭模具的动定模板面和浇口套台阶面

模具冷却水管安装前必须用生料带缠绕水管镙牙	安装水管、油管，并用扳手适当拧紧	将模具慢速吊至机器内，吊装过程避免晃动，以免发生碰撞	点动行车让模具缓慢上下移动，使模具浇口套缓慢对接压铸机压射室法兰
			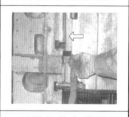
模具浇口套对接上压铸机压射室法兰，并装进去3mm之后，点动慢速合模	用扳手拧紧推拉杆后边的螺母，保证推拉杆前端螺纹拧紧到模具里，推拉杆前端平面紧贴推板表面不会松动	用扳手将复位杆上的两个螺母先后拧紧，并将两螺帽拼紧，防止生产中松动	压板垫块与模脚厚度一致，螺钉放在远离垫块而靠近模具的位置

续表

用扳手用力紧固模具压板螺帽	安装滑块前用干净抹布擦干净滑块安装的位置	擦干净滑块	滑块安装后拧紧滑块挡板和弹簧镙杆，特别要注意紧固好弹簧螺杆

一切安装完成后，慢速合模，确认滑块孔安装的是否能够与斜导柱对证。确认滑块插入和抽出是否到位	接模具冷却水管，注意区分进水、出水	冷却塑料水管长度适中，并从压板空隙处套绕，不宜拖得过长。水管安装和连接不许有漏水	开模确认模具复位杆、顶杆外端是否与模具分型面平齐。调节好顶出行程
			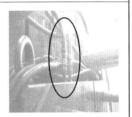
安装好模具抽真空的气管，要安装得紧固不漏气	安装好模具的高压冷却水管，进、出水管安装正确，不能接错。装好之后要测试水的通过情况，不能漏水	安装好模具的模温机加热油管，进、出油管要安装正确，不能接错。装好之后要测试热油的通过情况，不能漏油	安装加热油管接头，注意区分好进油和出油的有关接头
			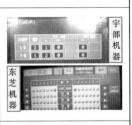
安装好型芯油管接头，注意抽插的位置不要接错，油管接头不要漏油	把型芯行程开关电信号线接头插入压铸机的插座，并紧固好	检查和调整型芯行程开关的位置。确认行程开关接触可靠	调节好型芯在压铸过程中的动作顺序，并确认无误

续表

调整模具开度，使合模力不超过压铸机额定值的90%	调整好模具顶杆的顶出行程	调节并确认型腔喷涂与机械手夹持料饼是否到位	调整取件红外线检测感应位置或感应棒，必须直接感应产品设定位置

模具安装后必须将所有工具和备品备件放置到规定的地点存放	吊装结束后注意行车吊钩高度保持在2m以上，防止人员碰伤	准备好液化气、燃烧器、打火机。戴好防护手套、眼镜等防护用品	轻轻打开一点液化气开关，用打火机点燃燃烧器，调节火焰让其充分燃烧，火焰呈蓝色+红白色

调整燃烧器到模具表面的距离，让蓝色与红色之间的部分火焰喷射在模具表面	对准模具动模一侧需要加热的型腔及型芯表面进行加热，加热过程中火苗在分型面不停晃动	对准模具定模一侧，要使模具各部位均衡加热，火焰要在模具表面慢慢移动。注意防止烧坏模具冷却水管	在一个部位停留连续加热的时间不要超过10s，禁止火苗停留在一处加热，避免型芯过分受热及受热不均导致模具损坏
		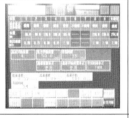	压铸工艺参数点检表
用测温仪检测模具预热温度，预热到80~120℃即可停止预热，再尽快进行低速压铸热模	关紧液化气瓶开关，把液化气瓶及燃烧器放回固定位置。操作过程防止烧伤自己、油管、水管、电线等	设置好压铸机的压铸工艺参数，调试好浇注机、喷涂机、取件机的周边设备	点检好压铸工艺参数、模具、设备等以后，可以开机进行压铸生产

6.2　模具的检查

6.2.1　顶出机构的检查

（1）检查模具的顶杆顶出距离，一般顶出距离为 20~30mm。当铸件有直壁深腔时，顶出距离可以再长一点，让铸件容易从模具上取出又不会碰撞模具。

（2）使顶杆固定板与动模套板（或推板前限位套）之间的最小距离大于 10cm，否则将顶到动模损伤模具，

（3）模具上的复位杆复位后，其顶端端面与模具的分型面要平齐，或高出 0~0.1mm，但不允许低于模具平面。

（4）模具分型面上的顶杆，在复位后其顶端端面高出分型面的高度不大于 0.05mm，否则会碰伤定模表面。

（5）顶杆长度的检查，主要是检查产品上的顶杆痕迹，在产品表面的高、低程度应满足产品对顶杆痕迹的要求。

（6）顶杆的端面是成型形状时，要检查其形状，确保其与产品的形状相一致，防止顶杆转动、偏斜。

（7）手动操作，让顶杆的顶出和复位动作运行 2~3 次，顶杆的运动要灵活，顶杆无断裂、弯曲、卡滞的现象，顶出和复位都要到位，无异常的声音。若不灵活或有卡滞的声音，可以涂油润滑运动几次再检查。

6.2.2　分型面的检查

（1）合模、开模以查看动、定模有无错位、导柱有无拉伤，模具分型面的高低台阶有无错模及压伤痕迹；开合模应无碰撞、摩擦的声音；开合模要运动平稳。

（2）及时检查清理模具分型面的飞边粘模。排气道要畅通，不被粘模或涂料集垢堵塞。渣包不许粘在模具上，产品的分型面不要出现局部压塌，避免出现飞边或飞料的现象。

6.2.3　导柱滑块的检查

（1）慢速开合模，查看滑块是否抽插灵活，应无卡滞现象，无碰撞或磨擦的声音。

（2）滑块要能够抽插到位，与铸件顶出不能干涉。

（3）滑块退回到位后，斜导柱的头部与滑块导滑孔要对准，使导柱在合模时能准确地插入滑块导滑孔里。

（4）确保滑块后的弹簧、螺杆、螺帽紧固可靠。螺杆、弹簧的长度和强度要合适，合模后不要压得太紧，防止压坏弹簧。开模后不要压得太松，弹簧要能有力把滑块拉回

到位。

（5）滑块与模具配合严密无间隙，无跑水钻模现象。压铸后检查滑块端面、滑块和滑块槽里是否有钻料的披缝。

6.2.4 模具抽芯器的检查

（1）抽芯器的固定螺钉、螺帽要紧固牢靠，每班在生产时要注意观察一次。

（2）查看抽芯器的滑块是否抽插灵活，是否可以抽插到位，是否有碰撞或磨擦的声音。

（3）模具的抽芯器抽插动作方向和电线接头装接正确，抽插方向要与压铸机操作开关的方向一致。

（4）抽芯器上的行程开关与开关撞块要紧固牢靠，并能在抽出和插入到位时有效接触。

（5）抽芯器的中心线与滑块的中心线对正一致，不要错位、偏斜，防止受力不均匀出现卡滞的现象。

（6）确保抽芯器型芯油管接头安装紧固，不要漏油。

6.2.5 模具腔的检查

在每班开机前点检和生产过程中都要注意检查以下项目。

（1）型腔光洁、不粘模、不拉伤产品。

（2）内浇口无粘模，不影响浇口充填。

（3）型腔无变形，不拉伤产品。

（4）型腔无缺肉，产品不多肉。

（5）型腔无损伤痕迹，铸件上不出现影响产品质量的印痕。

（6）型芯无弯曲变形或粘料，不出现影响产品质量的拉伤。

（7）型芯不断裂、变形，保证铸出孔的深度和形状。

（8）型腔无涂料集碳堆积，不影响产品表面质量。

（9）型腔、浇口套、冲头、水管接头无漏水。

6.3 生产中的模具管理与保养

6.3.1 模具管理

（1）压铸生产过程中，定时对产品质量（约 10min）、模具使用（约 2h）、喷涂料（约 1h）情况进行确认、查看。

（2）在生产中如果发现模具有问题不能自行处理的，要通知有关人员，不要随意、盲目地进行处理。

（3）停止压铸时，最后一模压铸后不要再喷涂料，在拆下模具之前，要清理干净分型面，在模具型腔、滑块、分型面和导柱上仔细地、全面地涂抹防锈油。

（4）拆下模具之后，把模具上拆下来的零件装回去。若无法装回，要与模具捆绑放在一起，要防止损坏或丢失。

（5）保留2模带有料饼、集渣包的末件留放在模具上。

（6）工艺员填写末件报告、模具维修跟踪单或压铸试模临时工艺和操作注意事项，并记录压铸、试模中的异常情况、发现的问题和改进建议，并把两模末件随同模具维修跟踪单送品质检验科。

（7）要在生产管理表上如实记录压铸生产开始到结束的时间，压铸的总数量、合格数量、废品原因及数量、热模数量等。

6.3.2 模具的维护保养

生产使用过程中需对模具进行维护和保养。在压铸模具的维护保养分级中，生产过程中的维护保养被定为一级维护保养。维护保养的操作规范如下。

6.3.2.1 压铸开始时对模具的保养

（1）行车吊装模具的吊环要拧紧，吊钩要钩挂牢靠，吊装出入的动作一定要平稳，防止损伤模具及压铸机。

（2）安装模具时，要擦拭干净压铸模具及压铸机动、定模的安装板表面及浇口套、压射室的台阶面。准确对正压铸机压射室凸台与压铸模具的浇口套凹台，点动平稳合模，不压伤模具。

（3）要确认合模力足够大，要确认模具合模严密，要确认滑块抽、插到位。

（4）要按照规范安装模具的冷却水、模温机、真空机、局部挤压设备管道。

（5）要按规范预热模具，再进入正常压铸。

6.3.2.2 压铸使用过程中对模具的保养及检查

（1）每班开机前检查一次，确保固定模具的压板螺丝和锁模夹板不松动。

（2）检查模具四根推拉杆是否松动，检查模具冷却水系统是否正常，检查分型面是否有飞边、粘模。

（3）生产中要注意监控，及时清理模具分型面黏附的飞边，清理滑块槽里钻入的飞边及飞沫、灰尘，及时抛光模具型芯及型腔的黏模及积炭。

（4）要注意检查及修理模具的冷却水管漏水情况等，并确认冷却、加热管道畅通。

使用中要对模具的日常维护保养填写记录表，示例见表6.2。

表 6.2　模具的日常维护保养记录表示例

编号	维护保养内容	保养记录
1	模具整体外观、分型面表面干净？	
2	排气槽无粘模、堵塞？	
3	顶杆涂油润滑、顶杆抽插灵活？	
4	顶杆数量齐全？	
5	顶杆是否弯曲、变形、断裂、缺损？	
6	滑块有无配合间隙、拉伤？移动是否顺畅？	
7	滑块、滑块槽是否干净？	
8	型芯是否齐全？安装是否正确？	
9	型芯有无弯曲、溶损、更换？	
10	型芯、型腔是否有粘模、积炭及打磨？	
11	模块型腔、型芯有无冲蚀、缺损、龟裂？	
12	冷却水管是否有异物、水流畅通、水量正常？	
13	模具冷却水管的螺纹是否脱扣？	
14	接通冷却水，水管是否破损、是否漏水？	
15	压射室及浇口套有无漏水现象？浇口套水管螺牙是否损坏？	
16	浇口套内圆是否有明显拉伤现象？	
17	模具高压冷却水管、加热油管畅通、无泄漏？	

6.3.2.3　压铸结束时对模具的保养及检查

（1）模具每次从压铸机上拆下来之前，必须清理干净模具型腔、分型面、滑块槽的粘模。用钢铲清理掉模具套板分型面、模具外形、冷却水管、抽芯器、油管等各个部位因飞料黏附的飞边、料屑、垃圾。

（2）用压缩空气吹干净模具型腔和分型面上的脱模剂水分，并用干净抹布擦拭模具表面。给型腔、分型面、导柱、滑块抽芯等（铸件成型部位及导滑运动部位）均匀涂抹防锈油。

（3）拆下模具上的抽芯器、滑块、油管、水管、推拉杆，抽真空、加热、监测等零部件时，一定要防止损坏模具零件，并注意保管、防护、不污染这些模具零件。

（4）模具吊出后，要放置在木制垫板上，严禁放在地面上。

（5）每次压铸结束时，模具上必须放置2模带有浇注系统的末件。

（6）每次压铸结束时，由压铸班长根据模具的使用情况，负责填写模具使用维修保养跟踪单（表6.3），并随同2模末件送往品质检查科。品质检查科负责填写模具使用维修保养跟踪单中的品质检查结果，并出具末件铸件检验报告送给模具维修部门。

表6.3　模具使用维修保养跟踪单

产品名		模次号		客户名	
模具编号或产品号			压铸总模数		
压铸模具和切边模具使用状况					
压铸情况记录 本次压铸模数：　　　　　模 □ 正常 □ 有异常：（说明压铸中所发生的问题和处理情况） 本次切边模数：　　　　　模 □ 正常 □ 有异常：（说明压铸中所发生的问题和处理情况） 压铸班组签字／日期：			品管末件确认 压铸模： □ 正常 □ 有异常：（描述或图示说明不合格内容和要求） 切边模： □ 正常 □ 有异常：（描述或图示说明不合格内容和要求） 品质检查情况： 品管巡检签字／日期：		
标识说明：在□内打"√"者为确认项目					
铸造部处理意见： □ 保养（请委派作业担当和完成日期）： □ 送修：　　　　□ 其他说明：			部门签字：		
模具保养／维修作业记录					
保养内容及方法			模具维修情况说明		

作业担当签字 / 日期：	确认人签字 / 日期：
投入使用状况跟踪	
投入生产后连续 2 小时是否正常？（□是　　□否），确认人签字 / 日期：	
存在的异常情况描述：	
品管对首件的确认结果（包含与合格末件外观进行比对）	
□ 合格　□ 不合格　　　　　检验员签字 / 日期：	
不合格内容为：	
综合评定：	
模具主管审核签字 / 日期：	
使用说明： 　　1. 标识说明：在□内打"√"者为确认项目。2. 当每个批次压铸结束后，要求送 1 模末件产品到品质部做末件尺寸检查，模具上要求放一件带有渣包浇口的末件产品。3. 此表格的流程是：压铸班组 → 品质检验(出具末件的"铸造尺寸日常检验单")→模具主管审核→模具保养（出具"初物单"）→模具维修（出具"初物单"）→模具保养后入库→压铸班组再次生产→品管确认首件→模具主管综合评定	

6.4　压铸模具的温度控制

6.4.1　压铸模具冷却水的使用方法

（1）模具和机器各冷却水管要逐个安装，并确认水流畅通、无漏水，进、出水路连接正确。

（2）模具水路要无渗漏，如果水管螺纹接头漏水，一定要给接头螺纹缠绕上生料带后重新安装。如果模具上部或背后的水管漏水，水就会从模块与套板衔接的缝隙中漏出到分型面，这时就要重新安装水管接头，消除漏水。

（3）连接的塑料水管要用卡箍捆绑在水管接头上，防止工作过程中脱落。

（4）塑料水管在水管接头上不要弯折，以免影响水的流通。

（5）凡是不影响产品质量的水管，一般都应该打开通水冷却。

（6）模具的浇口套、分流锥、横浇道、内浇口附近的型腔部位，都要打开冷却水管通水冷却，不许在无冷却的情况下进行生产。

（7）冷却水堵塞不通、水管螺纹漏水等影响正常通水冷却，都必须修好之后方可进行生产。

（8）模具在产品厚壁部位、离开内浇口不远、熔液流动直接冲击的部位，一般要全部打开冷却水，达到充分冷却。

（9）铸件薄壁部位以及容易出现冷隔、发黑的部位，冷却水开关可以开小一点或关掉不通水。

（10）模具型腔或滑块上的冷却水开得大小或否通水，可以根据铸件的质量情况进行选择，但要注意水流量的变化不要太剧烈，要逐渐调整开关的大小，防止模具温度变化得太快，使模具出现爆裂裂纹。

6.4.2 高压水冷却

为了提高冷却效果，对 $\phi 5 \sim \phi 10$ 较小直径的型芯或壁厚比较厚的部位进行高压水冷却。型芯高压点冷却装置如图6.1所示。点冷却每条冷却水通路都能控制，通水和通气的起始、终止时间、流量大小都可以单独调节。

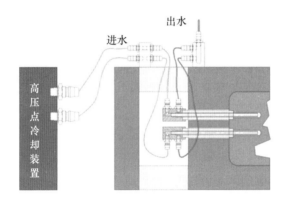

图6.1　高压点冷装置

6.4.2.1　工作准备

（1）把高压冷却水进、出水管与高压冷却水设备的给、回水管正确连接，不要有漏水及堵塞现象。

（2）调节好各个冷却水管的等待给水时间和给水持续时间，调节好各个冷却水管的等待吹气时间和吹气持续时间。

（3）确认高压水的压力和压射室空气的压力。

6.4.2.2　工作程序

（1）将高压点冷装置控制电路与压铸机的压射信号相连接，这样可以根据需要调节冷却水的冷却时机和通水冷却时间，以能够消除铸件的粘模、缩孔、缩凹、气孔、冷隔等缺陷为准。

（2）要在模具开始生产时就要接通冷却水，防止高温时激冷使模具过早地出现裂纹。

（3）高压冷却水的压力要求为5~8kg/cm²。对于型芯的高压水冷却，是在低速压射开始时通水，在开模之前结束通水，防止型芯温度过低。对于铸件较厚大部位通高压水冷却，是在低速压射开始动作时通水，在开模之后继续通水1~5s，保持模具温度为120~200℃。高压水冷却的时间安排如图6.2所示。

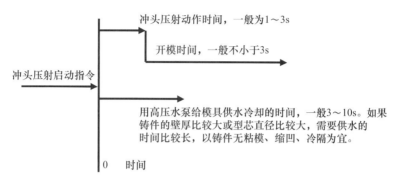

图6.2　高压水冷却的时间安排

6.4.2.3　注意事项

（1）要保证冷却水和压缩空气有足够的压力。

（2）注意观察出水管的流量大小，防止水管堵塞。

6.4.3　模温机使用方法及安全操作规范

6.4.3.1　模温机的操作规程

（1）使用前应彻底清除模具冷却管道内的残余流体及污垢，确保管道通畅。

（2）按规定要求连接油管及冷却水管，注意软管不得有扭曲、轴向压缩，并保证有足够的弯曲半径。

（3）打开导热油、冷却水进出的阀门，然后开启模温机，进入正常模式运行。

（4）运行中应检查管路、接头处是否有渗漏，注意低液位控制警示灯，如有异常及时处理。

（5）模温机发生故障应根据故障提示按说明书指示排除，如无法解决应报设备修理人员进行维修。

（6）停止使用时，应待导热油充分冷却，选择抽吸模式排空模具中的导热油，再拆卸管道。

（7）日常应注意定期清洁回路中的过滤器、冷却器、液位开关等。

导热油在特定条件下易燃，如遇着火可使用泡沫、干粉或二氧化碳灭火器灭火。模温机在高温运行时应注意防护，防止烫伤。

6.4.3.2 模温机日常点检

模温机要求每班点检一次，并做点检记录。点检的项目如下。

（1）检查模温机、油管、模具的各处是否有漏油，如有异常及时报修。

（2）检查模温机冷却水管是否漏水。两根为排水管、一根为进水管时，检查安装是否正确，如有异常应及时报修。

（3）检查模温机油管是否有变形。

（4）检查模温机的冷却空气入口是否有堵塞。

（5）检查模温机温度设置与工艺卡是否一致，设定温度与实际温度允许偏差为 $\pm 20℃$。

6.5 模具温度控制作用

（1）生产结构形状较复杂、几何尺寸大、薄壁而且工艺性差的压铸件要求模具温度较高，且对温度波动敏感，需要将温度控制在较窄的范围内才能保证质量。

（2）控制模具温度稳定，改善金属液的流动状态，提高压铸生产的效率，也使脱模剂的涂敷更科学，稳定压铸件质量。

（3）随着压铸件越来越大型化，压铸模具的热平衡显得甚为重要。确保填充过程有理想的温度场，这样才能获得优质的压铸件。

（4）为使压铸模在合适的温度下生产出合格的压铸件，首先应在生产开始前对压铸模具进行预热至起始工作温度。预热方法包括燃气加热、电磁涡流加热、电热管加热和模温机加热等，其中模温机预热为最优。

7 压铸件设计

压铸件设计，要考虑易于生产和降低成本。影响铸件成本的因素有很多，这些因素中90%可在设计阶段改善，而在制造过程中依靠提高效率是不能改善的。有些因素比较容易辨别，例如原材料和加工成本，但这些成本很难大幅度降低。其他因素虽然不太明显，却能对降低成本具有很大的影响。轻量化和一体化的设计方法，几个组合装配的零件设计为一个整体压铸件，能够较多地减少生产及装配环节，这是从压铸工艺方法得到的最经济的降低成本的办法，而且可提高生产效率。

7.1 压铸件结构及设计要求

7.1.1 铸件

7.1.1.1 铸件结构要素

压铸件结构的工艺性，不仅关系到压铸生产是否可以顺利进行，而且影响到模具的设计、制造难度，影响压铸件的生产成本及合格率。压铸件的基本结构要素包括壁厚、筋、铸孔、铸造圆角、脱模斜度、螺纹、齿轮、槽隙、凸纹、网纹、文字、标志、图案、嵌铸等。

7.1.1.2 典型压铸件

典型铝合金压铸件如图7.1所示。

图7.1　典型铝合金压铸件

7.1.2　压铸件设计

7.1.2.1　压铸件设计综合分析

（1）用途及使用条件

压铸件可分为结构性、装饰性两类，其用途及使用条件如下。

①结构性零件：结构性零件对机械强度、尺寸精度、铸件内部质量等要求高，如汽车、摩托车零件、电机转子、齿轮、框架、外壳、支座、阀体、锁具等。

②装饰性零件：装饰性零件对铸件外表面质量要求高，外观造型美观，如日用品、玩具、装饰品、五金件、金属扣、浴室配件等。

当产品的用途、功能确定后，可以清楚其使用的条件。根据这些内容可以选择某一牌号的合金及制定相应的压铸工艺来达到对质量的要求。

（2）经济价值

了解压铸件的经济价值，区分高档产品与低档产品。高档产品对压铸机性能、压铸模制造要求更高，低档产品要求次之。

（3）装配关系

了解压铸件装配关系，与什么零部件配合、如何配合、紧固与连接的形式，根据装配关系选择符合产品要求的公差配合。

（4）制造过程的特点

①压铸过程：压铸方法、合金特性、模具制造。

②后加工过程：压铸件须根据不同的使用环境，采取不同的后处理方式，如打磨、抛光、机械加工、喷涂、电镀等，在设计时要考虑后续工序的要求。

（5）综合分析

对压铸件的特点和制作工艺进行综合分析，指导模具设计、制造及压铸生产。

①冶金标准：合金牌号、化学成分及力学性能。

②压铸件设计标准：结构、形状、尺寸、精度、公差、使用功能、操作方便、美观、安全、人性化等。

③成本预算：材料成本、压铸成本、模具成本、后加工处理成本、管理成本等。

综合以上分析，使设计的产品符合压铸规范，最终得到最佳的质量与产量要求，并节省制造成本。

7.1.2.2 压铸件设计要求

压铸件设计首先必须符合两个基本要求：一是压铸件必须具有合适的功能；二是压铸件能够被经济地压铸出来。

（1）设计标准：压铸件设计标准是保证产品质量的依据，使产品制造企业和用户之间有共同的验收标准。在进行压铸件设计时可参国家标准、行业标准或企业标准。

（2）使用功能：决定压铸件的几何形状、结构形式、轮廓尺寸。

（3）外观要求：决定压铸件的造型、尺寸比例、表面粗糙度、尺寸精度、表面处理、色彩选择等。

（4）性能要求：选择相适应的合金材料种类及牌号，材料决定压铸件的物理和力学性能，设计时要考虑材料的压铸特性。

（5）美观要求：现代设计不能仅满足产品的功能实现，还要求功能与美学的和谐。产品设计要考虑功能美和形式美，综合考虑产品使用过程中的宜人性、安全性、可靠性、舒适性。美学设计的内容包括造型、尺寸比例、表面质感、色彩、包装等。

（6）环保要求：绿色化是实现可持续发展的有效途径，是综合考虑环境影响和资源利用率的现代制造模式。其目标是使产品从设计、制造、使用、报废回收处理的整个生命周期中对环境污染最小，资源利用率最高，实现企业经济效益与社会效益优化。压铸件绿色设计的主要特点有以下几项。

①在满足使用功能条件下节省材料、节省能源。

②在合金材料选择上，要对资源利用有利。

③压铸件制造过程中采用清洁生产技术。

④压铸件使用过程中的安全性、可靠性好，寿命长。

⑤压铸件报废后可回收再生利用。

7.1.2.3 压铸工艺对压铸件结构设计的要求

压铸中遇到的种种问题，如分型面的选择、浇口的位置、顶出的布置、收缩规律的掌握、精度的保证、缺陷的种类及其程度等，都与所压铸的零件本身的工艺有关。压铸工艺对压铸件结构设计的要求如下。

（1）要能方便地将压铸件从模具内取出。一切不利于压铸件出模的障碍，应尽量设法在设计压铸件时就预先加以消除。

（2）要尽量消除侧凹、深腔。内部侧凹和深腔是脱模的最大障碍，在无法避免时，也应便于抽芯，保证铸件能顺利地从压铸模中取出。

（3）要尽量减少抽芯部位。每增加一处抽芯，都使模具复杂程度提高，增添了模具出现故障的因素，特别是增加了压铸生产的难度。

（4）要消除模具型芯出现交叉的部位。型芯交叉时，不但使模具结构复杂，而且容易出现故障。

（5）壁厚要均匀。当壁厚不均匀时，压铸件会因凝固速率不同而产生收缩变形，并且会在厚大部位产生内部缩孔和气孔等缺陷，降低了铸件的机械性能。

（6）要消除尖角，减小铸造应力。

（7）合理确定压铸件的尺寸精度。压铸件由于本身结构不均匀的收缩变形和生产过程的不稳定性，铸件的尺寸精度会不稳定，会有较大的尺寸变差。

7.2 压铸件基本结构元素的设计

7.2.1 壁厚

7.2.1.1 壁厚对机械性能和密度的影响

压铸件的壁厚是选择压铸工艺参数的基本依据。如充填时间的计算、内浇口速度的选择、凝固时间的计算、模具温度梯度的分析、充填流态、铸造压力的作用、留模时间的长短、铸件顶出温度、顶出时间、金属料消耗成本及操作效率等，都与压铸件壁厚有着直接的联系，还与铸件的力学性能、表面质量等密切相关。

当压铸件壁厚过小时，充填条件变得很差，合金液充填、成型困难，合金溶解不好，会产生充填不足和铸件冷隔、疏松缺陷，给压铸工艺带来困难。当压铸件壁厚过大时，又易产生缩孔、缩松、气孔、晶粒粗大，铸件致密性和力学性能下降，还可能发生铸造粘模、拉伤、缩裂等困难,导致生产成本上升。

压铸件的壁厚还与其机械性能有关,如图 7.2 所示。与其他铸造方法相比,压铸成型的显著特点之一是能铸出薄壁压铸件,从而减少材料,同时也减轻了零件的质量,而且薄壁压铸件比厚壁压铸件具有更高的致密性、耐磨性、抗拉强度和硬度。由图 7.2 可见,以 2.5mm 壁厚为基准,在 4mm 壁厚时铝合金、镁合金强度下降了 12.5%,在 6mm 壁厚时强度下降了 30%,所以壁厚增加,其强度下降。因此,在设计压铸件时,必须合理确定铸件壁厚,不宜过薄或过厚,尽量使铸件壁厚均匀一致。

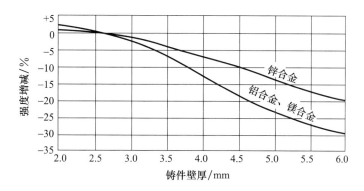

图7.2 压铸件壁厚与抗拉强度增减

7.2.1.2 壁厚的设计

在一般工艺条件下,压铸件的壁厚以 2~4.5mm 为宜。铸件的壁厚超过 4.5mm,其强度就会受到影响,如图 7.3 所示。壁厚超过 6mm,容易出现粘模和缩孔缺陷。当壁厚小于 9mm 时采用压铸工艺比其他铸造工艺更经济,壁厚如果超过 9mm,常常会严重影响模具寿命。同一压铸件上,最大壁厚与最小壁厚之比不要大于 3:1。

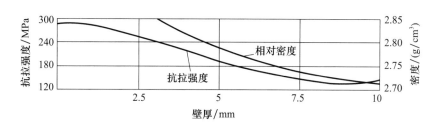

图7.3 铝合金压铸件壁厚与抗拉强度及相对密度的关系

压铸件可压铸的最小壁厚和推荐壁厚见表 7.1,压铸件边缘壁厚与深度的尺寸关系见表 7.2。压铸件壁厚与充填流动长度如图 7.4 所示。

表 7.1　压铸件可压缩的最小壁厚和推荐壁厚

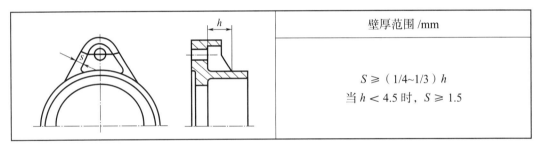

| 壁厚处的面积（a×b）cm² | 压铸件的壁厚 h/mm | | | | | | | | |
| | 锌合金 | | | 铝合金 | | 镁合金 | | 铜合金 | |
	最小	正常	推荐壁厚	最小	正常	最小	正常	最小	正常
≤ 25	0.5	1.5	1.0~3.0	0.8	2.0	0.8	1.2	0.8	1.5
> 25~100	1.0	1.8	1.5~4.5	1.2	2.5	1.2	2.5	1.5	2.0
> 100~500	1.5	2.2	2.5~5.0	1.8	3.0	1.8	3.0	2.0	2.5
> 500	2.0	2.5	3.5~6.0	2.5	4.0	2.5	4.0	2.5	3.0

表 7.2　压铸件边缘壁厚与深度的尺寸关系

	壁厚范围 /mm
	$S \geqslant (1/4 \sim 1/3) h$ 当 $h < 4.5$ 时，$S \geqslant 1.5$

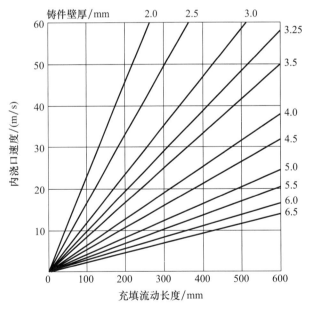

图7.4　内浇口速度、铸件壁厚与充填流动长度

7.2.2 加强筋

7.2.2.1 加强筋的作用

应优先采用设置加强筋的办法增加零件的强度和刚度。筋结构可减轻铸件的重力，减小壁厚和热节，消除由于金属过分集中而收缩引起的缩孔、气孔、裂纹与变形等缺陷。还可作为辅助流道改善充填性能，使金属液流动畅通。在铸件内浇口处增加筋条，作为浇口通道，防止铸件多肉或缺肉。

7.2.2.2 加强筋的设计

设计加强筋时要注意，筋要设置在铸件受力较大处。筋要对称设置，厚度要均匀。筋的方向应该与合金液流动方向一致，较薄的加强筋高度不超过其厚度的 5 倍。筋与铸件连接的根部要有圆角，圆角半径一般接近此处零件壁厚，避免多筋交叉。加强筋的脱模斜度应大于铸件内腔所允许的脱模斜度，一般为 1°~3°，较高的筋选较小的脱模斜度。过大的脱模斜度会增加筋根部的热节，也会使筋顶部的壁厚过小。

筋的厚度一般不应当超过与其相连的壁的厚度，可取该筋处壁厚的 2/3~3/4。当铸件壁厚小于 2mm 时，容易在筋处憋气，故不宜设筋。如必须设筋，则可使筋与壁相连处加厚。平顶加强筋的结构及参考尺寸见表 7.3。

表 7.3 平顶加强筋的结构及参考尺寸   mm

	t	$t \leqslant 3$	$t > 3$
	h_2	$(0.6\text{~}1.0)\,t$	$(0.4\text{~}0.7)\,t$
	h_1	$(1.0\text{~}1.3)\,t$	$(0.6\text{~}1.0)\,t$
	h	$\leqslant 5\,t$	
	r_2	$\leqslant 0.5\,t$	
	r_1	$(1.0\text{~}1.2)\,t$	

7.2.3 铸孔

7.2.3.1 孔的种类

压铸成型的特点之一就是能直接压铸出比较深的细孔。对一些精度要求不很高的孔，可以不再进行机械加工就能直接使用。铸孔包括圆孔、方孔、异型孔、通孔、盲孔、台阶孔，螺栓孔、螺纹底孔、减重孔、观察孔、油孔、气道孔、定位孔、工艺孔等。

7.2.3.2 孔的设计

铸件上的孔、槽应尽量铸出，这不仅使壁厚尽量均匀，减少热节，节省金属材料，而且减少机加工工时。零件上的孔，能压铸出的最小直径与其最大深度有一定的关系，较小直径的孔只能压铸较浅的深度，其参考值见表 7.4。

表 7.4　可压铸孔的最小孔径以及孔径与深度的关系

合金	最小孔直径 D/mm		可压铸孔的最大深度为孔径 D 的倍数			
	经济上合理的	技术上可能的	不通孔		通孔	
			$D > 5mm$	$D \le 5mm$	$D > 5mm$	$D \le 5mm$
锌合金	1.5	0.8	6	4	12	8
铝合金	2.5	2.0	4	3	8	6
镁合金	2.0	1.5	5	4	10	8
铜合金	4.0	2.5	3	2	5	3

注：①表内孔深系指固定型芯而言，对于活动的单个型芯其深度还可适当增加。
　　②对于较大的孔径，精度要求不高时，孔深亦可超出上述范围。
最小脱模斜度：锌合金为 0°~0.3°，铝合金为 0.5°~1°，镁合金为 0°~0.3°，铜合金为 2°~4°。

凡是孔径小于表中所列数值的孔，一般不宜直接进行压铸，而是采用压铸出定位痕再用机械加工方法加工。处于铸件形状中心附近形成的孔，其型芯受到的弯曲力比起其他位置的型芯受到的弯曲力小，因此铸造出孔的尺寸可以适当偏小。另外在设计时还需考虑孔径与孔距之间的关系，孔间距要在 1.2mm 以上。

通孔的型芯可选用双支点（将型芯延伸到相对的型腔壁内）或单支点（悬臂），而盲孔只能用单支点型芯成型。

为了保证铸件有良好的成型条件，孔深 t 与孔距离压铸件边缘表面的距离，要求 $b \ge (1/4~1/3) t$，如图 7.5 所示。而当 $t < 4.5mm$ 时，$b \ge 1.5mm$，为防止收缩导致细小型芯变形或折断，铸件结构可以按图 7.6 进行改进，减小型芯的长度。

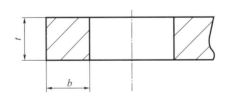

图7.5　铸件孔到边缘的宽度

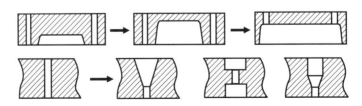

图7.6　改变铸件结构以减小孔的深度

7.2.3.3 精加工切削螺纹底孔的设计

一般等级切削螺纹预留底孔尺寸（标准 NADCA P-4A-9-09）如图 7.7 及表 7.5 所示，螺纹尺寸注明 f 者表示细牙螺纹。若须指定孔径公差，D_1 用 0~-0.05mm，D_2 用 0~+0.05mm。

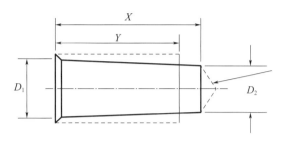

图7.7　切削螺纹预留底孔尺寸结构图

表 7.5　一般等级的切削螺纹预留底孔（标准 NADCA P–4A–9–09）

公制系列	孔直径		螺纹深度	孔深度
螺纹尺寸	D_1 最大 /mm	D_2 最小 /mm	Y 最大 /mm	X 最大 /mm
M3.5 × 0.6	3.168	2.923	7.88	9.68
M4 × 0.7	3.608	3.331	9.00	11.10
M5 × 0.8	4.549	4.239	11.25	13.65
M6 × 1	5.430	5.055	13.50	16.50
M8 × 1.25	7.281	6.825	18.00	21.75
fM8 × 1	7.430	7.055	14.00	17.00
M10 × 1.5	9.132	8.595	22.50	27.00
fM10 × 0.75	9.578	9.285	10.00	12.25
fM10 × 1.25	9.281	8.825	20.00	23.75
M12 × 1.75	10.983	10.365	27.00	32.25
fM12 × 1	11.430	11.056	15.00	18.00
fM12 × 1.25	11.281	10.825	18.00	21.75
M14 × 2	12.834	12.135	31.50	37.50
fM14 × 1.5	13.132	12.595	24.50	29.00
fM15 × 1	14.430	14.055	15.00	18.00
M16 × 2	14.384	14.135	32.00	38.00

续表

公制系列	孔直径		螺纹深度	孔深度
螺纹尺寸	D_1 最大 /mm	D_2 最小 /mm	Y 最大 /mm	X 最大 /mm
fM16 × 1.5	15.132	14.595	24.00	28.50
fM17 × 1	16.430	16.055	15.30	18.30
fM18 × 1.5	17.132	16.595	24.30	28.80
M20 × 2.5	18.537	17.675	40.00	47.50
fM20 × 1	19.430	19.055	15.00	18.00
fM20 × 1.5	19.132	18.595	25.00	29.50
fM22 × 1.5	21.132	20.595	25.30	29.80
M24 × 3	22.239	21.215	48.00	57.00
fM24 × 2	22.834	22.135	30.00	36.00
fM25 × 1.5	24.132	23.595	25.00	29.50
fM27 × 2	25.834	25.135	33.75	39.75
M30 × 3.5	27.941	26.754	60.00	70.50

7.2.3.4 压铸自攻挤压螺钉孔设计

自挤压螺钉采用三角牙螺钉，如图 7.8 所示。三角牙螺钉的导入端为三角形，有助于降低螺钉攻入被连接物体时遇到的阻力，同时有助于防止螺钉在振动环境中松脱。由于不需要螺母配合，三角螺纹自攻自锁螺钉有助于降低使用成本。

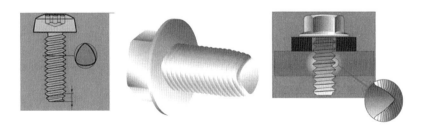

图7.8　压铸自挤压螺钉截面及挤压特征

三角自攻螺钉孔的优点包括易于安装、成本降低、优异的防震性能，安装时轴向自动对准，导入端负载低，扳拧攻入比率高，有效锁紧力矩高，有优异的扭矩及夹紧关系。对于压铸件自攻螺钉用的底孔，推荐采用的直径见表 7.6。

表 7.6　自攻螺钉用底孔直径推荐值　　　　　　　　　mm

螺纹规格	M2.5	M3	M3.5	M4	M5	M6	M8
d_2	2.30~2.40	2.75~2.85	3.18~3.30	3.63~3.75	4.70~4.85	5.58~5.70	7.45~7.60
d_3	2.20~2.30	2.60~2.70	3.08~3.20	3.48~3.60	4.38~4.50	5.38~5.50	7.15~7.30
d_4	≥ 4.2	≥ 5.0	≥ 5.8	≥ 6.7	≥ 8.3	≥ 10	≥ 13.3
旋入深度 t				$t \geqslant 1.5d$			

7.2.4　槽隙和散热片

7.2.4.1　槽隙的设计

槽和孔的性质是一样的，有导槽、长圆槽、长方形槽。铸件上的散热片结构，也可以被认为是长方形槽。散热片及槽隙的结构形状和相关最小尺寸见表 7.7。

表 7.7　散热片及槽隙的结构形状和相关最小尺寸　　　　　mm

(a) 长圆槽　　　　　　(b) 导槽　　　　　　(c) 散热片

合金	锌合金	铝合金	镁合金	铜合金
最小宽度 b	0.8	1.2	1.0	1.5
最大深度 H	12	10	12	10
厚度 h	12	10	12	8
最小脱模斜度	15′~45′	15′~45′	15′~45′	1°15′~2°30′
说明：宽度 b 在具有脱模斜度时，表内的值为小端部位的值。				

7.2.4.2　散热片的设计

铸件在使用过程中，如果接收到热量将变热。一般在铸件上设置散热片，用增大铸件散热面积的方法快速散发热量。散热片的散热方式一般是自然辐射散热和空气流动风冷散热。如果有风冷辅助散热，散热片之间的距离可以小一点。如果只有自然辐射散热，没有风冷散热，散热片之间要有一定的距离，以便增加空气受热之后的自然流动，使散热片附近的空气具有较低的温度，让热量能够散发出去。

散热片的脱模斜度一般以 $1.5° \pm 0.5°$ 为宜，较高的散热片选用较小的斜度。散热片的脱模斜度过小，散热片的头部不容易脱模，会出现脱模困难、断裂现象。过大会在散热片的根部形成较大的热节，根部会出现模具过热、粘模和缩孔现象。

能够压铸成型的散热片高度，不仅与散热片的厚度有关，更与合金液充填散热片时的流向和速度有关。如果合金液能够快速喷射向散热片的深腔，可以压铸尺寸较大的散热片。如果合金液沿平面流动一段距离再流进垂直的散热片深腔，充填靠的是合金液流动挤压的动力，充填流动的速度低，在薄壁的散热片型腔中会快速冷却，失去流动性，同时会因为散热片型腔中气体的反压力，降低充填速度，致使散热片出现冷隔和气泡缺陷。

散热片的最高高度，推荐值是散热片顶部厚度的 30~50 倍，内浇口直接充填散热片深腔的选择较大倍数，相邻两个散热片中心之间的最小距离是散热片顶端厚度与根部厚度之和。

7.2.5　脱模斜度

设计压铸件时必须有脱模斜度。脱模斜度也被称为铸造斜度，斜度的方向必须与铸件的脱模方向一致。脱模斜度的作用是使压铸件顺利脱模，减小脱模阻力及抽芯力，还可防止铸件拉伤、减小模具的磨损。铸件上所有与模具运动方向（脱模方向）平行的孔壁和外壁均需具有脱模斜度，最好在设计压铸件时就在结构上留有脱模斜度。若压铸件设计时未考虑脱模斜度，则由压铸工艺来考虑。

7.2.5.1　脱模斜度的结构要求

在允许范围以内，脱模斜度大，可减小脱模力，减小模具的磨损和推杆的损伤，也减小压铸件表面的划伤。脱模斜度大小取决于压铸件合金的材料种类、压铸件的形状、深度、高度、壁厚、型腔或型芯的粗糙度等。高熔点合金及收缩率大的合金，脱模斜度取大些。压铸件的壁厚越大，合金对型芯的包紧力也越大，脱模斜度就越大。型腔浅的脱模斜度大于深腔的脱模斜度，形状复杂的大于形状简单的。当金属的收缩较大时，脱模斜度应大些，反之则取小些。另外，压铸件内孔（模具型芯）比外壁（模具型腔）的脱模斜度要大一些。一般在满足压铸件使用要求的前提下，在允许的范围内宜尽可能采用较大的脱模斜度。

7.2.5.2　脱模斜度的设计

压铸件的脱模斜度与合金及型腔深度相关，不同合金及型腔深度时的脱模斜度常用值和推荐值见表 7.8，铸件外壁的铸造脱模斜度为内腔铸造斜度的 1/2。

表 7.8 不同合金及型腔深度的脱模斜度常用值和推荐值

铸件内腔深度 /mm		~6	> 6~8	> 8~10	> 10~15	> 15~20	> 20~50	> 50~90	> 90~200
常用值	锌合金	2°30′	2°	1°45′	1°30′	1°15′	1°	0°45′	
	铝、镁合金	4°	3°30′	3°	2°30′	2°	1°30′	1°15′	
	铜合金	5°	4°	3°30′	3°	2°30′	2°	1°30′	
推荐值	锌合金	3°	2°30′	2°	1°45′	1°30′	1°	40′	25′
	镁合金	4°	3°	2°45′	2°30′	2°	1°20′	50′	30′
	铝合金	5°	3°30′	3°	3°	2°20′	1°30′	1°	45°
	铜合金	6°	4°	3°30′	3°15′	1°45′	2°	1°20′	1°

压铸件的最小脱模斜度推荐值见表 7.9，按压铸件精度等级推荐的最小脱模斜度推荐值见表 7.10。

表 7.9 压铸件的最小脱模斜度推荐值

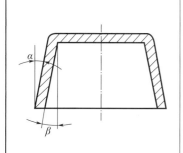

说明：

由脱模斜度引起的铸件尺寸偏差，不计入尺寸公差值内。

表中数值仅适于型腔深度或型芯高度 ≤ 50mm，表面粗糙度 $Ra = 0.4\mu m$，大端与小端尺寸的单面差的最小值为 0.03mm 时。若深度或高度尺寸 ≥ 50mm 或表面粗糙度 $Ra < 0.4\mu m$ 时，斜度数值可适当减小。

高熔点合金斜度大于低熔点合金斜度。

铸件的脱模斜度，壁厚的大于薄壁的。内侧的大于外侧的，一般可取外侧为内侧的 1/2。形状复杂的大于形状简单的。使用于跟其他件配合面的小于非配合面的

合金种类	配合面的最小脱模斜度		非配合面的最小脱模斜度	
	外表面 α	内表面 β	外表面 α	内表面 β
锌合金	0°10′	0°15′	0°15′	0°45′
铝、镁合金	0°15′	0°30′	0°30′	1°
铜合金	0°30′	0°45′	1°	1°30′

表 7.10 按压铸件精度等级推荐的最小脱模斜度推荐值

铸件合金	外表面			内表面		
公差级别	标准级	严格级	精密级	标准级	严格级	精密级
铝、镁合金	45′	30′	0°15′	1.5°	1°	0°27′
锌合金	30′	20′	0°10′	1°	40′	0°15′

各类合金铸件的压铸孔直径与最大孔深的关系及其铸造斜度推荐值见表 7.11。

表 7.11　孔的深度及脱模斜度

孔的直径 D /mm	锌合金		铝、镁合金		铜合金	
	最大深度 /mm	脱模斜度	最大深度 /mm	脱模斜度	最大深度 /mm	脱模斜度
~3	9	1°30′	8	2°30′	—	—
> 3~4	14	1°20′	13	2°	—	—
> 4~5	18	1°10′	16	1°45′	—	—
> 5~6	20	1°	18	1°40′	—	—
> 6~8	32	0°50′	25	1°30′	14	2°30′
> 8~10	40	0°45′	38	1°15′	25	2°
> 10~12	50	0°40′	50	1°10′	30	1°15′
> 12~16	80	0°30′	80	1°	45	1°15′
> 16~20	110	0°25′	110	0°45′	70	1°
> 20~25	150	0°20′	150	0°40′	—	—

说明：①当 D > 25mm 时，锌合金、铝合金铸件的孔深可达直径的 6 倍。
②螺纹底孔允许按表中脱模斜度铸出后，经扩孔达到攻丝尺寸。
③对于孔径小、受收缩应力大的铸孔，表中深度尺寸可适当缩小

7.2.6　铸造圆角

7.2.6.1　铸造圆角的结构要求

铸造圆角能够减小铸件或模具在转角处应力集中的现象，避免模具或铸件在转角处过早出现裂纹而失效。此外，铸造圆角还能够增加铸件的强度，有利于压力传递和金属流动，有利于气体排出，防止卷气，改善填充性能，并能减少铸件表面缩孔、粘模、变形等缺陷。铸件电镀时，圆角可获得均匀镀层，防止尖角处沉积。

在压铸件壁与壁的连接处，无论是直角还是锐角、钝角，都应设计成圆角，只有在分型面部位形成的转角才不采用圆角连接。压铸件截面形状急剧变化的部位，一般都是应力容易集中的部位，应力集中会大大削弱压铸模和压铸件的强度。模具的转角处为圆角或倒角，可以消除应力集中，增加模具韧性，延长寿命。转角的半径尺寸也会对应力集中和冲击韧性产生较大影响，如图 7.9 和图 7.10 所示。在模具设计时，应使用合适的圆角半径，尽量防止尖锐的圆角和过大的截面变化。

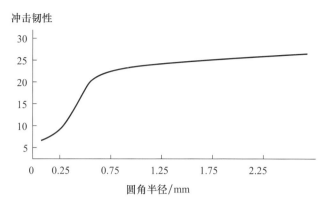

图7.9 压铸件的圆角半径对模具冲击韧性的影响
（材料H13，硬度46~47HRC）

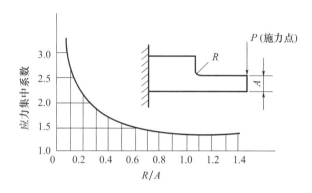

图7.10 压铸件的圆角半径与应力集中的关系

7.2.6.2 铸造圆角的设计

压铸件的最小圆角半径，按压铸合金不同而有所不同。锌合金的最小铸造圆角0.5mm，铝合金和镁合金是1mm，铜合金是1.5mm。表7.12列出圆角半径的计算方法，在产品设计时可参考选用。

表 7.12 压铸件圆角半径的计算方法

连接形式及壁的厚度	图例	圆角半径	备注
水平连接 $H/h \leqslant 2$		$H/h \leqslant 2$ 时 $R=(0.2\sim0.25)(H+h)$ $H/h > 2$ 时 $R \geqslant 2h$	

连接形式及壁的厚度	图例	圆角半径	备注
水平连接 $H/h>2$		$L \geqslant 4(H+h)$ $R=2h$	
直角连接，壁厚相等 $h=H$		$r_{min}=kh$ $r_{max}=h$ $R=r+h$	锌合金件： $k=0.25$ 铝、镁、铜合金件：$k=0.5\sim1$
直角连接，壁厚不等 $h<H$		$r=(h+H)/2$ $R=r+(h+H)/2$	$r \geqslant (h+H)/3$ $r \leqslant (h+H)2/3$ $R \geqslant r+h$ $R \leqslant r+H$
T形连接，壁厚相等 $B=h=H$		$r=(1\sim1.25)b$	
T形连接，壁厚不等 $b=h<H$		$r=(1\sim1.25)b$ $R=r$	
T形连接，壁厚不等 $H/h \leqslant 1.75$		$r=0.25(h+H)$	$r \leqslant 1.25h$
T形连接，壁厚不等 $H/h \geqslant 1.75$		加强 h 壁的强度 $b=(H-h)1/3$ $L=4b$ $R=2.5h$ $r=h$	

连接形式及壁的厚度	图例	圆角半径	备注
+字形连接，壁厚相等	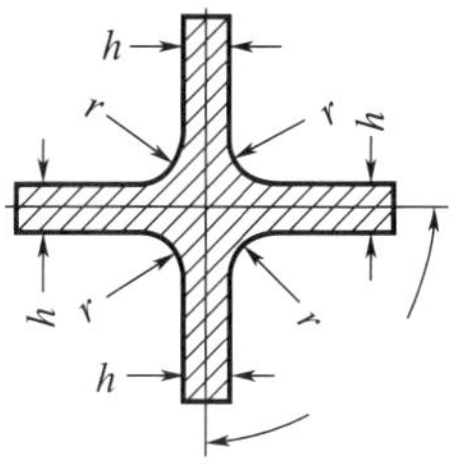	$r=h$	
X形连接，壁厚相等 $b=H$	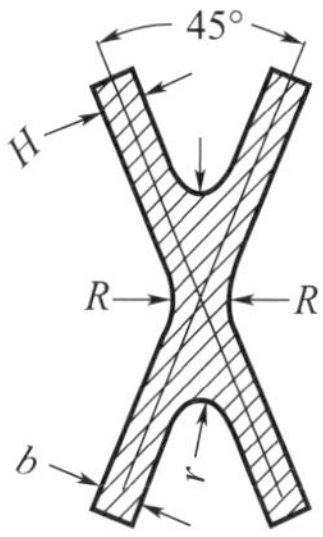	$r=0.7b$ $R=1.5b$	
Y形连接，壁厚相等 $b=h=H$	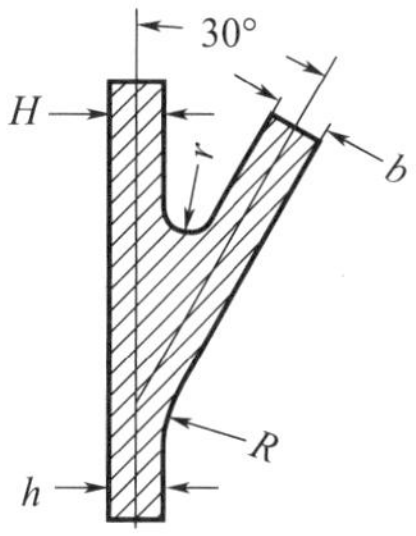	$r=0.5b$ $R=2.5b$	

7.2.7 螺纹、齿轮和铆钉头

7.2.7.1 螺纹与齿轮的结构要求

压铸件螺纹表面的组织致密，可以使连接处具有很好的强度和耐磨性。其缺点是不能生产出高精度的螺纹，螺纹的圆整度不高，而且合金在收缩时容易造成尺寸的累计误差。一般可以做到《普通螺纹 基本牙型》（GB/T 192—2003），《普通螺纹 公差》（GB/T 197—2018）中"普通螺纹"的三级精度。

压铸外螺纹采用对开式分型的螺纹型环时，如果压铸螺纹精度达不到螺纹要求，或螺纹外形有对接缝，需考虑留有 0.2~0.3mm 的精加工余量。为了防止分型面的披缝或错位，把螺纹的分型面部位做出一段平面无螺纹，此面螺纹起末端高度应逐渐减小至与内径相交，如图 7.11 所示。压铸内螺纹时，可用螺纹型芯成型，但需要螺纹型芯的旋出装置。为了方便旋出，螺纹型芯必须设计出 0°30′ 的脱模斜度，降低了螺纹的尺寸精度。可压铸螺纹的尺寸见表 7.13。

图7.11 螺纹的分型面一段做平面无螺纹

表 7.13 可压铸的螺纹尺寸   mm

合金	最小螺距	最小螺纹外径		最大螺纹长度：螺径的倍数	
		外螺纹	内螺纹	外螺纹	内螺纹
锌合金	0.75	6	10	8	5
铝合金	0.75	8	14	6	4
镁合金	0.75	6	14	6	4
铜合金	1.5	12	—	6	—

压铸的齿轮一般都是平头螺纹牙齿，压铸的平头螺纹牙形如图 7.12 所示，压铸成型齿轮的最小模数见表 7.14。齿轮牙齿的脱模斜度要不小于压铸件内表面的脱模斜度要求，齿轮的脱模斜度可参考表 7.9 压铸件的最小脱模斜度推荐值中内表面 β 值选取。

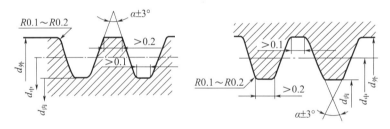

图7.12 压铸的平头螺纹牙形

表 7.14 压铸齿轮的最小模数

压铸合金类型	锌合金	铝、镁合金	铜合金
最小模数	0.3	0.5	1.5

7.2.7.2 螺纹、齿轮的压铸

在一定的条件下，锌、铝、镁合金的铸件可以直接压铸出螺纹。压铸螺纹的表层具有耐磨和耐压的优点，其尺寸精度、形状的完整性及表面光洁方面虽然比机械加工的稍差，但对一般用途的螺纹来说并无多大影响，因而还是被常常采用。对于熔点高的合金（如铜合金），则因其对模具的螺纹型腔和型芯的热损坏十分剧烈，螺牙峰谷热裂、崩损

过早，故一般不用压铸螺纹。对于要求精度高的齿轮齿面，要留有 0.2~0.3mm 的加工余量，之后进行机械精加工。这样不仅可以保证齿轮的尺寸精度，又可以在精加工螺纹之后不出现气孔、烂牙缺陷，保证螺牙的强度。

对于内螺纹的压铸，由于铸件的收缩，在旋出螺纹型芯时，螺纹牙型上表面摩擦面过多，旋出十分困难。为了减少摩擦面，螺纹型芯宜短些，并且在轴向方向上还要带有一定的斜度，从而使螺纹的工作长度减小。内螺纹需要模具旋转抽出型芯的结构复杂，在压铸生产中，因压铸内螺纹时，旋出螺纹型芯是在高温条件下进行的，操作极为不便。鉴于这些问题的存在，压铸内螺纹只是在十分必要的情况下才加以采用。一般只压铸出螺纹底孔，再精加工出内螺纹。

对于外螺纹的压铸，常采用两种方式：其一是沿着轴线分型，采用两半模，由可分开的两半螺纹型腔直接压铸出外螺纹，这是最常见也是较经济、合理的压铸方式。这种外螺纹常出现轴向错扣或圆度不够现象，精度稍微降低，这些现象可以通过机加工修整，需留有 0.2~0.3mm 的加工余量。其二是采用螺纹型环压铸，这种螺纹不会产生错扣和圆度不够的问题，但压铸生产操作工序增加，工作条件（高温）差，难度大，效率低。

7.2.7.3 铆钉头的设计

压铸件与其他零件铆接时，其铆钉头可在压铸时与铸件同时铸出。压铸的铆钉头尺寸见表 7.15。

表 7.15　压铸的铆钉头尺寸

尺寸	合金	
	铝合金	锌、锡合金
最小直径 d	1.5	1.0
外圆角半径 R	0.25	0.2
内圆角半径 r	0.3	0.2
最大高度 h	6d	8d
最小脱模斜度 α	1°	15′

7.2.7.4 凸纹、网纹、文字、标志和图案的设计

在压铸件上可以压铸出各种凸纹、网纹、文字、标志和图案。通常压铸的网纹、文字、标志和图案都是凸体的，因为模具上加工凹形的网纹、文字、标志和图案比较方便。铸件上的凸纹、网纹、文字、标志和图案均应避免尖角，笔画和图形亦应尽量简单，便于模具加工和延长模具使用寿命。

压铸凸纹或直纹，其纹路一般应平行于脱模方向，并具有一定的脱模斜度，压铸文

字的大小一般不小于《技术制图 字体》（GB/T 14691—1993）规定的 5 号字体。文字、符号凸出高度应大于 0.3mm，线条宽度一般为凸出高度的 1.5 倍，常取 0.8mm，线条间最小距离为 0.3mm，脱模斜度为 10°~25°。图案设计应力求简单，美观大方。

7.2.8 压铸镶嵌件

使用镶嵌件的目的：①使压铸件局部具有某些特殊的性能，如强度、硬度、耐蚀性、耐磨性、导磁性、导电性、绝缘性、焊接性能等。压铸时，常常在压铸件中镶入一种与压铸件不同材料的镶嵌件，改善压铸件的局部性能。②弥补压铸件过于复杂的型腔，如孔深、内侧凹等无法脱出型芯而采用嵌件。③消除热节，避免疏孔。④将许多小零件合铸起来代替部分零件的装配。

7.2.8.1 镶嵌件的设计原则

（1）镶嵌件应与压铸件连接牢固。为了防止镶嵌件受力时在压铸件内转动或脱出，在镶嵌件镶入压铸件部分的表面必须设计出凹凸形状，如滚花、开槽等，或者采取其他措施防止松动，如图 7.13 所示。

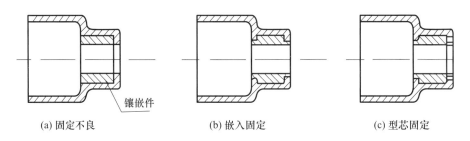

(a) 固定不良　　　　　　　　(b) 嵌入固定　　　　　　　　(c) 型芯固定

图7.13　镶嵌件镶入压铸件部分的凹凸形状

（2）镶嵌件与铸件金属基体之间不应产生电化腐蚀，镶嵌件的表面可加保护层。

（3）有镶嵌件的铸件应避免热处理，以免两种金属相变的不同而产生体积变化的不同，导致镶嵌件在铸件内松动。

（4）镶嵌件在模内应有可靠的定位和正确的配合公差。模内的镶嵌件在成型时要受到高压、高速的金属液流的冲击，可能发生位移，同时要防止金属液挤入放置镶嵌件的孔中，因此，镶嵌件在模内必须可靠定位，同时要有正确的配合公差。一般放置镶嵌件的模具孔与镶嵌件的配合，压铸锌合金时为 H7/e8，压铸铝、镁合金时为 H7/d8，压铸铜合金时为 H7/c8。同一压铸件上镶嵌件数量不宜太多，否则会因压铸时安放镶嵌件而降低生产率。

（5）镶嵌件的形状和在铸件上所处的位置应使压铸生产时放置方便，脱模顺利。

（6）镶嵌件上被包围的部分不应有尖角、棱边，以免铸件开裂。

（7）镶嵌件周围应有一定金属层的厚度，金属层厚度一般不应小于 1.5mm，这样可提高镶嵌件在压铸件中所受到的包紧力，又可防止镶嵌件周围的金属层产生裂纹。镶嵌件周围金属层的最小厚度见表 7.16。

表 7.16 嵌件周围金属层的最小厚度　　　　mm

压铸嵌件示意图	嵌件直径 d	嵌件周围压铸合金层最小厚度 h
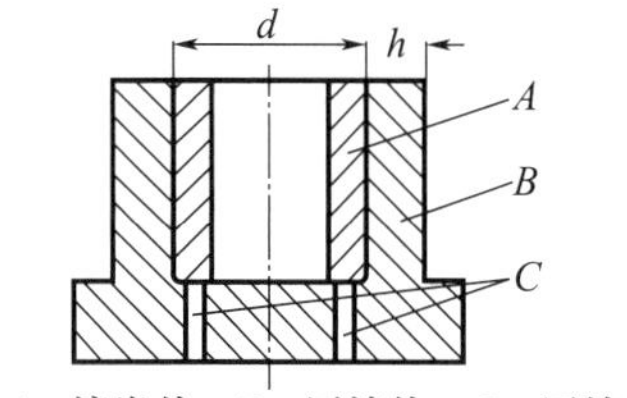	1	1
	3	1.5
	5	2
	8	2.5
	11	2.5
	13	3
	16	3
	18	3.5

A—镶嵌件；B—压铸件；C—压铸模具紧固镶嵌件的紧固销孔

7.2.8.2 镶嵌件的固定

镶嵌件的形状很多，一般为螺杆（螺栓）、螺母、轴、套、管状制件、片状制件等。其材料多为铜、钢、纯铁和非金属材料。镶嵌件在铸件内必须稳固牢靠，固定方法见表 7.17 及表 7.18。

表 7.17 杆类镶嵌件的固定方法

形式	螺钉头	螺栓	开槽	凸台滚花	十字销	十字头
图例	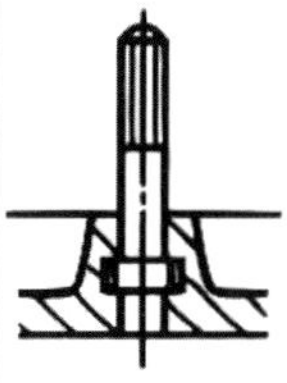	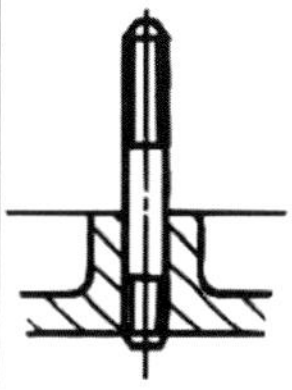	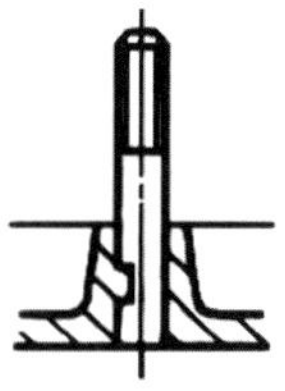	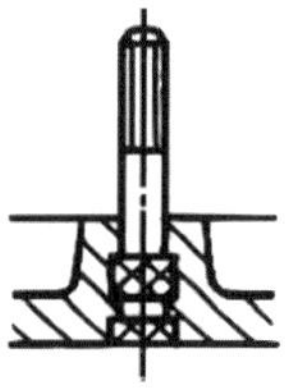	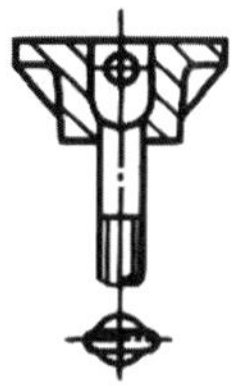	

表 7.18 套类镶嵌件的固定方法

形式	平槽	凸缘削平	六角环槽	尖椎销槽	滚花环槽
图例	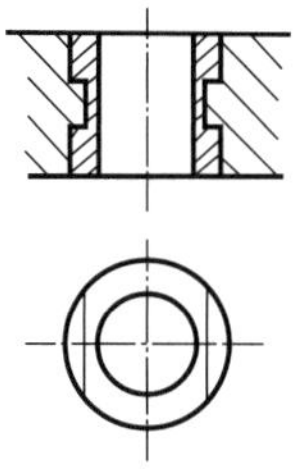	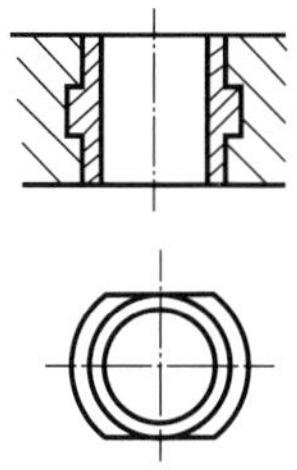	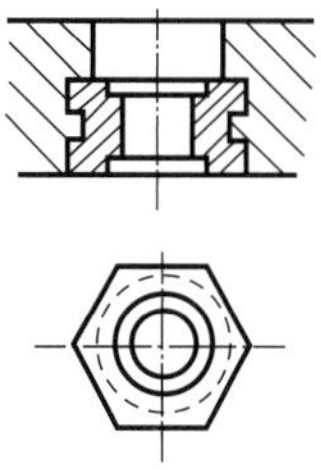	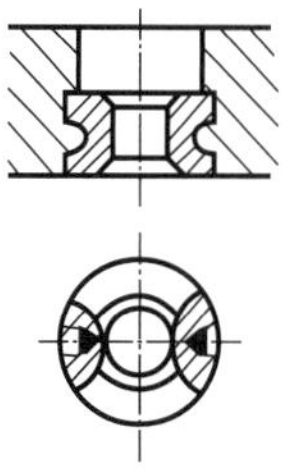	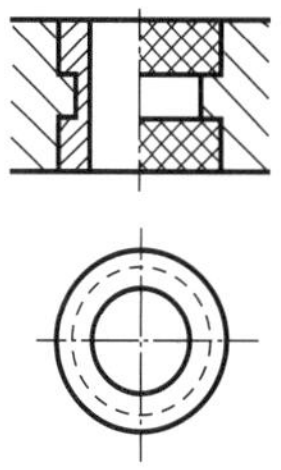

7.3 压铸件的尺寸精度及加工余量

尺寸精度是压铸件结构工艺性的关键特征之一，它影响到压铸模具的设计、制造与压铸工艺的选择，从而关系到压铸件的质量与成本。考虑合金的收缩变形、铸件机械变形和模具的制造精度，合理确定压铸件的尺寸精度，使铸件的尺寸精度能够得到保证。

7.3.1 铸件的尺寸精度

（1）压铸件的尺寸精度

压铸件与其他方式的铸造件相比能达到的尺寸精度比较高，其稳定性也很好，具有很好的互换性。压铸件的尺寸精度与其尺寸大小有关，国家标准《铸件 尺寸公差、几何公差与机械加工余量》（GB 6414—2017）中规定了铸件的尺寸公差，见表7.19。

表 7.19　铸件尺寸公差（GB 6414—2017）　　　　mm

铸件基本尺寸		公差级别和公差值						
大于	至	DCTG3	DCTG4	DCTG5	DCTG6	DCTG7	DCTG8	DCTG9
~	3	0.14	0.20	0.28	0.40	0.56	0.80	1.2
3	6	0.16	0.24	0.32	0.48	0.64	0.90	1.3
6	10	0.18	0.26	0.36	0.52	0.74	1.0	1.5
10	16	0.20	0.28	0.38	0.54	0.78	1.1	1.6
16	25	0.22	0.30	0.42	0.58	0.82	1.2	1.7
25	40	0.24	0.32	0.46	0.64	0.90	1.3	1.8
40	63	0.26	0.36	0.50	0.70	1.0	1.4	2.0
63	100	0.28	0.40	0.56	0.78	1.1	1.6	2.2
100	160	0.30	0.44	0.62	0.88	1.2	1.8	2.5
160	250	0.34	0.50	0.70	1.0	1.4	2.0	2.8
250	400	0.40	0.56	0.78	1.1	1.6	2.2	3.2
400	630	—	0.64	0.90	1.2	1.8	2.6	3.6
630	1000	—	0.72	1.0	1.4	2.0	2.8	4.0
1000	1600	—	0.80	1.1	1.6	2.2	3.2	4.6
1600	2500	—	—	—	—	2.6	3.8	5.4
2500	4000	—	—	—	—	—	4.4	6.2

铸件基本尺寸		公差级别和公差值						
大于	至	DCTG3	DCTG4	DCTG5	DCTG6	DCTG7	DCTG8	DCTG9
备注： ①对铝、镁合金压铸件选取 DCTG4~DCTG7，小于 DCTG4 的需要加严频次检测控制。 ②对锌合金压铸件选取 DCTG4~DCTG6。 ③对铜合金压铸件选取 DCTG6~DCTG8。 ④壁厚的尺寸公差应比其他的一般公差粗一级。 当有特殊要求时，公差超出注①、②、③的等级范围，经有关各方商定后仍从表中选取								

（2）压铸件尺寸公差带位置

一模多铸时，考虑铸件轮廓的尺寸公差时，铸件分型面上的投影面积为各铸件投影面积之和。

（1）除非另有规定，公差带应相对于基本尺寸对称分布（$F_\pm$），即一半在基本尺寸以上，另一半在基本尺寸以下，如图 7.14 所示。

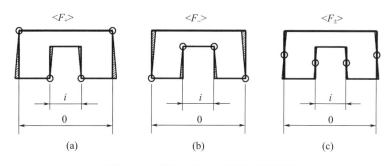

图7.14 压铸件的尺寸标注位置图

（2）压铸件的尺寸公差不包括铸造斜度，压铸件的尺寸公差基准是：

非加工面的尺寸（F_-）：孔（包容面）以小端为基准，轴（被包容面）以大端为基准。待加工表面（F_+）：孔（包容面）以大端为基准，轴（被包容面）以小端为基准。有特殊规定时，要在图样上注明。

还有一种表示方法：在有铸造脱模斜度的部位，一般采用沿斜面对称分布的公差，还要规定增加材料（F_+）、减去材料（F_-）或取平均值（$F_\pm$）。一般在未规定时可采用以下方法。

①非加工面的尺寸，取减少材料（F_-），即孔取小端，轴取大端。

②待加工地面尺寸，取增加材料（F_+），即孔取大端，轴取小端。

③规定孔和轴均取双向偏差（$F_\pm$），其基本尺寸在斜面的一半位置。

④非配合尺寸根据铸件结构的需要，确定公差带位置取单向或双向。必要时调整其基本尺寸。

7.3.2 铸件的机械加工余量

当压铸件某些部位由于尺寸精度或形位公差达不到设计要求时，可在这些部位适当留取加工余量，然后用后续的机械加工来达到其设计要求，如图 7.15 所示。

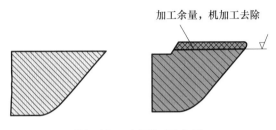

图7.15　表面加工余量

因模具的激冷作用在压铸件表面形成一层约 0.68mm 厚的致密表面层，表面层最细密，坚实耐磨，如果要加工掉，就会失去保护作用。压铸件会有内部气孔存在，分散而细小的气孔通常是不影响使用的，但机械加工后成为外露气孔，可能影响使用。所以要尽量减少铸件的加工余量，能不机械加工的地方，最好不要加工，铸件的机械加工余量越少越好。但为了去除铸造斜度，为了达到更高精度的尺寸要求（包括需要保证而尚未达到的形位公差），为了加工出铸件上未能压出的一些形状，对于压铸件的部分表面及部位需要进行机械加工。

机械加工余量较少的为 0.1~0.3mm，一般为 0.3~0.5mm。壁厚超过 5mm 或大型压铸件的加工余量为 0.5~0.8mm，一般不应超过 1mm。可以让切削加工余量高出产品表面，便于加工，如图 7.16 所示。

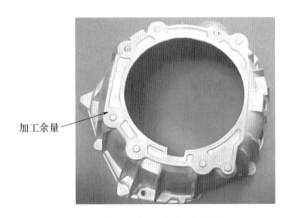

加工余量

图7.16　加工余量高出产品表面

机加工包括单边加工或双边加工，加工余量分别如图 7.17 和图 7.18 所示，加工余量大小见表 7.20 和表 7.21。表 7.20 数据摘自《铸件 尺寸公差、几何公差与机械加工余量》（GB/T 6414—2017）。对表 7.20 的附加说明：①表中"铸件基本尺寸"是最终机械加工后铸件的最大轮廓尺寸。②表中等级 B 仅用于铸件尺寸和变形比较小、要求少量精加工的的特殊场合，例如在采购方与铸造厂已就夹持面和基准面或基准目标商定了模样装备、铸造工艺和机械加工工艺的成批生产的情况下。一般铸件使用等级 C，控制较严格的使用等级 B 和等级 C 的平均值，要求不严格的铸件使用等级 D。设置加工余量的部位，有拔模斜度的情况下，选定基本尺寸时，孔以大端为基准，外圆以小端为基准。在选用表 7.21 时，注意如果毛坯平面易变形时，或毛坯孔位置易变化时，都可适当增加机加工余量。

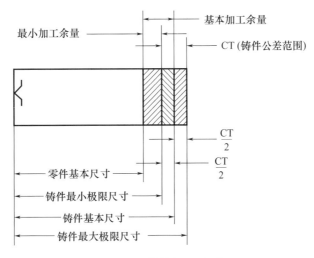

图7.17　单边加工余量

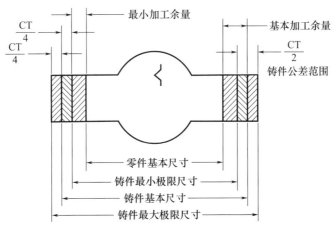

图7.18　双边加工余量

表 7.20　压铸件机械加工余量　　　　　　　　　　mm

铸件基本尺寸	要求的机械加工余量等级		
	B	C	D
~40	0.1	0.2	0.3
> 40~63	0.2	0.3	0.3
> 63~100	0.3	0.4	0.5
> 100~160	0.4	0.5	0.8
> 160~250	0.5	0.7	1.0
> 250~400	0.7	0.9	1.3
> 400~630	0.8	1.1	1.5
> 630~1000	0.9	1.2	1.8
> 1000~1600	1.0	1.4	2.0
> 1600~2500	1.1	1.6	2.2
> 2500~4000	1.3	1.8	2.5
> 4000~6300	1.4	2	2.8
> 6300~10000	1.5	2.2	3.0

表 7.21　压铸件铰孔的加工余量　　　　　　　　　　mm

图例	孔径 D	加工余量 δ
	≤ 6	0.05
	> 6~10	0.1
	> 10~18	0.15
	> 18~30	0.2
	> 30~50	0.25
	> 50~80	0.3

7.4　压铸件的质量要求

　　压铸件的质量要求包括尺寸精度、内部和表面质量要求。在制定质量标准时，应避免不必要或过于严格的质量规范，确保压铸工艺能够达到。内部质量则主要着重缩孔及气孔，外部质量对于装饰、电镀、O形密封环座的铸件表面需要严格检验。

7.4.1 压铸件表面质量要求

7.4.1.1 压铸件表面质量分级

压铸件表面质量按使用场合分为四级，见表 7.22。

表 7.22 压铸件表面质量级别

级别	使用范围
1	装饰性覆盖层的表面，如电镀、阳极化、喷透明漆；需经研磨、抛光、装饰性抛丸的表面；相对运动的配合面；承受交变载荷危险应力区（去除底线）的表面；允许某些铸造缺陷限度要求的表面
2	要求密封或加衬垫的表面、基准面、装配结合面、一般涂覆（如镀锌等）的表面；允许某些铸造缺陷限度要求的表面
3	一般紧固或支承用的接触面；有保护性涂覆的表面，如油漆等；非接触的自由表面；允许某些铸造缺陷限度要求的表面
4	铸件没有明确表面质量要求的表面，铸件使用过程中外观不容易被观察到的铸件，铸件限度要求允许有冷隔、流痕、颜色、花纹、擦伤、凹陷、黏附物痕迹、气泡、边角缺陷、龟裂痕迹、脱模擦伤痕迹、模具表面缺陷、印迹等缺陷的表面
说明：（1）同一铸件要求有两种以上表面质量级别时，应以占铸件表面积最大的级别标注，其余表面的质量级别应在图样上标注说明。 （2）未注明级别的铸件，均按本表规定的最低级别处理	

7.4.1.2 压铸件的表面粗糙度

压铸件的表面粗糙度与压铸模具成型零件型腔表面的粗糙度相关。一般情况下，压铸件表面的粗糙度比模具型腔表面的粗糙度低两级左右，用新模具压铸可获得表面粗糙度在 $Ra0.63{\sim}2.5\mu m$ 的压铸件。在模具的正常使用寿命内，锌合金压铸件表面的粗糙度能保持在 $Ra1.6{\sim}3.2\mu m$ 范围，铝、镁合金压铸件大致在 $Ra3.2{\sim}6.3\mu m$ 范围。对压铸件的表面粗糙度一般是不需测定的，只有为了鉴定模具的型腔表面粗糙度时，才做适当的测定。铜合金压铸件表面粗糙度最差，受模具龟裂的影响很大。对有表面粗糙度要求的压铸件，应首先要求模具表面有粗糙度。其次是对铸件表面进行抛光、振动研磨等处理，以达到铸件的表面粗糙度要求。以表面粗糙度为依据的锌合金压铸件表面质量分级见表 7.23。

表 7.23 锌合金压铸件表面粗糙度质量分级 [《锌合金压铸件》(GB/T 13821—2023)]

级别	使用范围	备注
1 级	工艺要求高的表面，需镀铬、抛光、研磨的表面，相对运动的配合面，危险应力区（去除底线）表面	一般相当于 $Ra0.8{\sim}1.6\mu m$
2 级	涂装要求或要求密封的表面，镀锌、阳极化、油漆、不打腻表面以及装配接触面	一般相当于 $Ra1.6{\sim}3.2\mu m$
3 级	保护性涂装表面及紧固接触面，油漆打腻表面，其他表面	一般相当于 $Ra3.2{\sim}6.3\mu m$

7.4.1.3 压铸件表面缺陷要求

（1）一般压铸件的表面质量要求

①铸件在进行表面粗糙度、表面缺陷、尺寸等外观质量检验之前，需进行表面清理。

②铸件上不允许有冷隔、裂纹等任何穿透性缺陷及严重的残缺类缺陷（欠铸、缺损、机械损伤等）的存在。

③压铸件允许有不影响铸件性能的拉伤痕迹、轻度凹陷、网状龟裂毛刺，其缺陷的程度和数量以图纸要求或验收样件为准。需清除超过 0.4mm 高的龟裂毛刺等多肉类缺陷，型芯及推杆的磨损所产生的飞边、毛刺应清除干净。

④铸件的非加工表面上允许有分型、推杆及排气塞等痕迹，但凸出或凹下表面不大于 0.4mm，且分布合理。

⑤非加工表面的内浇口、溢流口痕迹、飞边、隔皮，应清理干净，平整到与铸件表面齐平，但允许留有不刮手的痕迹。如留有凿痕，其宽度不得超过 2mm。由于模具组合镶并或受分型面影响，在非加工表面形成的铸件表面高低不平差值不得超过 0.3mm。

⑥非加工表面上不允许有超过表面 25% 或图纸验收规定的麻面、表面的流痕花纹、脱模剂油烟痕迹、冲头油有色斑点、表面擦伤和毛边等缺陷，对这些缺陷后续允许的处理方法应予以说明。

⑦铸件上作为基准用的部位应平整，不允许存在任何凸起痕迹，装饰面上不允许有推杆痕迹（图样上注明）。

⑧铸件待加工表面上允许有经加工可去掉的任何缺陷，但残留量不大于 3mm。

⑨液压、气压铸件的精加工表面上允许 2 级针孔，局部允许 3 级针孔，但一般不得超过受检面积的 25%。当满足对致密性的技术要求时，允许按低一级的针孔度验收。

⑩螺纹孔内、螺丝旋入四个牙距之内不允许有缺陷。四个牙距之外是否允许有缺陷以及允许缺陷的大小、数量按图样规定。

⑪铸件尺寸应符合图样的要求。尺寸公差数值应符合《铸件 尺寸公差、几何公差与机械加工余量》（GB/T 6414—2017）的规定，按 DCTG6 级选取，有特殊、关键尺寸要求时，应在图样上注明。

⑫铸件尺寸公差不包括由于拔模斜度而引起的尺寸增减，但必须保证铸件实体的最小极限尺寸。

⑬铸件壁厚公差一般可降一级选用。

⑭错型必须位于《铸件 尺寸公差、几何公差与机械加工余量》（GB/T 6414—2017）规定的公差值之内。当需进一步限制错型值时，则应在图样上注明，其值从铸件尺寸公差中选取较小的值。

⑮一般铸件的表面粗糙度 Ra 在 6.3μm 以上。铸件非加工面的粗糙度由客户在图样中规定。

⑯若图样无特别规定，有关压铸工艺部分的设置，如推杆、分型线、内浇口、溢流槽的位置等，可以由压铸生产厂自行规定。

⑰铸件表面的字母、数字、文字及花纹、图案等应清晰、平整、美观，无缺漏现象。

⑱根据顾客图纸、样品及技术文件的要求，铸件可进行喷丸、抛光、打磨、振动研磨、镀铬、涂覆、阳极氧化、化学氧化等表面处理。

（2）不同级别压铸件的表面缺陷要求

压铸件表面缺陷要求及质量级别见表 7.24，螺纹的表面质量要求见表 7.25。

表 7.24　压铸件表面缺陷要求及质量级别

序号	缺陷名称		检验范围	表面质量级别			说明
				1级	2级	3级	
1	花纹麻面有色斑点		三者面积不超过总面积的百分数（%）	5	25	40	
2	流纹		深度（≤）/mm	0.05	0.07	0.15	
			面积不大于总面积的百分数/%	5	15	30	
3	冷隔		深度（≤）/mm	不允许	1/5 壁厚	1/4 壁厚	在同一部位对应处不允许同时存在 长度是指缺陷流向的展开长度
			长度不大于铸件最大轮廓尺寸/mm		1/10	1/5	
			所在面上不允许超过的数量		2 处	2 处	
			离铸件边缘距离（≥）/mm		4	4	
			两冷隔间距（≥）/mm		10	10	
4	擦伤		深度/mm	0.05	0.10	0.25	除一级表面外，浇口部位允许增加一倍
			面积不大于总面积的百分数（%）	3	5	10	
5	凹陷		凹入深度/mm	0.10	0.30	0.50	
6	黏附物痕迹		整个铸件不允许超过的数量	不允许	1 处	2 处	
			占带缺陷表面面积百分数（%）		5	10	
7	边角残缺深度/mm		铸件边长≤100mm 时	0.3	0.5	1.0	不超过边长的5%
			铸件边长＞100mm 时	0.5	0.8	1.2	
8	气泡	平均直径＜3mm	每 100cm² 缺陷不超过的个数	不允许	1	2	允许两种气泡同时存在，但大气泡不超过 3 个，总数不超过 10 个，边距不小于 10mm
			整个铸件不超过的个数		3	7	
			离铸件边缘距离（≥）/mm		3	8	
			气泡凸起高度（≤）/mm		0.2	0.3	

序号	缺陷名称		检验范围	表面质量级别			说明
				1 级	2 级	3 级	
8	气泡	平均直径 3~6mm	每 100cm² 缺陷不超过的个数	不允许	1	1	允许两种气泡同时存在，但大气泡不超过 3 个，总数不超过 10 个，边距不小于 10mm
			整个铸件不超过的个数		1	3	
			离铸件边缘距离（≥）/mm		1	5	
			气泡凸起高度（≤）/mm		5	0.5	
9	顶杆痕迹		凹入铸件深度不超过该处壁厚的分数	不允许	1/10	1/10	
			最大凹入量 /mm		0.4	0.4	
			凸起高度（≤）/mm		0.2	0.2	
10	网状毛刺		凸起或凹下（≤）/mm	不允许	0.2	0.2	
11	各类缺陷总和		面积不超过总面积的百分数 /mm	5	30	50	

表 7.25 螺纹的表面质量要求

螺距 /mm	孔穴平均直径（≤）/mm	孔穴深度（≤）/mm	螺纹工作长度内缺陷总个数不超过 / 个	两个孔穴边缘之间的距离（≥）/mm
≤ 0.75	1	1	2	2
> 0.75	1.5（不超过两倍）	1.5（< 1/4 壁厚）	4	5
注：螺纹的最前面两扣上不允许有缺陷				

7.4.2 压铸件的内部质量

压铸件常规的内部质量要求按相关标准执行，有特殊要求时，需在图纸及验收文件中标明。

（1）铸件针孔等级评定试样在铸件厚大部位评定位置，或客户图纸指定的部位取样 1cm²，采用低倍检验，按《铸造铝合金金相 第 1 部分：铸造铝硅合金变质》（JB/T 7946.1—2017）的规定进行。各针孔级别的针孔数、大小及所占的比例见表 7.26。

表 7.26 各针孔级别的针孔数、大小及所占的比例（JB/T 7946.1—2017）

针孔级别	1		2		3		4		5		
针孔数 /（个 /cm²）	< 4	< 1	< 8	< 2	< 12	< 3	< 14	< 6	< 15	< 7	< 3
针孔直径 /mm	< 0.1	< 0.2	< 0.1	< 0.2	< 0.3	< 0.5	< 0.5	< 1	< 0.5	< 1	> 1.5

续表

针孔级别	1		2		3		4		5		
各占百分比（%）	90	10	80	20	80	20	70	30	60	30	10

注：针孔一般为针头大小出现在铸件表层的成群小孔，铸件表面在机械加工 1~2mm 后可以去掉。在机械加工或热处理后才能发现的长孔称皮下针孔

（2）压铸件内部针孔，应当用低倍方法检验。对于用特殊措施才能达到、有极高表面粗糙度要求的铸件或有耐压性、气密性要求的铸件局部应按 2 级验收，一般允许有 3 级针孔，但不得超过受检面积的 25%。对于有正常表面粗糙度要求且有致密要求的铸件，按 3 级针孔度验收，一般允许有 4 级针孔。

（3）铸件内部气孔、夹杂，当无特殊规定时，按下列要求验收。

①单个气孔或夹杂的最大尺寸不大于 3mm，且不超过壁厚的 1/3，在安装边上不超过壁厚的 1/4，在 10cm×10cm 面积上的数量不多于 3 个，边距不小于 30mm。

②尺寸小于 0.5mm 的单个气孔或夹杂不计。

③气孔或夹杂距铸件边缘和内孔边缘的距离不小于夹杂或气孔最大尺寸的 2 倍。

④上述缺陷所对应的（同一截面）表面，不得有类似缺陷。

（4）铸件内不允许有裂纹。

（5）对压铸件的气密性、耐压性、热处理、高温涂覆、内部缺陷（气孔、缩孔等）及未列项目有要求时，以图样标注的技术要求为准。对气密性、液压耐压性压铸件，允许浸渗处理后检验铸件的气密性、耐压性。

8 压铸件缺陷与解决方法

压铸生产过程中压铸缺陷不可避免，工艺、设备、材料、模具等方面的许多因素都可导致压铸缺陷产生。压铸件的缺陷可分为尺寸缺陷、表面缺陷、内部缺陷、裂纹缺陷和铸造合金的材质缺陷。缺陷出现后，应能及时判断缺陷产生原因并加以解决，将压铸缺陷发生控制到最低程度。

8.1 压铸件表面缺陷

压铸件表面缺陷包括多肉、缺肉、碰伤、冷隔、流痕、粘模及粘模拉伤、积炭、机械拉伤、裂纹、网状毛刺、龟裂、分层、起皮、发黑和霉斑等。各种表面缺陷的特征、产生原因及解决方法见表8.1。

表 8.1　压铸件表面缺陷种类、产生的原因及解决方法

缺陷描述及产生原因	图示及解决方法
1. 多肉 缺陷描述： 压铸件表面留有凸起的、多余凸瘤。 产生原因： 模具磨损或压伤、碰伤损坏，型芯折断等	
	解决方法： （1）修理压铸模具的变形、更换型芯等。 （2）正确进行压铸模具的热处理，防止模具材料掉肉。 （3）防止压铸模具龟裂

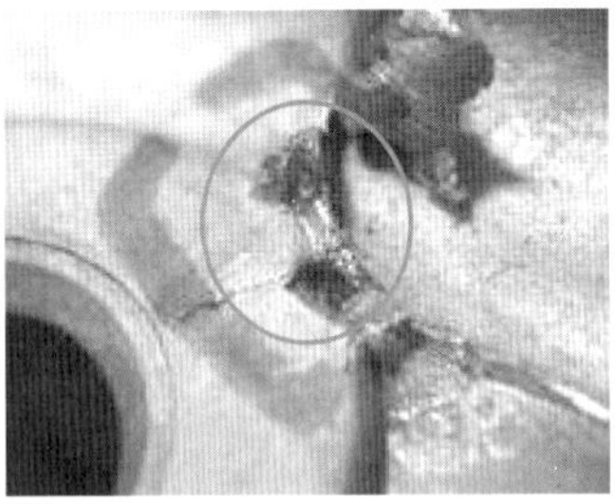

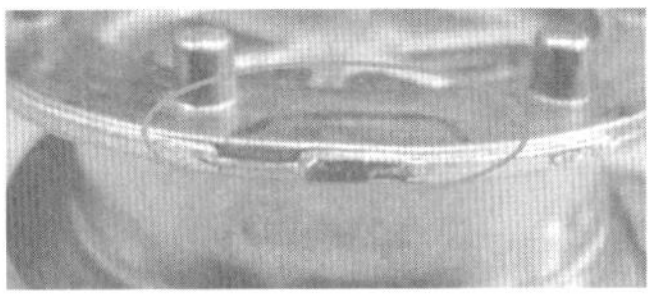

续表

缺陷描述及产生原因	图示及解决方法
2. 机械性损伤缺肉 缺陷描述： 压铸件局部缺肉。 产生原因： 局部粘模、碰撞、擦伤、压伤，浇口去除不当、切边模切伤，造成的铸件表面下凹或缺肉	 解决方法： （1）内浇道、溢流槽和排气道与铸件连接处要做出倒角，防止掉肉。 （2）允许铸件上留有小的浇口余痕，如允许余痕，则凸出0.5mm 以下。 （3）用带锯、切边模或其他方法切断浇口。 （4）研究合理去除浇口方向。 （5）防止铸件被磕碰撞击
3. 冷隔 缺陷描述： 目视压铸件表面有明显的、不规则的、表面光滑、下陷的线条形纹路或缝隙（有穿透与不穿透两种），形状细小而狭长。有断开的可能，在外力的作用下有发展的趋势 产生原因： （1）两股金属流相互对接，但未完全熔合，而又无夹杂存在其间，两股金属结合力极弱。 （2）浇注温度或模具温度过低 （3）浇注系统设计不合理，内浇道位置不当或流程过长。 （4）压射比压或充填速度过低。 （5）合金成分不正确，流动性较差	 解决方法： （1）适当提高浇注温度和模具温度，对局部型温过低处应加热。 （2）选用合适的涂料品种、配比及用量，尽量减少涂料的喷涂用量。 （3）调整压铸机参数，使内浇道金属液速度及流量在合适的范围之内。 （4）修改内浇道位置、充填方向及大小，在适当位置开设溢流槽和排气道，改善充填及排气条件。 （5）提高高速速度及充型压力，缩短充填时间。 （6）正确选用合金，提高流动性，并注意防止合金液氧化

续表

缺陷描述及产生原因	图示及解决方法
4. 流痕 缺陷描述： 在铸件表面对接处出现叠纹、条纹状缺陷，有与金属液流动方向一致的、分支状的光滑条纹，或有明显可见的与金属基体不一样无方向的纹络流痕。 产生原因： （1）模具温度及浇注温度过低。 （2）浇注系统不当。 （3）压铸工艺参数不当造成先进入型腔的金属液凝固的薄层被后来金属弥补留下的痕迹。 （4）脱模剂用量过多留下的痕迹	 解决方法： （1）铸造条件要合适，特别应注意提高压铸模具温度和浇注温度。 （2）调整内浇道位置和大小，以及溢流槽等。 （3）调整压铸机工艺参数，使内浇道速度、填充流量及压力满足充填要求。 （4）适当选用涂料及调整用量
5. 粘模及粘模拉伤 缺陷描述： （1）压铸过程中，铝、镁与模具钢结合在一起，合金黏附型芯、型腔局部表面形成一层结合层，甚至铸件局部或整体黏附在型腔内的现象叫粘模。 （2）目视外观检查可以看到，压铸合金与型壁粘和（连）而产生拉伤的痕迹，导致铸件表面粗糙、脱皮或缺料，在严重的情况下铸件会被撕裂破损，导致粘模拉伤。 产生原因： （1）金属液浇注温度或压铸模具温度过高。 （2）涂料使用不正确或用量不足。 （3）浇注系统设计不正确，金属液直接冲击型腔或型芯。 （4）压铸模具材料使用不当或热处理工艺不正确，压铸型腔硬度太低。 （5）铝合金含铁量太低。 （6）压铸模具局部型腔表面粗糙。 （7）填充速度太高	 解决方法： （1）将金属液浇注温度和压铸模具温度控制在工艺规定范围内。 （2）正确选用涂料品种及用量。 （3）浇注系统应防止金属剧烈、正面冲击型腔或型芯。 （4）正确选用压铸模具材料及热处理工艺和硬度。 （5）校对合金成分，使铝合金含铁量在要求范围内。 （6）消除型腔粗糙的表面。 （7）适当降低填充速度

续表

缺陷描述及产生原因	图示及解决方法
6. 积炭 缺陷描述： 模具表面黏附一层深黑色的脏物，在铸件表面呈现或出现凸凹不平粗糙的表面（形似脱皮的现象）。在模具型腔的侧壁或型芯表面，会出现积炭黏附拉模的痕迹，在铸件的相应位置也会出现类似粘模拉伤的痕迹，另外积炭可以用纱布擦掉。 产生原因： （1）脱模剂及冲头油遇到高温后发生烧结炭化。 （2）油烟烧结的炭黑过多。 （3）模具温度过高或过低，浇注温度过高	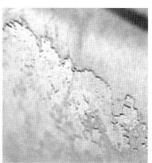 解决方法： （1）降低模具局部热量，减轻脱模剂或冲头油的炭化烧结。 （2）浇注温度不要过高。 （3）模具温度过低，脱模剂不能及时挥发干净，堆积的脱模剂容易产生大量的油烟和炭化。 （4）模具成型表面不要太粗糙。 （5）脱模剂配比不要太浓，脱模剂及冲头油用量不要过多。在内浇口附近的部位，铸件表面出现发黑的现象，说明冲头油过多的油烟从内浇口流进型腔时黏附在内浇口附近的型腔。 （6）使用同模具温度匹配的脱模剂。热模过程也要使用适当的脱模剂，防止脱模剂堆积。在盲孔、抽芯和其他冷的部位少喷脱模剂。 （7）脱模剂喷涂过量时，应当用压缩空气吹掉。 （8）积炭的现象经常出现在型腔最后充填部位的模具表面，一是脱模剂油烟集中在最后充填的部位，与模具表面接触的时间长，炭黑容易堆积附着在模具表面形成积炭层。二是最后充填的部位合金液流动的速度慢，对模具表面冲刷的程度轻，堆积附着在模具表面的积炭不能被合金液冲洗掉。 （9）积炭是压铸过程中极易出现的现象，对一般的铸件质量没有影响，只是对铸件的外观和高尺寸精度要求的表面有影响。对于模具表面已经形成的积炭黏附层，可以用砂布、水砂纸及油石打磨抛光掉，所以可以采取定期抛光的方法，防止出现过多的积炭形成。 （10）不要用硬水稀释脱模剂，以防脱模剂变质、沉积，增加积炭现象

续表

缺陷描述及产生原因	图示及解决方法
7. 机械拉伤 缺陷描述： 铸件在出模方向受到阻碍，造成表面拉伤。铸件表面沿开模方向呈线条状的拉伤痕迹，有一定深度，起始端宽而深，出模端渐小至消失，严重时为整面拉伤。	
产生原因： （1）模具设计和制造不正确，使型芯和型腔的脱模斜度过小或为负斜度。 （2）型芯或型壁有压伤变形，影响脱模。 （3）铸件顶出时受力不均匀，顶出时有偏斜	解决方法： （1）检查拉伤出型腔、型芯的脱模斜度。 （2）适当增加脱模剂的用量。 （3）检查合金成分，如铝合金中含铁量要高于0.65%。 （4）调整顶杆，使顶出力平衡
8. 裂纹 缺陷描述： 铸件基体被断开形成细丝状的缝隙叫裂纹，包括穿透和不穿透的两种，有发展扩大的趋势。存在肉眼可见的宏观裂纹，需低倍放大镜观察的微裂纹，以及借助显微镜才能看到的晶粒之间显微裂纹。裂纹一般可以分为热裂（缩裂）和冷裂（顶裂、拉裂、压裂）两类。	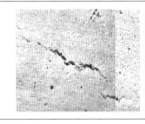 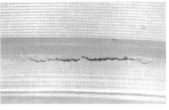
产生原因： （1）冷裂纹是合金液凝固后，铸件上由于外力而产生的裂纹。冷裂纹铸件开裂处金属未被氧化，裂纹里仍是基体金属的颜色，颜色光亮。裂纹能够穿透晶粒，缝隙形状较直较长。顶出裂纹、包紧力过大脱模拉裂、堆积及重物压裂等外力形成的裂纹都是冷裂。	冷裂纹的解决方法： （1）开模时间要适当，不要过长。 （2）提高模具温度。 （3）模具上应有足够的铸造斜度。 （4）型腔表面不应过度粗糙，要充分磨光。 （5）推出装置如推板、顶杆等应保证铸件受力平衡，均匀地推出。 （6）顶杆要有足够的强度。 （7）活动型芯同型腔配合不应有间隙，抽芯时活动型芯应沿抽芯方向平行移动。 （8）推出铸件的时间要恰当。 （9）锁型力要大于胀型力，确保压铸时模具不被胀开。型芯要固定牢靠，不在压铸时后退。 （10）型腔、镶块、型芯精度好，配合良好，受力时不会相对移动。 （11）型腔和型芯要有足够的强度和刚度，压铸时不产生变形。 （12）合模机构不应有窜动量。 （13）调整压铸模具和压铸机，使之处于正常状态。

缺陷描述及产生原因	图示及解决方法
（2）热裂纹是由于合金处于半固态时，凝固收缩的热脆性及传递来的收缩应力等造成的。热裂纹铸件开裂处金属被氧化，裂纹里颜色变深、暗淡；收缩裂纹通常沿着晶粒界面而延伸、断裂，细长的缝隙形状由很多的弯曲短线拼接而成	热裂纹的解决方法： （1）检验合金成分，锌合金中铅、锡、铁和镉不能超过规定。铝合金中铁不能过高或硅含量不要过低，其杂质含量不能超规定。铝硅合金、铝硅铜合金含锌或含铜量不能过高，铝镁合金中含镁量不能过多，镁合金中铝硅含量不能高，黄铜中锌含量不能高。硅黄铜中硅含量不能过高。 （2）压铸件结构要合理，壁厚均匀，壁厚有差异时要逐步过渡，尖凹角应改为有内圆角的凹角。要尽量减少热节和减小壁厚，因为在热节及厚壁处最容易因自身收缩出现热裂纹。 （3）在模具和铸件温度最高的部位，铸件容易出现热裂纹。在模具较低温度处，铸件产生的收缩应力如果较早地传递到铸件高温处，在高温处于半固态时就会产生热裂纹。这时要降低铸件高温处的模具温度，增加铸件低温处的模具温度
9. 龟裂（网状毛刺） 缺陷描述： （1）由于压铸模具型腔表面受到反复的冷热交变而疲劳，引起表面出现网状裂纹，称为龟裂。龟裂纹随模具使用压铸次数增加而不断扩大、加粗和延长。龟裂是模具最终失效的最主要原因。 （2）由于模具型腔表面的龟裂（网状裂纹）而在铸件表面复印出的龟裂痕迹。铸件外观可见，压铸件表面有网状发丝一样细长凸起或凹陷的痕迹或金属刺。 产生原因： （1）压铸模具材料不当，或热处理工艺不正确。 （2）压铸模具预热不够，或浇注温度过高等，压铸模冷、热温度差变化过大。 （3）型腔表面粗糙。 （4）压铸模具厚度薄或型腔内有凹的尖角	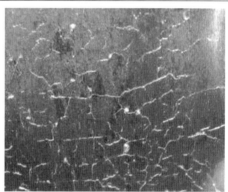 解决方法： （1）正确选用模具材料及热处理工艺。 （2）浇注温度不宜过高，特别是高熔点合金。 （3）模具在压铸前要充分预热，达到要求的工作温度范围。 （4）模具要定期或压铸一定次数后退火消除热应力，打磨抛光粗糙的成型表面。 （5）减小铸件壁厚，增加铸件的倒角

缺陷描述及产生原因	图示及解决方法
10. 分层或起皮 缺陷描述： 起皮是铸件上局部存在有明显的与基体熔合不一致的金属层次。铸件表面或在抛丸后、热处理后有起皮现象。起皮的位置会出现在接近内浇口，或在剧烈拐角之后的附近模具温度较低的位置。 产生原因： （1）金属液充型时不平稳或不连续，当模具局部温度偏低时，导致先进入型腔的少许金属液碰到型壁立即先凝固并氧化，在型腔表面形成极薄的金属层。被后进入的金属液覆盖，凝固后即形成该层界面。由于凝固层界面氧化和聚集着气体，与基体结合的强度很低不牢固，在脱模、磕碰、喷丸时其表层与基体脱开发生起皮现象。 （2）易起皮处模具局部温度偏低，导致溶液部分先凝固，而后面的溶液在上面形成覆盖。 （3）喷涂太多。 （4）压射冲头与压室配合不好，在压射中前进速度不平稳、不平衡。 （5）模具刚性不够，在金属液填充过程中，模板产生抖动，溶液破壳而出在铸件和模具表面之间形成薄层。 （6）浇注系统设计不当。 （7）起皮形状和位置在铸件上不固定，多数是因为模具或压室未清理干净	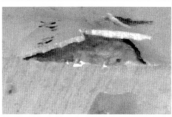 解决方法： （1）提高模具温度，调整脱皮部位模具冷却水，最好在200~300℃之间。 （2）提高熔液浇注温度，增加其流动性，如 ADC12 可以提高到670~690℃，消除起皮缺陷。 （3）减少喷涂量，减少脱模剂产生的油烟，减少合金液的氧化。 （4）调整快压射起始点，快压射起始点太迟，造成压射时溶液流进型腔后在局部区域形成堆集结层。如果起皮发生在浇口附近，可以降低低速速度，提高高速充型速度，并把速度切换位置适当提前。如果是在离浇口的远端发生脱皮，可以用适中的低速速度，提高高速充型速度，并把速度切换位置适当推迟。 （5）模具问题：压射时动模有退让现象，应给动模背后增加支撑柱，加强模具刚度，紧固模具部件。 （6）合理设计浇注系统，使金属液平稳、连续地充型，消除金属液飞溅、提前充型和紊流现象。 （7）压射压力不够，铸件表面组织不致密。 （8）调整、调换压射冲头与压室、浇口套，保证配合良好。调整压射冲头与压室配合简隙，使之配合良好，冲头运动平稳。调整、调换磨损量超过 0.2mm 的压射冲头与压射室、浇口套。 （9）当模具温度太高产生起皮时，要降低模温，改善排气槽使排气充分，推迟高速切换位置，降低压射速度，减少喷射

续表

缺陷描述及产生原因	图示及解决方法
11. 发黑和霉斑 缺陷描述： 铸件表面有油烟样黑色、发霉斑块。 产生原因： （1）冲头润滑油或涂料过浓，燃烧后产生大量的油烟。 （2）涂料或冲头油选用不当。 （3）模具表面的脱模剂没有吹干净，会引起压铸件发黑。 （4）脱模剂中含石墨过多。 （5）机加工后冷却液未吹干净。 （6）产品流转过程中遭水淋。 （7）铸件存放环境潮湿，改变环境或使用干燥剂	 解决方法： （1）减少冲头油、脱模剂用量，防止机油、冷却水流入型腔、压室。 （2）模具表面黏附黑色污垢、集炭，需抛光清理掉。 （3）选用合适的脱模剂用量和浓度。 （4）选用不容易燃烧，遇水、受潮时不会引起锈蚀、霉斑的脱模剂或冲头油。 （5）选用少石墨或无石墨的脱模剂或冲头油。 （6）脱模剂应薄而均匀，不能堆积，要用压缩空气吹散。 （7）铸件表面容易发黑时，模具的冷却水要开大，让模具温度不要太高，防止涂料烧结集炭。用砂布打光型腔表面（铸件发黑部位）的集炭
12. 飞边（毛刺） 缺陷描述： 压铸件在分型面边缘出现金属毛刺或薄片 产生原因： （1）锁模力不够。 （2）压射速度过高。 （3）压射比压过高。 （4）分型面上杂物没有清除。 （5）模具强度不够造成变形。 （6）分型面不平齐。 （7）排气槽深度过深	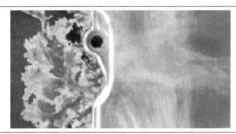 解决方法： （1）检查锁模力和增压状况。 （2）调整工艺参数。 （3）清洁型腔和分型面。 （4）修整模具。 （5）检查压铸机能力是否足够
13. 汗珠 缺陷描述： 在铸件的外观阴、阳角落部位或端部的表面出现球状的金属珠被称作汗珠。 形成原因： （1）在模具的阴、阳角部位，因热量的积聚，形成加热部，因该部位铸件表面层的凝固迟缓或增压慢等，使内部的液体凝固收缩时在模具和铸件的空隙位置被压出后凝固产生。 （2）模具冷却不适当	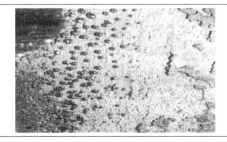 解决方法： （1）阴、阳角落部冷却强化。 （2）降低溶液温度。 （3）降低铸造压力，增压时机的适当调整。 （4）合金种类的选择（固液共存区域小的合金）

8.2 压铸件内部缺陷

压铸件的内部缺陷是指存在于铸件内部的孔洞或夹杂类缺陷，主要包括气孔、起泡、缩孔、气密性差、冷硬层、夹渣、硬质点等。各种内部缺陷的特征、产生的原因及相应的解决方法见表8.2。

表8.2　各种内部缺陷的特征、产生的原因及相应的解决方法

1.气孔（针孔）

缺陷描述：

因合金液析出的气体、合金液压射充填过程中卷入的气体，和脱模剂、冲头油分解侵入合金液中的气体，在压铸件中形成的含气孔洞为气孔。气孔的内表面比较光滑、圆整，形状比较饱满。气孔出现的位置等不同，有大有小，有集中有分散，形状有圆形、不规则圆形、梨形、针形等，还有大量的气体与缩孔、氧化夹渣共同出现，形成不规则的孔洞。气孔可以用解剖后外观检查或探伤检查发现，是压铸件普遍存在的缺陷

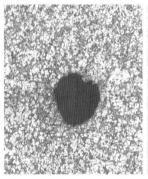 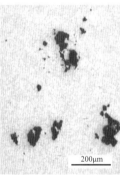 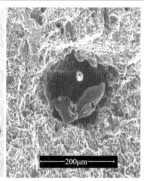

| 低倍显微组织 | 低倍显微组织 | 断裂面高倍显微组织 |

产生原因：

（1）浇道形状设计不良，溶液在横浇道内流动不平稳，有困气的现象。金属液从内浇口导入型腔的方向不合理，喷射飞溅太厉害。

（2）内浇口截面面积过小，导致金属液填充速度太高，严重产生喷射，或内浇口速度设计的太高，产生湍流，卷入气体过多。

（3）喷射的液流过早堵住排气道，排气不良，深腔处出现气孔。

（4）通过内浇口后金属液正面冲击型壁，形成旋涡包卷空气。

（5）模具型腔位置太深，深腔处、死角处、型腔中部无法排气或排气不畅。

解决方法：

（1）选择有利型腔内气体排出的浇口位置和导流形状、方向，引导金属液平衡、有序充填型腔，有利气体排出，使合金液先进入型腔的深高部位或底层宽大部位，将其部位的空气压入排气槽中。

（2）排气槽设置要合理，并有足够的排气能力。在型腔最后填充部位处开设溢流槽和排气道。压铸时可以清理或增设溢流槽和排气道，改善溢流槽和排气道的位置和大小，并应避免设置溢流槽和排气道的位置先被金属液封闭。注意溢流槽浇口不宜过薄，否则过早堵住而在渣包周边产生气孔。采用镶拼块结构，把分型面设计成曲折分型面，解决深度型腔排气难的问题。排气槽一般与溢流槽配合，设置在溢流槽后端，在有些情况下也可单独布置排气槽。

（3）改善横浇道的导流方向，引导金属液平稳流动。

（4）在保证铸件表面填充良好的情况下，尽可能加大内浇道的截面面积，或增大内浇口厚度以降低填充速度。

（6）排气道位置不对，截面面积不够大，造成排气能力太差，使型腔的反压较大。 （7）铸件设计不合理。铸件有难以排气的部位，或局部的壁厚太厚。 （8）压射高速开始位置过早，使金属液在浇道和型腔包卷的气体较多。 （9）由于金属液不洁净或熔炼温度过高，使金属液吸附的含气量增加，而在凝固时析出留在铸件内，一般是小气孔。 （10）炉料不干净，精炼不良。 （11）涂料喷涂量太多、涂料发气量大、涂料在浇注前未烧净，使涂料产生的气体卷入铸件表层，这种气孔多为暗灰色表面。 （12）压室充满度过低。 （13）压射冲击力太大，冲头冲击返回太快，回抽尚未冷凝的合金液，形成气孔	（5）深腔处开设排气塞，采用镶拼形式，增加排气顶杆、活动型芯来排气。 （6）中心浇口直浇道的喷嘴截面面积应尽可能比内浇口截面面积大。 （7）降低浇注温度，增加比压。降低模具温度，延长循环时间，冷却模具至工作温度。 （8）调整压射速度和快压射速度的转换点，在能充型完整的前提下，尽可能缩短高速行程。熔液充型速度过快，使型腔中气体不能完全、及时、平稳地排出型腔，而被液流卷入熔液中。熔液表面快速冷却，气体被包在凝固的溶液外壳中无法排出，形成了较大的气孔。这种气孔往往在工件表皮之下，为梨形或椭圆状，在最后凝固处多又大。 （9）减小铸件壁厚。 （10）合金在熔炼时，要做到快速熔炼，缩短高温下停留的时间，停机时间要把炉调至保温状态，不使合金液温度过高（铝合金 ≤ 750℃），并且要对合金液精炼与除气。 （11）使用干燥而洁净的炉料，严禁把带有油污、油漆、水分的炉料加入炉中，合金锭装炉前要在炉边烘干，严格遵守熔炼工艺。 （12）炉子、坩埚及工具未烘干则禁止使用。 （13）精炼剂、除渣剂等保持干燥，使用时禁止对合金液激烈搅拌。 （14）选用挥发性气体量小的脱模剂，并注意配比，尽量少用涂料，用量薄而均匀，涂料后把水吹干净、水分挥发后再合模填充。 （15）提高压室充满度，尽可能选用较小的压室或采用定量浇注。 （16）扩大冲头与压室之间的间隙在 0.1mm 左右，并适当调节增压时间达到及时增压，消除冲头返回现象
2. 起泡（气泡、鼓泡） 缺陷描述： 目视及解剖后外观检查或探伤检查，压铸件表面局部凸起，如有气泡，严重时凸起会产生裂纹。 产生原因： （1）由卷入的气体引起。型腔中的气体未排出，型腔内气体过多，脱模剂产生的气体被卷入铸件。 （2）模具温度过高（或冷却通道失去作用）。	

（3）由合金中气体引起；合金内含有较多的气体，凝固时析出留在铸件内。 （4）喷涂后模具温度太低，水没有蒸发掉，而压铸后模具温度太高，产品表面胀开起泡，压铸到最后气泡减少。 （5）留模时间过短。 （6）内浇口开设不良，填充方向交叉	解决方法： （1）改善溢流槽和排气道的位置和大小，及时清除排气槽上的油污、废料。 （2）调整填充时间。 （3）提高压射压力。 （4）在气孔处设置型芯。 （5）尽量少用脱模剂。 （6）调整内浇口的充填方向。 （7）留模时间适当延长。 （8）合金液在压室充满度过低，易产生卷气，需改小压室直径。 （9）模温过高，金属凝固时间不够，强度不够，而过早开模顶出铸件，受压气体膨胀。需降低模温，保持热平衡。 （10）降低压射速度，延长压射时间，降低第一阶段压射速度，改变低速与高速压射切换点。 （11）精炼清除合金液中的气体和氧化物。 （12）炉料要管理好，避免被尘土和油类污染。 （13）改变内浇口进入金属液的流向，增大内浇口的截面面积，以减小金属液对模具的冲击，防止充填时模具温度过高。 （14）使用可控制开关的模具冷却水控制模具的温度，只在压射充填到开模之前这段时间给模具通水冷却，其他时间关掉冷却水

3. 缩孔（缩松、疏松）

缺陷描述：

特征一：缩孔是合金液在冷却凝固过程中产生体积收缩、合金液补偿不足所造成的孔穴，孔内表面呈现暗色、形状不规则、表面粗糙不光滑。大而集中的为缩孔，小而分散的蜂窝状不致密的小孔洞为缩松。

缩孔一般出现在厚壁、热节的热量中心部位，合金液最后凝固的部位，模具温度较高的部位。内浇口处最后凝固，所以也常出现缩孔。

缩孔的深浅、大小，从外观上是看不出的。一般壁厚部分合金液补缩不足，最容易发生缩孔。产生缩孔的部位，往往也是容易产生气孔的部位，故压铸件内，缩孔和气孔常常是混合的。

特征二：铸件表面呈现松散不紧实的宏观组织

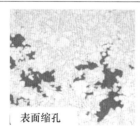
表面缩孔

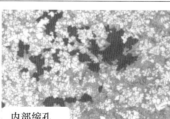
内部缩孔

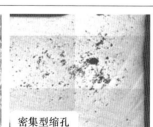
密集型缩孔

续表

特征一产生原因:	特征一解决方法:
（1）合金液浇注温度过高，金属液过热时间太长。 （2）压射比压过低。 （3）铸件壁厚不均，壁厚变化大，有热节部位。 （4）溢流槽位置不对或容量不够，溢口太薄。 （5）压室充满度太小。 （6）余料料饼太薄，最终补缩起不到作用。 模具的局部温度偏高。 （7）内浇口设计不当，模具状况不良，改善铸造条件。	（1）遵守合金熔炼规范，避免合金液过热时间太长。 （2）保证铸件不产生冷隔、欠铸的前提下，可适当降低合金液的浇注温度。 （3）适当提高增压比压。 （4）改进铸件结构，消除金属积聚部位，使铸件壁厚均匀，让厚壁与薄壁连接处缓慢过度。尽可能避免厚薄截面变化太剧烈的厚大转接部位或凸耳、凸台等。如果不可避免，则可采有空心结构或镶块设计，并加大其位置模具的冷却。 （5）加大溢流槽容量，增厚溢流口。 （6）提高压室充满度，采用定量浇注，保证料饼厚度，更换合适的压室及冲头。 （7）冷却模具局部温度偏高处。 （8）改用体收缩率、线收缩率小的合金品种，或对合金液进行调整，降低其收缩率。也可对合金进行变质处理，如在铝合金液中添加0.15%~0.2%的金属钛等晶粒细化剂，减轻合金的缩孔形成倾向。 （9）适当改善浇注系统，使压力更好地传递。 （10）加大内浇口截面面积，加大内浇口厚度，防止内浇口过早凝固影响压力传递。减小浇口厚度，防止内浇口冷却太慢而形成缩孔。 （11）在模具的浇口部位进行充分冷却。 （12）提高金属液质量。 （13）防止产生金属液飞溅和飞边毛刺。 （14）延长持压时间，直到浇口完全凝固为止。
特征二产生原因: （1）模具温度过低。 （2）浇注温度过低。 （3）比压低。 （4）涂料过多	特征二解决方法: （1）提高模具的温度达到工作温度。 （2）适当提高合金浇注温度。 （3）提高比压。 （4）涂料薄而均匀

4. 气密性差（渗漏、致密度、孔隙率、相对密度）

缺陷描述:
经密封试验产生漏气、漏水或渗水现象，并超出给定的要求，表明铸件的气密性差。

产生原因:
（1）压铸压力不足，基体组织致密度差。

（1）铸件缺陷引起，如气孔、缩孔、夹渣、裂纹、缩松、冷隔、花纹引起密封性变差。 （2）浇注系统设计不合理。 （3）铸件结构不合理。 （4）合金选择不当。 （5）排气系统设计不合理，排气不良。 （6）压射冲头磨损，压射不稳定	解决方法： （1）增加模具的冷却效果，降低模具的温度，使金属液快速凝固。 （2）提高压射、增压比压，增压比压要达到80~120MPa。 （3）速度尽量慢，以能成型为准。 （4）改进浇注系统，使用较厚的内浇口。 （5）改进排气系统，增大排气效果。 （6）脱模剂发气量要小。 （7）减小铸件的热节或壁厚。 （8）选用气密性好的合金。 （9）尽量避免加工。 （10）铸件进行浸渗处理，弥补缺陷。 （11）针对铸件内部缺陷采取相应措施。 （12）压室、冲头磨损，需更换压室、冲头
5. 冷硬层（激冷层、内部分层、冷片） 缺陷描述： （1）合金液在压室、横浇道表面形成的一层激冷硬化层，称为冷硬层。冷硬层有的较薄（0~1mm），有的较厚（1~3mm），随金属液压入型腔进入铸件。 （2）合金液充填过程中在模具型腔表面过早凝固硬化的薄片，推杆顶出的挤压硬化层，模具配合间隙的披缝进入铸件，也会在铸件上形成硬化层。 （3）比较常见的是，由于增压补缩不及时，把内浇口处模具表面已经凝固的薄片，挤压进内浇口形成的分层。 产生原因： （1）压室、横浇道里的冷硬层： ①当压室、浇口套或冲头磨损之后，出现薄皮分层的机会增加。 ②压室和横浇道里的冷硬层，流到内浇口时，较大的冷硬层被内浇口阻挡停留在内浇口处，致使切边后的内浇口断口出现小块状分层。 ③模具横浇道表面凝结的冷硬层，压室里的冷硬层，以及型腔和压室里没有清理干净的披缝，在压射时随着合金液通过内浇口进入型腔后包裹在合金液里，导致铸件内部合金液里有小颗粒、小片状的冷料，出现小块状、平整片状的分层。	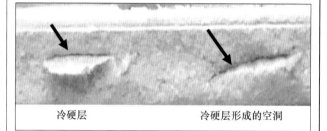 冷硬层　　　　　　　冷硬层形成的空洞 解决方法： （1）提高浇注温度，提高模具横浇道部位的温度。 （2）增加压射室的充满度，增加料饼厚度。 （3）提高低速速度，浇注后等待0.3~0.5s内尽快开始压射，缩短合金液在压射室里的停留时间。 （4）缩短压铸循环周期时间。 （5）减少回炉料的用量。 （6）提高压室的温度。 （7）更换磨损过多的冲头或压射室。 （8）减少冲头油的用量，不要给压室喷涂脱模剂，避免压射室、冲头漏水。 （9）增加横浇道及分支浇道的厚度，减小内浇口的厚度。 （10）给模具的分流锥处增设排料槽。 （11）增压压力要及时上升，增压时间要短。 （12）较早开始高速压射。 （13）在内浇口之前设置冷料槽（也叫缓冲槽）

续表

（2）内浇口增压冷硬层：在增压不及时，增压压力上升较慢时，把横浇道、内浇口附近的冷硬层与已经凝固成粥状的半固态浆料一起挤压进内浇口或型腔，导致产品的内浇口及内浇口附近的铸件出现分层。

（3）低速压射内浇口冷隔分层：在低速压射阶段，如果前端的合金液过早地喷射到内浇口，或低速流进型腔，都会因为合金液快速降温凝固，在内浇口或内浇口附近的铸件都会出现不规则的小块状冷结分层

6. 夹渣（氧化夹渣、夹杂、渣孔、产品有异物）

缺陷描述：

金属液被氧化后生成的氧化铝、氧化硅、氧化镁、氧化锌、氧化铁、氧化锰等混合物，混入到压铸件内形成的夹渣。夹渣的硬度高于铸件基体，以细小质点或块状物存在，使精加工困难，刀具会被严重磨损、碰伤。加工后铸件上常常显示出不同颜色、亮度的硬质点和刀痕。这种缺陷由于在铸件内部，肉眼无法观察，用 X 光探伤也不能明显识别，只能通过机加工后观察及化学分析才能辨别出硬质点的种类。

产生原因：

（1）合金中混入或析出了比基体金属硬的金属或非金属化合物。

（2）金属液中有氧化夹渣或型腔中有残留物，在压射前未被消除而产生夹渣。

① 炉料不洁净，回炉料太多。

② 合金液未精炼或精炼除渣不到位，氧化夹渣多。

③ 熔炉设计不合理或温控不佳，导致表面金属液氧化严重。

④ 保温时温度高，持续时间长。

（3）混入熔渣

① 熔剂成分不纯，反应不彻底形成的残渣，在金属液表面上的熔渣未被清除干净。

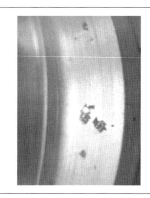

解决方法：

（1）使用清洁的合金料，特别是回炉料上脏物必须清理干净，严禁使用已经氧化而未经喷砂和带有油、水的炉料。

（2）严格遵守工艺规程，尽量少搅拌合金液，减少氧化。

（3）仔细去除金属液表面的熔渣。

（4）清除铁坩埚表面的氧化物再上涂料。及时清理炉壁、炉底的残渣。

（5）合金熔液须精炼除气，将熔渣清干净。铝合金控制保温温度 ≤ 760℃，保温时间 ≤ 8h，否则应重新精炼合金液。

（6）清除勺子等工具上的氧化物。

（7）选用或按工艺严格配制精炼剂和清渣剂；要用干燥过的精炼剂对合金液进行充分的精炼。

（8）遵守金属液的舀取工艺，不要把合金液表面的氧化物舀入勺内，用勺取液浇注时，要先拨开液面，避免混入熔渣和氧化皮。

（9）使用高铝质的或氮化硅与碳化硅混合物耐火材料做炉衬时，要防止其在高温下剥落混入合金液中，使用与铝不发生反应的炉衬材料。

（10）清理型腔、压室、浇勺上粘有的铝皮。

② 用勺取液浇注时带入熔渣，将表面熔渣和金属液同时浇注到压室内。

③ 铝合金与炉衬的反应物，如硅酸盐。

④ 飞边夹杂物。

（4）冲头油用量太多，有石墨混入物

① 脱模剂喷涂太厚，冲头润滑油、脱模剂中石墨太多。

② 用石墨坩埚时边缘有石墨脱落，混入金属液中

（11）铜、铁含量较高的铝合金，适当控制硅的含量不超过 10%，并适当提高合金液温度，以减少出现氧化夹渣的现象。

（12）高镁铝合金，可加入 0.01% 的铍以减少氧化。

（13）脱模膏之类的涂料过多、不均匀时，铸件会产生夹渣等缺陷。

（14）选用较好的涂料，配比要合理。喷涂应薄而均匀、用量要适当，不能堆积，要用压缩空气喷吹。选用不易氧化燃烧和积炭的冲头油或冲头颗粒。

（15）在石墨坩埚的边缘装上铁环，防止石墨坩埚损坏的石墨粉末掉入金属液中

7. 硬质点（非金属硬质点、金属硬质点、复合性硬质点、材质不良性硬质点）

缺陷描述：

机械加工过程中或加工后外观检查或金相检查发现，铸件内存在硬度高于金属基体的细小质点或块状物硬质点。硬质点使加工困难，刀具磨损严重，加工后硬质点在铸件上常常显示出不同的亮度。

产生原因：

（1）高熔点金属含量过多，如 Fe、Mn、Ca、Cu 等。

① 金属液中混入了未熔化的硅颗粒、硅粉末等。

② 铝液温度较低，停放时间较长，或熔化过程中出现凝固结晶。

③ Fe、Mn、Si 元素偏析，产生金属间化合物。

④ 铝硅合金中硅含量超过 11.5%，且铜、铁含量同样超高，硅会以游离状态析出，形成硬质点。

（2）金属液压铸温度过低，流动性差，硅以游离状态存在，成为夹渣

解决方法：

（1）铝合金中含 Si 量不宜接近或超过共晶成分，否则容易析出结晶硅。

（2）控制初晶硅数量，浇注温度不能过低。

（3）熔炼铝硅合金时，不要使用硅元素粉末。快速熔化、配制合金时，不要直接加入硅元素，必须采用中间合金。

（4）在熔化炉中，提高熔化温度和熔化时间使高温合金充分熔化，并把熔化炉中的金属液搅拌均匀。

（5）在保温炉中，适当提高合金液浇注温度，防止过低的浇注温度时，硅以游离状态存在。

（6）控制合金成分，特别是 Fe 杂质含量。合金中含有 Ti、Mn、Sb、Fe 等密度大的金属时，要注意保持较高的温度，防止其偏析成为夹杂

续表

8.脆性 缺陷描述： 铸件基本金属晶粒过于粗大或极小使铸件易裂或碰碎。 产生原因： （1）铝合金中杂质锌、铁超过规定范围。 （2）激烈过冷使晶粒过细。 （3）合金液过热或保温时间过长导致晶粒粗大	
	解决方法： （1）严格控制金属中杂质成分。 （2）控制熔炼工艺。 （3）降低浇注温度

8.3 压铸件尺寸缺陷

压铸件尺寸缺陷是指压铸件尺寸不符合图纸尺寸要求。尺寸缺陷的特征、产生原因及解决方法见表8.3。

表 8.3 尺寸缺陷的特征、产生原因及解决方法

尺寸缺陷和产生原因	解决方法
1. 铸件在垂直于模具分型面方向上的尺寸变大 （1）黏附于模具分型面上的金属或非金属物未清理干净。 （2）模具某处松动，使模具倾斜而产生间隙。模具分型面上有压伤。 （3）锁模时合模力不够或铸件在分型面上的投影面积超过压铸机的规格，压铸时动定模胀模而分开	（1）压铸前应仔细检查模具分型面，防止有黏附物。 （2）检查模具各处是否有松动，模具固定位置是否有偏斜，在四侧面和各个角落检查分型面是否有间隙。 （3）根据产品投影面积，核算压铸机的合模力是否相匹配。 （4）适当降低压射压力和速度
2. 组成型芯的部分尺寸不合格 （1）型芯安装不正确，不稳定。 （2）合金液进入型芯与模具的配合孔后，型芯产生移动。 （3）由于模具过热，活动型芯在导向孔内被卡住。 （4）型芯弯曲变形，变形处和深孔处未填满。 （5）开模时间太短或太长，影响收缩大小	（1）通过定模板或动模板固定型芯，型芯上如有突台，则可用底板固定，活动型芯用闭锁固定，型芯的长度公差应严格控制，确保其刚性，防止压铸时被金属液冲弯、变形。 （2）防止模具过热，清理和修复型芯被啃坏的部位。 （3）设计活动型芯与滑槽时，选用合适的配合（直面或斜面）方式和精度。 （4）压铸时做好模具的冷却。 （5）合适的开模时间
模具或模具装配不良	（1）检查模具装配情况。 （2）检查螺钉松动情况。

尺寸缺陷和产生原因	解决方法
	（3）检查嵌入的型腔和模套之间的平行度，检查分型面是否平行贴合模框和所嵌型腔之间的配合间隙是否适当
型芯弯曲	（1）定期检查型芯是否变形。 （2）模具要充分预热，并且严格按工艺规程进行操作。 （3）对浇口及型芯型腔能否冷却等铸造方案重新论证。 （4）针对收缩情况对铸件形状进行改动。 （5）改进模具的材料或硬度
模具冲蚀	（1）修复模具被冲蚀的部分。 （2）改进内浇口位置、流向、充填速度、模具结构等，防止合金液在浇道包卷气体形成气蚀。 （3）改进模具的材料或硬度
收缩引起的尺寸变化	（1）校核收缩率取值是否准确。 （2）校核模具制造精度。 （3）改进铸件结构，增加刚性，减小翘曲。 （4）校核铸件图上的公差要求是否超过了压铸所能达到的标准。 （5）检查浇注温度、循环时间、保压时间及模具温度等参数是否过高或过低，并严格遵守工艺规程。 （6）检查金属液化学成分是否合格。 （7）如果是由于局部过热成局部收缩，可调节该部分的冷却水量或改变浇口位置和金属液成分等
模具强度不足引起的尺寸变化	（1）提高模具强度。 （2）改进模具设计。 （3）改进铸件结构
3. 加工余量偏差 加工余量超过设计值。加工余量过多，不仅增加加工成本、浪费合金材料，还会更多地暴露内部的气孔和缩孔缺陷，使铸件报废。加工余量过少，铸件加工部位在加工后，局部出现加工不到现象，仍露出铸态表面（叫精加工面露黑皮）	（1）型芯弯曲，致使孔加工后一侧露黑皮。应及时检查、更换型芯。 （2）制造模具时，加工部位预留的精加工余量偏小。修复模具，增加加工余量。 （3）需要加工的面不平，即加工余量不均，致使局部加工露黑皮。维修模具，补足加工余量。 （4）铸件变形，定位基准发生变化，加工部位位置变化。调整模具温度，改变开模时间，消除粘模现象，修改模具尺寸，增加脱模斜度等，保证铸件不变形或变形量小，也可以用后续校正解决铸件变形。

续表

尺寸缺陷和产生原因	解决方法
	（5）型腔加工部位损坏或黏附杂物，使铸件加工面凹下，加工量不够。及时检查模具型腔并修复、抛光模具。 （6）加工部位边角磕碰损伤后，产生凹下。工序转运、发货运输，要对铸件进行保护，防止磕、碰、摔、挤等损伤铸件。 （7）加工时定位出现变化或装卡铸件失误。严格执行精加工工艺，规范操作，加强自检
4. 型芯偏位、错位、错边 （1）型芯问题 铸件由型芯形成的部位与要求的位置不符，模具型芯尺寸不正确或磨损，型芯位置尺寸不准确，型芯发生变形、弯曲	（1）检查型芯是否超差，型芯是否磨损、缺损。 （2）检查模具是否变形。 （3）型芯是否碰伤、粘模拉伤、定位是否变化
（2）错型 ①铸件的一部分与另一部分在分型面上错开，发生相对位移（对螺纹称错扣）。 ②型腔镶块与模具套板装配配合不良，模具镶块位移、后退。模具导向件磨损，导柱松动，两半模的镶块制造有误差	（1）型腔镶块与模具套板配合的间隙应符合要求，调整修配、紧固镶块，检查模具装配部分的平行度。 （2）检查导柱和导套之间的磨损情况，如果间隙过大则应更换导柱、导套。 （3）两半模的镶块制造如有误差，应进行修整，消除误差
（3）配合不良 滑块和导滑槽、导轨配合不良	（1）检查滑块、抽芯配合的型腔密封情况，最大的配合间隙要小于0.05mm，不能让合金液进入配合间隙。 （2）检查滑块和导滑槽、导轨间的间隙，并应符合要求。 （3）检查揳紧块和滑块的配合，要70%以上面积揳紧良好。 （4）检查滑块和导轨的润滑情况。 （5）改进滑动部分的材料和硬度
5. 变形、扭曲、翘曲 （1）铸件整体或局部翘（弯）曲变形，使压铸件几何形状、尺寸公差、平面度超出图样要求。铸件结构不合理，引起各部分收缩不均匀。铸件在收缩冷却过程中受到的阻力不平衡。 （2）留模冷却时间太短（铸件硬度不够）或太长（铸件收缩包紧力大）。 （3）模具局部温度过高，产品未完全凝固，顶出力引起产品变形。 模具温度过低或开模的时间太短，铸件冷却太快。	（1）在可能和必要的情况下，改进铸件的设计结构，使壁厚均匀，如改变截面厚度，避免厚度差悬殊的转接部位和不合理的凸台、凸耳、加强筋等，尽量把肥大部位设计成空心结构或镶拼结构。 （2）调整留模时间，延长留模时间，防止铸件因激冷而变形。缩短留模时间，防止铸件因收缩过多包紧力过大而变形 （1）检查模具的活动部分，防止因模具原因（如卡死、变形等）而导致产品变形。

续表

尺寸缺陷和产生原因	解决方法
（4）顶出受力不均匀，顶杆数量不够，推杆位置布置不当，顶出过程铸件偏斜。 （5）平板、壁薄的铸件抗变形强度不够。 （6）产品粘模、拉伤。合金液冲击粘模，铸件厚大部位粘模。模具局部表面粗糙造成阻力大，产品顶出时变形。 （7）内浇口设计不合理不利于切边去除浇口，或切边去除浇道、渣包方法不当。浇道收缩等引起铸件变形。	（2）适当调控模具温度。改变浇排系统大小，给模具通水冷却等，达到模具热量平衡分布，消除模具温度引起的变形误差
	（1）调整压铸机的顶出机构、推杆位置，使模具顶杆、铸件受力均匀。 （2）合理增加顶杆数量，加大顶杆直径，均匀安排顶杆位置，确保顶出平衡
	（1）加大顶杆受力面积、使铸件受力均匀。 （2）顶杆要设置在铸件的端面，推着铸件脱模
（8）脱模斜度太小，合金本身的收缩率大，准固相温度范围宽，高温强度差。 压铸取出、放置铸件的操作不当，装箱、堆放不合理	（1）对模具粘模处抛光、氮化、降温，增加喷涂、增加脱模斜度等办法减小脱模阻力。改变合金液流向，减小冲击粘模。 （2）改进模具设计，消除阻碍铸件收缩的不合理结构。
	改善内浇口的结构、形状，消除收缩对铸件的影响，去除浇口方法应恰当
	（1）适当加大铸造斜度。 （2）根据铸件的结构与形状的复杂程度，如变形很难排除，则可考虑改用收缩性小、高温强度高的合金，或调整合金成分（如铝硅合金中硅含量提高到15%以上时铸件收缩率变得很小）。 （3）取出、放置铸件应小心轻取轻放。 （4）铸件堆放应用专用箱，注意堆叠存放方法和堆放高度。 （5）有的变形铸件可用整形消除变形，当变形量不大时，可采用机械或手工的方法矫正。 （6）在热处理装炉或装箱过程中，严禁将复杂的压铸件堆压。 （7）尽量避免因机械加工造成内应力不平衡而变形

8.4 压铸件缺陷、原因与对策

为了便于确定铸件常见缺陷的产生原因及对策，编制表8.4，以供参考。

表 8.4 压铸件常见缺陷产生的原因及对策

缺陷	脱模剂用量多	脱模剂浓度	脱模剂品种	喷涂后吹气	冲头润滑油	合金成分	合金熔化温度高	合金熔化温度低	合金杂质含量多	合金含气量多	料饼厚度小	料饼厚度大	铸件形状复杂	铸件壁厚较薄	铸件壁厚较厚	铸件脱模斜度	压室充满度小	冲头直径小	模具硬度度	模具表面粗糙度	横浇道阻力大	内浇口位置、形状、充填流向	内浇口大小	内浇口厚度	溢流槽大小位置	模具排气效果	顶出位置受力	压铸循环时间	开模时间	合金浇注温度	压室温度	模具温度高	模具温度低	高速铸造压力	增压铸造压力	内浇口速度	充填时间	增压上升时间	增压持压时间	高速开始位置	冲头低速速度	冲头高速速度	冲头减速位置	冲头减速速度	关系程度
	脱模剂					合金					铸件						模具											工艺																	
冷隔欠铸	3	3	1	4	3	2	1	4	3	3	4	3	5	5	1	1	3	3	0	0	3	5	5	4	5	5	0	2	0	5	2	0	5	5	3	5	5	4	0	5	2	5	4	5	136
流痕花纹	4	5	3	5	4	3	1	5	3	3	3	3	5	5	1	1	3	3	0	0	2	5	4	3	5	5	3	3	0	5	2	1	5	4	2	5	5	2	0	5	3	5	3	3	137
脱皮分层	4	2	3	4	4	2	1	4	4	2	2	4	4	4	1	1	2	2	2	2	2	4	4	4	5	5	2	3	4	4	2	1	5	4	4	5	5	2	0	5	3	5	2	2	131
内浇口缺肉	2	1	2	3	5	0	1	4	4	5	3	5	2	1	4	0	4	2	2	0	3	2	4	5	0	0	3	1	1	4	5	1	4	1	5	1	1	5	3	5	5	3	2	2	112
发黑	5	4	4	5	5	0	2	4	2	4	2	5	1	5	3	4	4	2	0	1	2	4	3	3	5	0	0	2	2	4	4	4	1	1	1	5	5	0	3	5	3	5	2	2	118
气孔	4	5	4	5	4	4	4	4	5	5	1	1	3	3	4	3	3	4	4	1	4	5	4	5	5	5	2	2	0	5	2	1	5	1	3	5	5	5	3	5	3	5	4	4	159
气泡起泡	4	3	4	5	3	4	4	2	4	5	2	5	2	3	4	0	0	4	4	1	2	4	3	5	5	5	2	3	4	4	2	3	2	3	3	5	5	3	1	5	2	4	3	2	133
针孔	4	4	2	4	5	2	4	2	4	4	5	5	2	3	0	0	2	4	2	0	1	2	4	4	3	5	3	1	4	5	4	2	1	2	3	2	1	2	0	4	4	4	3	1	101
缩孔缩松	4	2	1	5	4	4	5	2	5	5	5	3	4	1	5	5	1	4	4	1	3	5	5	5	3	4	0	3	3	4	4	4	5	5	5	4	4	4	4	2	2	5	4	4	144
缩陷缩凹	4	4	4	4	4	3	4	2	2	2	4	4	4	1	5	4	1	4	0	0	1	4	4	5	3	4	5	3	0	4	1	1	1	4	4	4	4	4	4	5	1	4	2	3	125
粘模拉伤	5	2	2	4	5	2	4	2	2	3	3	0	4	1	4	5	1	3	3	2	0	5	5	4	1	1	4	2	4	4	4	1	4	3	5	5	3	3	1	3	1	5	5	4	145
机械拉伤	1	1	2	0	0	1	2	0	3	0	0	0	0	4	4	4	1	2	0	2	2	1	1	4	0	0	1	1	1	1	0	0	0	1	4	2	3	2	2	0	1	4	3	2	68
擦伤碰伤	0	0	0	0	0	0	3	0	0	0	0	0	1	1	4	5	0	0	2	0	0	0	1	1	0	0	1	0	4	1	0	1	1	1	2	2	3	2	0	1	1	4	1	1	47
龟裂	4	3	2	2	0	3	5	2	2	2	1	1	5	5	5	3	1	3	3	4	2	4	5	5	3	3	5	0	1	5	0	0	4	4	5	5	4	4	3	3	2	5	4	3	139

续表

缺陷	脱模剂用量多	脱模剂浓度	脱模剂品种	喷涂后吹气	冲头润滑油	合金成分	合金熔化温度高	合金熔化温度低	合金杂质含量多	合金含气量多	料饼厚度小	料饼厚度大	铸件形状复杂	铸件壁厚较薄	铸件壁厚较厚	铸件脱模斜度	压室充满度小	冲头直径小	模具硬度高	模具表面粗糙度	横浇道阻力大	内浇口位置、形状、充填流向	内浇口大小	内浇口厚度	溢流槽大小位置	模具排气效果	顶出位置受力	压铸循环时间	开模时间	合金浇注温度	压室温度高	模具温度低	模具温度高	高速铸造压力	增压铸造压力	内浇口速度	充填时间	增压上升时间	增压持压时间	高速开始位置	冲头低速速度	冲头高速速度	冲头减速位置	冲头减速速度	关系程度
	脱模剂					合金					铸件						模具											工艺																	关系程度
冷裂纹	3	2	1	1	0	3	2	2	4	2	3	2	2	4	4	4	1	2	0	0	1	3	2	2	1	1	5	4	4	4	0	5	1	4	2	2	4	2	2	0	1	3	2	2	96
热裂纹	4	1	2	2	1	3	5	2	4	4	4	1	3	1	5	4	4	0	0	3	1	4	4	5	2	1	0	4	1	5	0	1	5	3	4	4	4	4	4	1	2	5	2	2	123
晶间裂纹	2	3	3	4	3	2	5	2	5	5	4	1	3	1	5	2	0	4	0	2	3	5	5	5	3	2	2	1	0	4	0	4	1	5	5	4	4	5	4	2	2	5	3	2	132
变形	2	3	3	2	2	3	3	3	3	0	1	2	3	5	2	4	2	0	3	3	3	3	2	3	1	0	5	0	0	4	0	4	4	4	4	3	4	2	2	3	2	4	2	3	108
尺寸不良	1	0	2	2	4	2	2	4	2	1	4	1	3	4	2	1	0	3	3	3	1	3	1	3	0	0	0	4	4	4	0	4	5	2	3	4	3	2	2	1	0	4	1	1	90
夹渣夹杂	3	3	2	5	5	4	4	2	5	4	1	3	1	1	4	1	2	2	2	0	2	4	5	5	5	4	0	2	3	5	5	2	4	2	1	5	5	1	0	4	5	4	1	1	125
硬质点	0	1	0	2	4	2	1	1	5	1	3	3	3	5	2	0	2	1	2	2	1	1	3	3	1	3	0	2	0	1	5	4	2	1	2	4	4	0	1	4	5	5	1	1	98
飞边披缝	1	0	0	4	3	2	2	4	5	3	3	3	2	3	5	1	0	0	4	3	4	4	5	5	3	2	4	3	3	5	5	0	5	5	3	0	4	5	0	5	1	5	5	5	124
错位错型	0	0	0	4	4	0	5	2	0	0	0	0	2	3	3	0	1	0	3	3	0	1	0	1	0	0	0	2	1	0	0	3	3	3	3	4	2	0	0	4	0	3	3	1	58
化学成分差	0	0	3	4	4	0	1	1	0	1	0	3	0	0	1	0	0	3	3	1	0	0	1	2	0	0	0	0	0	4	4	1	2	2	3	2	2	0	0	4	4	5	0	0	60
机械性能差	2	3	4	4	4	4	4	4	5	4	5	1	2	5	5	3	3	2	1	0	4	5	5	5	5	5	4	4	3	4	3	5	5	5	5	5	5	5	4	4	5	5	5	4	166
渗漏	3	4	3	5	4	3	2	3	4	3	1	3	2	2	3	3	2	2	2	5	4	5	5	5	4	4	5	3	3	5	2	5	5	5	5	5	5	4	4	5	5	5	4	4	163
冲蚀	1	3	1	1	5	2	2	2	2	1	3	4	4	2	5	3	2	2	5	0	4	5	5	5	5	5	0	4	0	0	0	2	0	2	1	5	5	0	0	5	1	5	3	3	118
关系程度	69	63	57	85	67	62	79	70	90	77	66	66	72	80	51	41	50	36	27	47	93	94	105	74	75	52	68	36	105	45	81	85	88	89	111	111	77	37	86	65	120	70	65	3156

注：0—无影响，1—轻微影响，2—轻度影响，3—中度影响，4—较多影响，5—严重影响。

9 安全生产

9.1 压铸工厂环境保护的知识

9.1.1 法律法规要求

应当遵守《中华人民共和国环境保护法》《中华人民共和国环境影响评价法》《排污许可管理条例》《中华人民共和国固体废物污染环境防治法》《中华人民共和国环境噪声污染防治法》《中华人民共和国水污染防治法》《突发环境事件应急管理办法》，以及《危险废物贮存污染控制标准》（GB 18597—2023）、《危险废物管理计划和台账 制定技术导则》（HJ 1259—2022）、《危险废物识别标志设置技术规范》（HJ 1276—2022）、《铸造工业大气污染物排放标准》（GB 39726—2020）等。

9.1.2 污染物排放标准

9.1.2.1 废气

压铸生产过程中的产生的 VOC（挥发性有机物）可参照《铸造工业大气污染物排放标准》（GB 39726—2020），厂内 VOC 无组织排放限值执行《挥发性有机物无组织排放控制标准》（GB 37822—2019），臭氧排放执行《恶臭污染物排放标准》（GB 14554—1993）等；地方标准如广东省《表面涂装（汽车制造业）挥发性有机化合物排放标准》（DB 44/816—2010）等根据所在地进行查询。

9.1.2.2 废水

经厂内污水站处理达到国家或地方标准，例如《污水综合排放标准》（GB 8978—1996）、广东省《水污染物排放限值》（DB 44/26—2001）等根据所在地进行查询。

9.1.2.3 噪声

执行《工业企业厂界环境噪声排放标准》（GB 12348—2008）。

9.1.2.4 一般固体废物

存储执行《一般工业固体废物贮存、处置污染控制标准》（GB 18599—2020）。

9.1.2.5 危险废物

存储执行《危险废物贮存污染控制标准》(GB 18597—2023)。

9.1.3 管控要求

建立严格的环境管理及环境监测制度，落实岗位责任制，确保各类污染物稳定、达标排放。

9.1.4 应急处置

制定有针对性和可操作性的环境风险事故防范措施和应急预案，建立健全事故应急体系，加强应急演练，落实有效的事故风险防范和应急措施，有效防范污染事故的发生，并避免因发生事故对周围环境造成污染，确保环境安全。

9.2 压铸生产安全要求

为了防止操作员工出现安全事故，确保生产现场的正常运作，压铸生产应严格遵守安全操作规程。

9.2.1 压铸机操作

（1）操作员工进入车间操作岗位，需要穿戴工作服、棉纱／帆布手套、劳保鞋、钢化安全帽、护目镜、口罩、耳塞。涉及高空作业时，必须穿戴安全绳和安全帽。

（2）在日常工作中，走过机台时，要先确认机台是否处于合模待压射状态。如果"是"，必须等压射开模后经过机台，以防压射过程中铝液飞料、喷料伤人。

（3）在压铸机正常运行期间，不能靠近机械动作的范围，不能正对模具，尤其是合模线的位置和压射的部位，不准对压铸机本体进行清扫、保养和维修工作。

（4）当需要进入机台作业时，必须停机，按下急停开关，并且在操作面板上悬挂"警示牌"，锁上"安全锁"。

（5）车间安全锁的使用要遵守一人一锁，不能借用、偷用。凡是进入压铸机内作业的，都需要锁上属于自己的"安全锁"。

（6）在浇注机的移动范围内，不能存放任何物资，以防止浇注机在移动过程中发生碰撞，导致出现铝液外溅伤人事故。

（7）在浇注过程中，不能手动打停或者直接按急停按键，防止金属液从料勺中溅出伤人。

（8）在压铸机运作时，模具未完全打开时，操作员工不能走到合模线的位置，防止压铸机故障泻压，金属液从分型面位置喷射出来，造成金属液爆射伤人事故。

（9）在生产过程中，机台周围可能有一些颗粒状的飞料散落。不能直接空手去捡，或者用脚去踩，以免造成刺伤或烫伤。

（10）在压铸机或者周边辅助设备出现故障时，必须立即停机，并向上级迅速回报。不得私自处理设备故障问题，需要让维修专业人员进行维修处理。

（11）在手工使用铁钳夹取产品前，要确认夹子是否良好。当出现夹取异常时，必须向上报告更换，以防止出现产品滑脱，导致烫伤、撞伤现象。

（12）当机台出现突然停电或者突然故障死机时，要判断是否已压射。当确认已压射时，操作员工不得马上进行手动开模，防止出现爆料伤人，需要待数秒后才能进行。

（13）在需要两人或两人以上协同作业时，要按作业文件区分清楚每一个人的工作项目，在需要运行设备时，必须提前确认再进行。

9.2.2 模具切换作业

（1）需要进行模具切换前，提前点检确认检查钢丝绳或其他工具有无断裂、脱焊等现象，如有断裂、脱焊现象应停止使用，并向上级报告。

（2）需要对模具切换影响的区域进行围闭，使用警示带围闭吊装区域，防止其他人员在吊装模具时进入。

（3）模具切换期间不能出现交叉作业现象，有交叉现象应立即停止作业。

（4）吊起模具时，模具下方不能过人，不能吊起模具并在模具下方处理模具问题。

（5）在吊起模具时，需要确认重心位置，防止模具侧翻或者倾斜。

（6）不可超出起重机所规定的标准质量。

（7）执行持证上岗作业，拥有相应的特种设备作业证件的人员才能使用起重机，禁止违规作业。

（8）需要翻模作业时，禁止使用单钩倾侧翻模，必须使用双钩规范翻模。

9.2.3 保温炉作业

（1）保温炉内绝不准浸入水分，以免发生爆炸事故，也不准放入油类、灰尘等杂质。

（2）当需要对熔液表面进行清除表面熔渣时，必须先预热捞渣工具，防止捞渣工具附带水分，在接触熔液时发生爆炸。

（3）捞出来的合金渣应放在铁槽内或制作的铁板上，铁槽或铁板需保持干燥。

（4）每班需要点检确认保温炉炉体的完整性，出现裂纹或者有异常声响时，需要立刻停机上报，并安排专业人员检修。

（5）在操作加料时，时刻注意熔液液面，约加至 90% 时需要停止加料，防止熔液满出、外泻。

（6）在进行熔液清渣时，必须戴防护面罩、手套，做好防护措施。

9.2.4 其他

（1）压铸车间内的通道、电气设备及消防设施旁严禁堆放任何物品，确保消防通道时刻顺畅。

（2）任何人员、物资，不准靠近运转中的风扇。

（3）凭证上岗，非持电工证人员不准私自接电，必须交由电工处理。

（4）在车间内维修设备，绝不准用铁丝或铜丝代替保险丝。

（5）机动叉车、起重机、焊接、切割作业的操作人员，必须具备相应作业资格，而且必须佩戴好相关防护作业保护具才能作业。

（6）使用工具前，必须点检确认是否正常并注意安全。

（7）对设备性能、使用方法不清楚时，还没有达到机械操作技能要求的人员严禁启动设备，以防意外。

（8）机动叉车在堆叠高于视线的货物时，只能回退式行走。

（9）运转中的风扇，不可以直接摆动它的方向或者移动位置，必须关闭电源后才能操作，防止触电或者倾倒伤人伤手。

（10）作业人员使用机动叉车运输产品上下坡时，叉车不可急转弯，以免产品翻倒砸伤人。

（11）使用液化石油气前，注意检查接口及胶管有无泄漏，发生泄漏马上关闭，并报告上级处理。

（12）燃油叉车、电动叉车在车间内行驶限速 5km/h，在厂区内限速 10km/h。

（13）不准在压铸机及其辅助设备的备用插座上对手机、手电筒或者其他电器充电，以免短路引起机器故障。

（14）当需要从堆叠的铁笼取物使用时，必须双人操作，协同抬下铁笼。禁止单人翻动铁笼，以免放下压伤人。

（15）机动叉车停放时，铁叉必须平放地面，不可置悬放状态，以免压伤、碰伤人。

（16）进入压铸车间内，不能触摸保温炉体，以免烫伤。

（17）在压铸车间，如果要用手或身体任何部位直接触碰压铸制品，首先需要佩戴好劳保手套，先试探一下该压铸制品是否为高温，以免接触烫伤。

9.3 安全事故案例

9.3.1 案例 1

（2017 年 ×× 月 ×× 日 ×× 时 ×× 分，某压铸厂压铸车间 A 班员工雷某某在10# 机上生产产品，在准备交班时把最后一件产品取出，在没有关机状态下直接去关闭冷却水。当用右手关闭冷却水时，左手碰到前门抽芯油缸末端行程杆内侧，抽芯在自动状态下插入，行程杆前移导致压伤左手中指及食指。领班立即进行了简单的包扎，将其送往医院就诊，医生检查判断为中指末端骨折、食指压伤表皮的工伤事故。

事故原因：

（1）抽芯行程杆没有按要求做好防护，新模具入厂时验收不到位。

（2）员工在压铸机自动状态下关冷却水水，无相关管理规定。

改善对策：

（1）对车间所有模具的抽芯滑块是否安装防护盒进行排查，发现不符合的立即整改。

（2）识别事故同类型区域，加装防护板并培训人员禁止身体各部位进入设备活动区域，进入机内作业必须停机。

（3）将本次事故原因和对策措施对车间人员进行安全培训。

9.3.2　案例2

（2018年××月××日××时××分，某压铸厂压铸车间某台压铸机保温炉出现铝液温度偏低情况，值班大炉技术员检查发现加料口炉盖未盖保温棉导致温度偏低，遂通知员工李某开展炉口保温棉加盖工作。李某在加盖保温棉的过程中，右脚踩在加料口旁边的清渣口上（清渣口上用保温棉盖着，没有炉盖），随即右脚与保温棉一起陷入保温炉中，造成右脚背和脚后跟烫伤。

事故原因：

（1）压铸机保温炉清渣口炉盖缺失未及时上报补充。

（2）压铸机保温炉作业标准未细化。

（3）员工培训不到位。

改善对策：

（1）新员工三级安全教育落到实处，形成书面记录，长期保存。

（2）制定新员工独立上岗规定（主任确认方可独立操作）。

（3）横向排查车间所有保温炉炉盖，对隐患进行整改。

（4）细化压铸机保温炉作业的标准并培训。

（5）新员工做好劳保佩戴标识，与老员工进行区分。

（6）保温炉清渣处张贴安全警示标识。

（7）梳理大炉清渣作业危险因素，检讨清炉渣作业的具体方法。

9.4　安全生产法律法规

根据《国民经济行业分类》（GB/T 4754—2017），C3392有色金属铸造指有色金属及其合金铸造的各种成品、半成品的制造，故压铸属于有色金属铸造行业，在工贸行业划分为有色类管理，适用《冶金企业和有色金属企业安全生产规定》的有色金属企业（是指从事有色金属冶炼及压延加工业等生产活动的企业）的监管范畴。机械铸造企业适用的安全生产有关法律法规包括《中华人民共和国安全生产法》《中华人民共和国消防法》《中华人民共和国职业病防治法》《中华人民共和国特种设备安全法》《特种设备安全监察条例》《生产安全事故应急条例》《建设项目安全设施"三同时"监督管理办法》《生产经营单位安全培训规定》《特种作业人员安全技术培训考核管理规定》《工贸行业重大生产安全事故隐患判定标准（2023 版）》等。在生产经营活动过程中，应满足以下基本要求。

（1）企业主要负责人和安全管理机构、安全管理人员应履行《中华人民共和国安全生产法》第二十一条、第二十五条的法定职责。

（2）企业主要负责人、安全生产管理人员应当接受安全生产教育和培训，具备与本企业生产经营活动相适应的安全生产知识和管理能力。其中，在金属冶炼工艺的企业的主要负责人、安全生产管理人员自任职之日起六个月内，必须接受负有冶金有色安全生产监管职责的部门对其进行安全生产知识和管理能力考核，并考核合格。

（3）企业应当建立健全全员安全生产责任制，主要负责人（包括法定代表人和实际控制人）是本企业安全生产的第一责任人，对本企业的安全生产工作全面负责。其他负责人对分管范围内的安全生产工作负责，各职能部门负责人对职责范围内的安全生产工作负责。

（4）企业应按照国家或当地相应标准或条例建立健全本单位的安全生产规章制度和操作规程。

（5）应当建立安全风险管控和事故隐患排查治理双重预防机制，落实从主要负责人到每一名从业人员的安全风险管控和事故隐患排查治理责任制。应当按照规定开展安全生产标准化建设工作，推进安全健康管理系统化、岗位操作行为规范化、设备设施本质安全化和作业环境器具定置化，并持续改进。

（6）应当对新上岗从业人员进行厂（公司）、车间（职能部门）、班组三级安全生产教育和培训；对调整工作岗位、离岗半年以上重新上岗的从业人员，应当经车间（职能部门）、班组安全生产教育和培训合格后，方可上岗作业。

（7）新工艺、新技术、新材料、新设备投入使用前，应当对有关操作岗位人员进行专门的安全生产教育和培训。

（8）特种作业人员必须依法经专门的安全技术培训，并经考核合格，取得中华人民共和国特种作业操作证后，方可上岗作业。

（9）应按应急管理部的有关规定编制生产安全事故应急救援预案，每年至少进行一次综合和专项预案的应急救援演练，每半年至少进行一次现场处置方案的应急救援演练。

（10）在日常生产活动过程中，单位主要负责人、部门主要负责人和安全管理人员应参考《工贸行业重大生产安全事故隐患判定标准（2023 版）》，开展隐患排查治理工作。

（11）在日常生产活动过程中，凡是符合《特种设备名录》清单的设备设施，应按照特种设备法的相关规定，依法办理使用登记、定期年检、维护保养等，操作人员应依法持证上岗。

（12）压铸机的机台应根据《机械工业职业安全卫生设计规范》的有关要求合理布局。

9.5　职业安全卫生

压铸企业是生产压铸件的企业，压铸是利用高压强制金属液进入金属模内，并在其中凝固成型。用于压铸的金属有很多种，在压铸过程中，主要产生高温、粉尘、噪声等。

9.5.1　压铸企业职业病的危害

（1）压铸机在工作过程中会产生噪声，噪声可能会导致噪声耳聋。

（2）压铸件毛刺处理过程中会产生粉尘，需要防止废气和粉尘的危害。

（3）在保温炉旁工作的工人处于高温环境中，要注意散热冷却，避免中暑。中暑也是法定职业病。

9.5.2　职业病防治措施

为防止产生职业病来源不清的纠纷风险，压铸企业安全机构需要安排新员工入职体检和通知员工离岗时的体检工作，并建立员工个人监护档案，实时监控员工职业健康状态。根据制定职业危害因素的风险管控措施开展落实有关的防治工作，建立健全各类产生职业危害因素的设施设备的操作规程及岗位作业指导书，并定期开展职业病防治应急救援演练。每年度各部门车间应根据职业病防治的情况做好年度职业病防治工作费用的预算，制定每年度涉及职业病防治设施设备年度检修计划，确保各类职业病防治设施有效运行。

另外，需要每年委托具备资质的评价机构开展年度的现场检测工作，组织在岗员工开展职业健康体检。对检测不符合的项目制定整改措施，落实整改工作。

（1）职业病防治知识培训

为防止新员工不了解职业病产生的原因，导致发生职业病的风险，相关部门需要组织新入职员开展上岗前职业健康安全培训，组织各部门制定年度的职业病防治培训计划并监督实施情况。

编制年度职业病防治培训计划、开展培训教育，并利用班前、班后会等形式开展职业病防治知识宣传工作，对存在职业危害因素的车间设置职业病危害告知卡和相应的警示标志。

（2）过程监督

压铸车间需要每月制定安全诊断计划，对车间现场开展职业病防治工作的落实情况进行监督，并制定每年度的职业病防治专项隐患排查治理计划。应将职业病防治工作的实施情况纳入车间三级安全巡查内容，并根据实际情况制定车间内有关职业病防治的管理规定。

车间在日常生产过程中监督各员工对职业病防治措施的实施情况，每天对职业病防治设施的运行情况进行检查，发现异常马上报修并制定临时管控措施，避免出现职业病。

参考文献

[1] 全国铸造学会，圣泉集团公司.压铸技术与生产[M].北京：机械工业出版社，2008.

[2] 潘宪曾.压铸模具设计手册[M].2版.北京：机械工业出版社，2003.

[3] 潘宪曾.压铸工艺与模具[M].北京：电子工业出版社，2006.

[4] 张东，袁惠新.现代压铸技术概论[M].北京：机械工业出版社，2022.

[5] 姜银方，顾卫星.压铸模具工程师手册[M].北京：机械工业出版社，2009.

[6] 罗启全.压铸工艺及设备模具实用手册[M].北京：化学工业出版社，2013.

[7] 刘志名，王平原，李杰.压力铸造技术与应用[M].天津：天津大学出版社，2010.

[8] 江昌勇.压铸成型工艺与模具设计[M].北京：北京大学出版社，2012.

后　记

　　《压铸工程师实用教程》是中国铸造协会应压铸企业家们的强烈呼吁而组织编写的适用于生产一线技术人员的培训教程。该书以企业调研为基础，注重先进性与实用性的有机结合，配有音频教程，为业界称道为"不可多得的好书"。书籍的编写凝聚了多方心血，经典时刻回顾如下。

编写工作会议

　　编写工作历时两年半，受疫情影响工作交流主要在线上进行，但为保障图书质量，仍旧排除困难，召开了3场线下编写工作会议。

　　首场编写工作会议于2021年10月在宁波市北仑区召开，会议讨论确定了编写大纲草案、编写计划及分工，同时确定了企业调研计划和资金募集计划。

　　参会人员右列由近及远：力劲集团总裁刘卓铭，嘉瑞国际控股有限公司董事会主席李远发，顺景园智能装备科技发展有限公司董事长（时任香港铸造业总会会长）蔡子芳，中国铸造协会执行副会长范琦，一汽铸造有限公司顾问邢敏儒。

　　参会人员左列由近及远：嘉瑞国际控股有限公司副总经理陈善荣，布勒（中国）机械制造有限公司总顾问卢宏远，香港海兴集团有限公司董事长梁焕操，东莞庆生合成精密压铸有限公司董事长陈庆生，苏州压铸技术协会专家委主任吴新陆，中国铸造协会总工程师袁亚娟。

第二场线下工作会议于 2022 年 10 月在山东省平阴县召开。会议就已经完成的初稿进行了审核，制定了修改计划。

参会人员由左及右：东莞庆生合成精密压铸有限公司黄章林，嘉瑞集团副总余慧姗，东莞庆生合成精密压铸有限公司董事长陈庆生，一汽铸造有限公司顾问邢敏儒，香港海兴集团有限公司董事长梁焕操，布勒（中国）机械制造有限公司总顾问卢宏远，济南慧成铸造有限公司董事长刘燕岭，中国铸造协会执行副会长范琦，济南慧成铸造有限公司副总经理郭长胜，山东锦尔泰精密压铸有限公司生产厂厂长姜勇，香港海兴集团有限公司品研部经理蒋敬，中国铸造协会压铸分会副秘书长黄亚伟。

第三场线下工作会议于 2023 年 9 月在深圳召开，会议根据姜永正主编的审核意见，落实了修改完善分工和倒计时工作安排。

参会人员由左及右：香港海兴集团有限公司品研部经理蒋敬、董事长梁焕操，布勒（中国）机械制造有限公司总顾问卢宏远，香港铸造业总会永远名誉主席姜永正，中国铸造协会执行副会长范琦、海兴（清远）金属有限公司副董事长（香港铸造业总会会长）梁诗雅，东莞庆生合成精密压铸有限公司董事长陈庆生。

深入企业调研

本书编写成员先后赴 120 余家典型压铸企业进行调研，以确保内容和方式满足企业需求。

编写委员会范琦、吴新陆等在企业调研

策划委员会苏州亚德林股份有限公司董事长
沈林根等在企业调研

策划委员会中国铸造协会张立波会长率团调研

募集资金

2021 年 10 月在中国国际压铸高层论坛暨第三届压铸 CEO 峰会上，举办了梁焕操先生书法义卖活动，现场募集资金 38 万元，设立了压铸图书专用基金。

梁焕操先生书法义卖会现场

"大国工匠"全球最大压铸机制造领跑者刘相尚（左一）为书籍编写提供赞助

嘉瑞集团董事会主席李远发（左一）为书籍编写提供赞助

四会市辉煌金属制品有限公司董事长邓晓蔚（右一）为书籍编写提供赞助

因篇幅限制，更多精彩画面不能呈现，在此谨对支持本书编写工作的企业家、积极参加编写工作的专家一并表示感谢！